소설보다 재미있는 진화의 역사
진화론 산책

REMARKABLE CREATRUES
Copyright ⓒ 2009 by Sean B. Carroll
All rights Reserved.
Korean translation copyright ⓒ 2012 by Sallim Publishing Co., Ltd.
This edition published by arrangement with Baror International, Inc.
through Duran Kim Agency.

이 책의 한국어판 저작권은 듀란킴에이전시를 통해
Baror International, Inc.와 독점계약한 (주)살림출판사에 있습니다.
저작권법에 의해 한국 내에서 보호를 받는 저작물이므로 무단전재와 복제를 금합니다.

소설보다 재미있는 진화의 역사
진화론 산책

션 B. 캐럴 지음 | 구세희 옮김

살림Biz

머리말

진화의 비밀을 찾아 떠나는 모험

그리 오래되지 않은 옛날, 지구상의 많은 지역이 여전히 미개척지로 남아 있었다. 유럽 바깥에 사는 동물, 식물, 사람은 서구인들에게 미지의 존재였다. 아마존 강과 정글, 남아메리카 남단의 파타고니아와 아메리카 서부의 불모지, 인도네시아의 열대우림, 아프리카의 대초원과 중부 사막 지대, 중부 아시아의 거대한 내륙, 남극과 북극, 그리고 대양에 널리 퍼져 있는 수많은 섬들은 전혀 정체를 알 수 없는 불가사의의 존재였다.

세계 곳곳의 생명체에 대한 지식은 얕았던 데다가 지구의 과거에 대한 이해는 거의 전무했다. 화석을 발견한 지 수천 년이 지났건만 그것들은 자연과학이 아니라 전설 속의 용이나 다른 상상의 동물과 관련된 것이라고 여겨졌다.

지구에 존재하는 생명체의 나이에 대해서는? 어렴풋이 짐작밖에 하지 못했고 그나마도 크게 빗나가 있었다.

그렇다면 우리 인류 역사에 관해서는? 환상에 가까운 전설과 전해져 내려오는 이야기가 전부였다.

이전에 보지 못했던 세계를 탐험하고, 생명체와 인류의 근원 및 역사를 발굴한 것은 인간 역사의 가장 위대한 업적 중 하나다. 이 책은 그중에서도 자연과학을 개척한 학자들의 서사적 여정부터 오늘날 뉴스 헤드라인을 장식하는 탐험까지 두 세기에 걸쳐 가장 극적인 모험과 중요한 발견을 소개한다. 그리고 그들이 오늘날 현대 과학의 가장 위대한 발견인 진화론에 어떤 영감을 주었고, 그것을 어떻게 확장시켰는지 이야기한다.

이 책을 읽다보면 과거와 현재에 존재하는 경이로운 존재들을 수도 없이 만나게 될 것이다. 이 이야기에서 그 무엇보다도 경이로운 존재는 바로 사람들이다. 이들은 모두 비범한 경험을 통해 놀라운 업적을 이뤄낸 뛰어난 사람들이다. 그들은 마크 트웨인이 격찬한 그런 삶을 산 사람들이다. 아무도 가보지 못한 곳을 가고, 아무도 보지 못한 것을 보며, 아무도 생각하지 못한 것을 생각해낸 사람들 말이다.

여기 이야기에 나오는 사람들은 자신의 꿈을 좇아 머나먼 땅을 여행하고, 야생의 이국을 보고, 아름답고 희귀하며 기이한 동식물을 수집했으며, 이미 멸종된 동물의 화석이나 인류의 조상을 발견했다. 처음부터 위대한 업적이나 명성을 꿈꾸며 여정을 시작한 이는 거의 없었다. 그중 몇 사람은 공식적으로 교육이나 훈련을 받은 적도 없었다. 그들은 자연을 탐험하고자 하는 열정으로 고무돼 있었으며 자신의 꿈을 좇기 위해 위험을 감수할 준비가 돼 있었다. 먼 곳을 항해하면서 목숨을 위협받는 위기에 처했던 이들도 많았다. 또 어떤 이들은 사막과 정글, 혹은 남·북극의 혹독한 기후에 맞서 싸웠다. 수많은 이들이 회의와 걱정의 눈으로 쳐다보던 가족들을 뒤에 남기고 떠났으며 그중 일부는 상상할 수 없을 정도의 고독과 싸우며 몇 년을 보내기도 했다.

그들이 이뤄낸 것은 단순한 생존이나 동식물 채집 그 이상이었다. 자신이 상상한 그 어떤 것보다도 경이로운 존재들을 보고 자극을 받은 일부 선구자들은 순식간에 수집가에서 과학자로 탈바꿈했다. 그들은 자연에 대해 가장 근본적인 질문을 던졌고 그들의 대답은 인류의 세계관을 영원히 바꿔놓을 혁명에 불을 붙였다.

유럽의 대학, 교회, 궁정에서 특권을 누리며 생명의 근원이 자연과학의 범위 바깥에 있다고 믿었던 다른 동시대인들과 달리, 이러한 탐험가들은 어떤 생명체가 존재하느냐는 질문을 넘어서 그것들이 어떻게, 그리고 왜 존재하게 됐는지 끊임없이 묻고 탐구했다. 자연의 모든 것은 위대한 창조자가 만들어낸 것으로 다른 생명체와 평화롭게 조화를 이루고 살면서 변하지 않는다고 선배 신학자들은 믿었다. 하지만 이 새로운 무리의 자연과학자들은 자연이란 사실 생명체들이 생존하기 위해 경쟁하고 투쟁하며, 적응하고 변화하지 않으면 멸종하고 마는 역동적인 전쟁터와 같다는 사실을 알아냈다. 또한 지구상의 생명체가 마치 체스 판에 놓인 말처럼 어느 날 갑자기 누군가의 계획에 의해 나타났다고 믿었던 이전 시대의 과학자들과 달리, 이러한 자연과학자들은 세상과 그 속에 살고 있는 생명체들은 아주 오랜 역사를 가지고 있으며, 그 역사를 통해 다양한 동식물이 오늘날 지구상에서 각자의 위치를 차지하고 있다는 것을 밝혀냈다. 마지막으로 자연의 모든 것은 인간을 위해, 그리고 인간의 지배를 받기 위해 의도적으로 창조됐다고 생각했던 당시 동시대인들과 달리, 그들은 이렇듯 오만한 개념을 거부하고 인간은 지구상의 근원을 따로 가진 존재이며 그 온당한 위치는 동물계界라고 믿었다.

이러한 혁명의 불씨는 여러 세대를 거쳐 선구자들의 발자취를 따라 걷고 있는 과학자들의 손에 계속해서 전해지고 있다.

정신과 행동의 결합

이 책을 쓴 목적은 과학적 발견의 추구와 그 발견의 기쁨에 생명을 불어넣는 동시에 진화학에서 각각의 진보가 어떤 중요성을 띠는지 보여주는 것이다. 나는 과학자들이 자신의 업적을 향해 걸었던 고난의 길을 곁에서 따라가면서 관찰하면 과학을 더 잘 이해하고 즐길 수 있으며 기억하기 쉬워진다고 생각한다. 이렇게 믿은 것은 나뿐만이 아니었다. 선배 과학자들의 발자취를 따라 걷고 있는 수많은 자연과학자들처럼 나 역시 책을 통해 독자들에게 각각 미생물학과 고고학의 위대한 나날을 소개했던 폴 드 크루이프Paul de Kruif(『소설처럼 읽는 미생물 사냥꾼 이야기』), C. W. 세람Ceram(『낭만적인 고고학 산책』)과 같은 방식을 이용했다. 이 책에서 나는 극적으로 흥미로운 내용과 과학적으로 중요성을 띠는 이야기들을 골라 다뤘다. 고백하건대 자연과학의 풍성한 역사 속에서 잘 익은 열매 따듯 최고의 것들만 골라 담으려 노력했다.

세람은 모험이란 '정신과 행동의 결합'이라고 정의했다. 이 이야기들에서 나는 정신과 행동 두 가지 요소를 간결하게 담아내고자 했다. 또한 학자의 전기나 과학의 역사를 줄줄이 늘어놓기보다 독자에게 읽는 즐거움을 주기 위한 방식으로 책을 구성했다. 한 인물에 대해 그 사람의 전기처럼 깊이 파고들려고 한 것이 아니다. 그랬다면 그 인물의 일생 전체를 다루는 데 많은 쪽을 할애했을 것이다. 그리고 이 과학자들의 모험 정신에 불을 지핀 사람이나 사물을 아는 데 도움이 되리라 판단한 경우에는 해당 내용의 배경이 되는 정보를 제공했다.

나는 최대한 연구 노트와 일기, 탐험 보고서 및 그 외의 직접적 설명들을 참고로 했다. 이러한 자료에는 중요한 순간마다 그 사람의 개인적인 생각과 반응이 담겨 있기 때문이다. 또한 실제 발견 사항과 그에 따른 결론, 뒤를 이어 제기된 이론이 기록으로 남아 있는 본래 연구 결과 보고서도 살펴봤다. 여기에 등장한 인물이나 발견 사항 또한 본인 혹은 전기 작가들이 쓴 다른 책에서 이미 언급된 경우가 많다. 나는 그 책들을 정말 즐겁게 읽었다.

이 책은 위대한 진화학자나 그들이 놀라운 발견을 한 순간을 단순히 모아놓은 요약서도, 이 분야의 역사를 기록한 역사서도 아니다. 하지만 여기에 등장한 사람들은 분명 이러한 모험 정신을 몸소 실천했으며 나를 비롯한 수많은 과학자들이 그들로부터 영감을 얻고 있다. 그러니 혹시라도 이 책이 객관성이 부족하다고 느끼거나 그들을 마치 성인聖人처럼 표현한 부분이 있다고 느낀다면 너그러이 용서해주기 바란다. 이 책의 주인공들에게는 존경할 점이 많다. 그 사람들이 훌륭한 시민이었는지, 이재理財에 밝았는지, 훌륭한 배우자였는지(몇몇은 그랬고 몇몇은 그렇지 못했다)는 크게 주의를 기울이지 않았다. 이 사람들은 자신의 일에서 큰 기쁨을 얻었고 그것만으로도 매우 보람 있고 만족스러운 삶을 살았다. 내가 원한 것은 불행한 삶을 살았던 불쌍한 인간들에 대한 책이 아니었다(아, 생각해보니 그러한 주제로 글을 썼어도 재미있었을 것 같다. 제목도 흥미로울 것 같고).

기원을 찾아

이 책에 나오는 모든 이야기의 시작은 종의 기원에 대한 탐구였다. 초기 과학자와 철학자들은 이것을 '미스터리 중의 미스터리', '의문 중의 의문', '생물학 궁극의 문제'라고 불렀다. 나는 과학 역사에서 가장 대담하고도 중요한 탐험의 짧은 일화로 이 책을 시작했다. 다윈의 유명한 여정을 이야기하는 것이 아니다. 내가 여기에서 이야기하고자 하는 것은 다윈보다도 30여 년 전에 남아메리카와 중아메리카를 탐험했던 알렉산더 폰 훔볼트Alexander von Humboldt(1장)에 관해서다. 모든 과학자는 훔볼트의 자손이라고 한다. 훔볼트는 자신의 탐험을 통해 거의 모든 과학 분야에 중요한 기여를 했다. 그러나 이 위대한 탐험가 겸 과학자는 자신이 발견한 경이로운 동식물과 화석을 오늘날 우리와는 대단히 다른 관점에서 바라봤다. 그는 매우 똑똑한 사람이었지만 당시는 자연을 종교적 관점에서 바라보던 시기였다. 훔볼트는 과학 혁명 이전에 걸맞은 세계관을 제공하는 데 그쳤고 미스터리 중의 미스터리라는 종의 기원 문제를 해결할 방법을 제시하지는 못했다. 하지만 그의 탐험은 후세의 자연과학자들에게 영감을 불어넣으며 그들이 밟을 길을 미리 닦아주는 역할을 했다.

이 책의 본문은 크게 세 부로 나뉘어 있으며 각 부는 종의 기원을 찾아 떠나는 탐구에서 중요한 세 가지 관점을 다루고 있다. 1부는 전반적인 종, 2부는 특정 동물, 그리고 마지막 3부는 인간에 관해서다. 각 부 앞에는 그 속에 담긴 이야기를 이해하기 위한 배경지식이 될 짧은 이야기가 담겨 있다. 또한 각 장은 과학자, 그들의 발견, 그리고 그들의 아이디어 사이의 연관성이 강조되도록 차례대로 구성됐다. 1부 '이론의 발전'에서 우리는 기원의 문제를 푼 찰스 다윈Charles Darwin과 알프레드 월레스Alfred Wallace, 자연선택 과정에 뛰어난 증거를 제시한 헨리 월터 베이츠Henry Walter Bates의 여정을 따라가 본다. 2부 '아름다운 유골'에서는 동물계의 기원과 그 속에 자리한 주요 문門을 발견하는 데 일조한 고생물학 역사상 가장 위대한 탐험과 경이로운 발견 중 일부를 돌아본다. 마지막으로 3부 '인류의 역사'에서는 고고학과 화석에서 얻은 몇 가지 발견을 따라가며 인간의 기원을 이해하게 도와준 DNA를 들여다본다.

이 책이 자연사학과 진화학에서 몇 가지 획기적인 사건을 기념하는 해에 출판된 것은 우연의 일치가 아니다. 2009년은 찰스 다윈이 태어난 지 200년 되는 해인 동시에 그의 책『종의 기원』이 출판된 지 150년 되는 해다. 이를 기념해 우리의 가장 위대한 자연과학자이자 과학 혁명의 리더인 다윈의 생각과 업적을 기리는 것은 합당한 일 아닌가. 이 책은 별것 아니지만 그러한 축하 파티에 보내는 나의 작은 찬사다. 2009년은 또한 찰스 월코트Charles Walcott가 버지스 혈암의 경이로운 동물을 발견해(6장) 캄브리아기의 폭발적인 생명체 급등을 설명한 지 100년째 되는 해이며, 메리 리키Mary Leakey와 루이스 리키Louis Leakey가 고대 인원을 최초로 발견해(11장) 인간 종의 기원에 대한 연구의 방향을 아프리카로 돌리게 만든 지 50년 되는 해이기도 하다.

그러나 나의 목표는 위와 같이 유명한 사건들을 다루는 데에만 그치지 않는다. 예를 들어 위에서 언급한 것보다 덜 알려졌지만 그래도 짚고 넘어가야 할 기념일이 있다. 미력하나마 이 책을 통해 그러한 기념일들을 재조명하고 싶다. 150년 전인 1858년 7월 1일, 다윈과 월레스의 위대한 모험의 결과물인 자연선택이라는 이론이 자연과학 단체로서 오랜 역사를 자랑하는 런던 리니언 소사이어티Linnean Society에서 최초 공개됐고 그 단체의 학회지에 게재됐다. 정확한 이유는 알 수 없지만 그때 발표 자체와 연구에 대한 월레스의 공헌이 다소 간과된 부분이 있었다. 그렇다. 가장 널리 쓰이는 대학 생물학 교재를 보면 다윈의 탐험과 연구에 대해서는 여러 쪽을 할애하고 있지만 월레스에 대해서는 다음과 같이 단 몇 마디 언급하는 데 그치고 있다. '동인도 제도에서 연구하며 다윈의 자연선택과 비슷한 이론을 발전시킨 영국의 젊은 자연과학자.' 그나마 앞으로 교재에서 월레스에 대한 부분이 완전히 사라질까 걱정될 정도다. 3장을 읽고 나면 여러분도 나와 같이 안타까운 마음이 들 것이다.

단지 과학 역사상 공적을 바로잡지 못해서 안타깝다는 것이 아니다. 두 번에 걸친 월레스의 여정, 그 사이에 일어났던 난파 사건, 아마존과 인도네시아에서 보낸 십수 년의 세월, 다윈과 지구 반대쪽에서 고생하는 동안 어떻게, 그리고 왜 그와 비슷한 개념을 확립하게 됐는지 등 월레스의 위대한 정신과 행위의 이야기를 잃어버리게 되는 것이 안타깝다는 말이다. 그의 이야기에는 놀라운 열정과 헌신, 노고와 인내, 끈기, 그리고 발견의 엄청난 기쁨이 담겨 있다. 그의 고난과 승리에는 배울 점이 매우 많으며 그의 성격 또한 본받을 만하다.

이 책에 등장하는 모든 과학자들에 대해서도 나는 똑같이 말할 수 있다. 이 모든 사람들에게 거의 공통적으로 일어난 현상이 있는데 그것은 그들의 새로운 발견과 아이디어가 처음에는 모두 거부되고 의문의 대상이었다는 점이다. 최초의 원인猿人이나 새로운 공룡을 발견하거나 DNA 연구에 있어 획기적인 분석 등을 해내면 순식간에 엄청난 명예를 거머쥐게 될 것이라고 생각할지도 모른다. 하지만 현실은 정반대다. 자신의 발견이나 의견이 널리 받아들여지고 인정되기까지 수십 년씩 고생한 사람들이 매우 많다. 그것이 바로 과학에서 돌파구적 발견이나 혁명적 사건이 보여주는 특징이다.

이 책에서 자연과학자들을 한데 묶어준 것, 즉 탐험 욕구는 인간으로 우리 모두를 하나로 결합해주기도 한다. 인간 기원 연구를 통해 우리 중 대부분은 약 6만 년 전 아프리카에서 이주한 뒤 여섯 개 대륙으로 퍼져 나간 탐험가의 자손이라는 것(13장)을 알아냈다. 굳이 험한 이국의 땅을 찾아다니지 않더라도 이제 우리는 집에서, 혹은 극장에서 편안히 앉아 우리를 둘러싼 이 세상에 대해 알고자 하는 깊은 욕망을 충족시킬 수 있다.

1976년 7월, 우주선 바이킹 1호가 화성에 역사적 첫 착륙을 시도하기 전날, NASA미국항공우주국에서는 이번 탐사의 동기를 논하기 위해 각계의 권위자들을 한데 모았다. 그중에는 작가인 로이 브래드베리Roy Bradbury와 제임스 미치너James Michener, 물리학자 필립 모리슨Philip Morrison, 심해 탐험가 자크 쿠스토Jacques Cousteau 등이 있었다. 이들 대부분은 탐사의 목적이 인간 본능에서 비롯됐다고 봤다.

쿠스토는 다음과 같이 말했다. "지식을 아주 조금 더 얻기 위해, 혹은 우리의 신체적, 정신적, 지적 능력을 조금 더 확장하기 위해 자신의 목숨과 건강, 명예와 재산을 모두 내던지게 만드는 이 맹렬한 호기심의 근원은 어디인가? 자연을 관찰하는 데 더 많은 시간을 투자하면 할수록 탐험에 대한 인간의 동기는 모든 생명체에 깊이 뿌리 박혀 있는 지적 교양에 대한 본능이라는 사실을 깨닫게 된다." 모리슨 또한 이에 동의하고 이렇게 말했다. "그것은 우리의 본성이다. 유전적 특징이든 문화적 특징이든, 장기적으로 볼 때 우리가 할 수 있는 것은 탐험밖에 없기 때문이다."

그래서 마지막으로 이 이야기들을 통해 덧붙이고 싶은 말이 있다. 과학적 탐구와 탐사 역사상 최고의 순간은 아직 등장하지 않았다는 것이다. 아직도 멀었다. 이 책에 쓰인 이야기 중 몇 개는 겨우 지난 몇 년 사이에 일어난 것이다. 새롭게 발견된 원시인, 동물, 식물 화석 같은 이야기는 지금도 계속해서 뉴스 헤드라인을 장식하고 있고, 땅 속에는 아직도 엄청난 수의 놀랄 만한 발견이 묻혀 있다. DNA의 신비와 인간 진화를 파헤칠 강력하고도 새로운 기술은 자연사 연구에서도 새로운 지평을 열어줄 것이다. 그러면 분명 새로운 이야기들이 등장할 것이다.

혹자는 이렇게 물을지도 모른다. 현재 우리의 세계관을 180도 뒤집을 만

한 발견, 150여 년 전 일어난 사고 혁명에 대적할 만한 발견을 하게 될까? 과거 전 세계를 헤집고 다니게 만들었던 '미스터리 중의 미스터리'에 맞먹는 중대 발견이 아직도 남아 있을까?

  나는 그럴 것이라고 믿는다. 그러한 가능성에 대해서는 맺음말에서 자세히 이야기하겠다.

차례

머리말_진화의 비밀을 찾아 떠나는 모험 · 4

1장 훔볼트의 선물   19

1부 이론의 발전

2장_다윈 목사, 옆길로 빠지다   37
3장_원숭이와 캥거루 사이에 선을 긋다   79
4장_생명, 생명을 모방하다   99

2부 아름다운 유골

5장_자바원인   119
6장_말을 타고 빅뱅까지   145
7장_용이 알을 낳는 곳   173
8장_중생대가 막을 내린 날   199
9장_깃털 달린 공룡   221
10장_발 달린 물고기   247

3부 인류의 역사

11장_석기시대로의 여행	277
12장_시계, 나무 그리고 수소폭탄	317
13장_네안더 계곡의 CSI 과학수사대	345

맺음말_다가올 것들의 모습 • 369

감사의 말 • 382

주석 • 384

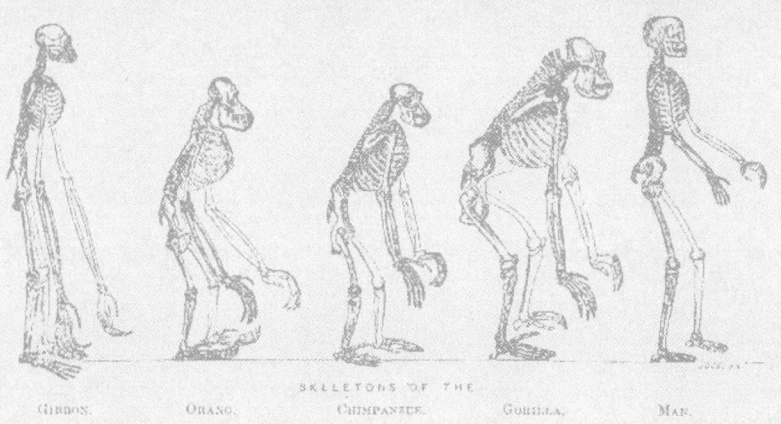

내 세계에서 가장 경이로운 생명체들인
제이미, 윌, 패트릭, 크리스, 조시를 위해서

인간에게 가장 고귀한 기쁨을 주는 것이 무엇인가? 그 어떤 경험보다 자부심으로 가슴을 부풀게 만드는 것이 무엇인가? 그것은 바로 발견이다. 아무도 가보지 못한 곳을 밟고, 인간의 눈이 목격하지 못한 것을 보며, 아무도 숨 쉬지 않은 깨끗한 공기를 마시는 것, 그 어떤 두뇌로도 가보지 못한 먼지 덮인 분야에서 새로운 아이디어와 귀중한 지식을 탄생시키는 것, 최초가 되는 것, 바로 그것이다. 남들보다 앞서 무언가를 하고, 무언가를 말하고, 무언가를 보는 것, 이것이 다른 기쁨을 별것 아닌 것으로 만들어버리며 그 무엇보다 큰 기쁨을 준다. 이러한 기쁨을 누린 사람, 진정한 기쁨이 무엇인지 완전히 이해한 사람이야말로 일생의 쾌락을 찰나의 순간으로 바꿔놓는 사람이다.

— 마크 트웨인,
『마크 트웨인 여행기』(1869)

그림 1.1 멕시코에 간 훔볼트. 기이한 모습의 암석, 폭포와 함께 훔볼트와 일행의 모습이 좌측 하단에 보인다. 출처: A. 폰 훔볼트, 『아메리카 원주민의 산맥과 기념물에 관한 시각』(1808)

1장

훔볼트의 선물

이미 나 있는 길을 따라가지 마라. 대신 길이 없는 곳으로 가 자신의 자취를 남겨라.
― 랄프 왈도 에머슨Ralph Waldo Emerson

미국의 사상가 랄프 왈도 에머슨은 훔볼트를 이렇게 불렀다. "아리스토텔레스처럼 불가사의한 인물……. 인간 지성의 가능성을 보여주기 위해 역사에 때때로 등장하는 사람."[1] 작가 에드거 앨런 포는 자신의 150쪽짜리 산문시 '유레카'를 훔볼트에게 바쳤다. 훔볼트에게 매료됐던 미국의 전 대통령 토머스 제퍼슨은 평생 그와 편지를 주고받으며 친구로 지냈다. 훔볼트가 발 한번 디뎌본 적 없는 미국 서부에서 서른아홉 곳이나 되는 마을, 군, 산, 만, 동굴에 훔볼트라는 이름이 붙었으며, 미국의 네바다 주는 한때 훔볼트 주라고 불릴 뻔했다. 훔볼트가 살아 있는 동안 그만큼이나 널리 이름이 알려진 사람은 아마 나폴레옹밖에 없었을 것이다.

이러한 유명세가 시작되기 훨씬 전인 1799년 여름, 프러시아의 젊은 박물학자(박물학: 동물·식물·광물 등 자연물의 종류·성질·분포·생태 등을 연구하는 학문으로 좁은 뜻으로는 동물학·식물학·광물학·지질학의 총칭. 현재는 각 분야가 고도로 분화 발달해서 자연사自然史라는 말이 주로 쓰인다-옮긴이) 알렉산더 폰 훔볼트와 그의 동료인 프랑스 식물학자 에메 봉플랑Aimé Bonpland이 마치 낙원처럼 아름다운 남아메리카에 도착했다. 그들보다 앞서 남아메리카에 가본 박물학자는 아무도 없었다. 그들의 눈앞에 펼쳐진 모든 것이 새롭고 낯설었다. 훔볼트는 유럽에 있던 형에게 이렇게 편지를 썼다.

> 정말 놀라워. 이 코코넛 나무라는 것! 높이가 15~18미터나 되고, 거대한 잎에 향기로운 꽃은 손바닥만큼 커. 이런 건 듣도 보도 못했지. 게다가 알록달록 갖가지 색의 새와 물고기들, 심지어 가재도 하늘색에 노란색이라니! 마치 미친 사람처럼 정신없이 돌아다니느라 처음 사흘간은 아무것도 분류하질 못했어. 하나를 집어 들었다가 이내 던져버리고 또 다른 것을 들여다봤지. 봉플랑은 이렇게 줄곧 놀라운 것들만 나타나다간 우리가 곧 미쳐버리고 말 거라고 입버릇처럼 이야기해.[2]

놀라운 것들은 그 후에도 계속해서 나타났지만 다행히 봉플랑은 미치지 않았고 이는 곧 훔볼트의 여러 업적으로 이어졌다.

훔볼트는 거의 모든 방면에 호기심이 많았고 책도 많이 읽었다. 남아메리카로 가기 두 해 전 유럽에 있을 때 그는 근육과 신경 조직을 전기로 자극할 수 있다는 루이지 갈바니Luigi Galvani의 발견과 일치하는 실험을 수천 번이나 한 적이 있었다. 그래서 베네수엘라 중부 칼라보조 지방의 한 개울에서 '전기뱀장어'라는 놀라운 생물을 발견했을 당시 '동물 전기'라는 분야에 대한 그의 호기심은 아직 생생히 살아 있었다. 길이가 90~150센티미터나 되는 물고기를 보고 놀란 훔볼트는 남아메리카인 조수와 함께 이것을 물가로 가져왔다가 실수로 한 마리를 밟고 엄청난 전기 충격을 받았다. 그는 후에 이렇게 썼다. "라이덴 병(초기 전기 실험을 할 때 쓰던 도구)을 잘못 만졌을 때보다 더 큰 전기 충격을 받아본 적은 처음이었다. 그날 하루 종일 무릎과 전신의 관절에 매우 심한 통증이 와서 고생했다."3

500볼트나 되는 뱀장어의 전기 충격도 훔볼트의 계속되는 실험을 막지는 못했다. 실험에 대한 기록은 계속됐다. "감전되지 않고 그 물고기를 만져보기 위해 절연 상태와 그렇지 않은 상태로 여러 번 시도했다. 내가 물기 있는 바닥에 서서 꼬리를 붙잡고, 봉플랑이 머리나 배 부위를 잡은 상태로 우리가 서로의 손을 잡지 않으면 둘 중 한 사람만 감전됐다. 이 물고기의 배 부위에 두 사람이 2.5센티미터 간격으로 동시에 손가락을 대면 두 사람이 번갈아가며 감전됐다."4

훔볼트는 고통스러운 실험을 전혀 마다하지 않았다. 고무나무의 일종으로 우유 같은 물질을 분비한다고 하여 '젖소 나무'라 불리던 나무를 발견했을 때 그는 봉플랑의 반대를 무릅쓰고 나무에서 분비된 액체를 한 바가지나 마셨다. 훔볼트의 기록에 따르면 하인 한 명이 그의 이러한 행동을 따라 하고는 "몇 시간 동안이나 응고된 고무 덩어리를 게워냈다."5고 한다. 훔볼트는 또한 인도인들이 독침 끝에 바르는 치명적인 독인 큐라레를 직접 맛보기도 했다. 이것이 혈관으로 침투했을 때만 독성이 있다고 판단한 훔볼트는 후에 "맛이 썼지만 그런대로 참을 만했다."6고 기록했다.

이것이 바로 1800년대에 자연과학을 연구하는 방식이었다.

그러나 훔볼트의 흥미와 재능은 단순한 호기심을 넘어서는 것이었다. 그는 식물학, 지리학, 천문학, 지질학 등 거의 모든 과학 분야에 능숙했으며 구대륙과 신대륙을 통틀어 인류 역사를 꿰뚫고 있었다. 1799년부터 1804년까지 5년에 걸쳐 베네수엘라, 브라질, 기아나, 쿠바, 콜롬비아, 에콰도르, 볼리비아, 페루, 멕시코를 돌며 훔볼트와 봉플랑은 엄청난 양의 식물학, 동물학, 지질학, 민족학 표본을 수집했고 매우 정확한 지도를 수도 없이 만들었으며 개기일식과 지진, 아름다운 유성우(사자자리 유성군)를 목격했다. 또한 그들은 산의 높이를 측정하기 위해 에콰도르에서 가장 높은 해발 5,878미터의 봉우리에 올랐다. 이것은 기구 비행을 포함해 당시 역사상 인간이 가장 높이 올라간 기록이었고, 이후 80년간 이 기록은 깨지지 않았다. 이 밖에도 화산 속으로 내려가 보기도 하고, 태평양의 북쪽으로 흐르는 한류를 발견했는가 하면(이것은 후에 훔볼트 해류라 불렸다), 콜럼버스가 미 대륙을 발견하기 이전의 고대 문명을 연구하기도 했다.

물론 이렇게 값진 경험을 할 수 있었던 것은 훔볼트와 봉플랑이 수많은 위험에 맞서 헤쳐나간 덕분이었다. 당연히 훔볼트는 자신이 탐험을 마치고

그림 1.2 침보라소 화산. 훔볼트는 해발 5,878미터에 이르는 왼쪽 봉우리 정상에 올랐다. 이것은 당시 인간이 가장 높이 오른 기록이었다. 출처: A. 폰 훔볼트, 『아메리카 원주민의 산맥과 기념물에 관한 시각』(1808)

끝까지 살아남으리라 기대하지 않았고 언젠가 항해 중 바다에 빠져 죽을 운명이라 굳게 믿고 있었다. 5년 동안 원주민의 공격을 피해 달아나고, 표범에 잡아먹힐 위기를 넘기고, 무시무시한 모기떼의 습격을 견디고, 열대의 풍토병과 싸우고, 억울하게 옥살이를 하고, 자신이 탄 카누가 뒤집히고도 살아남은 훔볼트는(그는 수영을 할 줄 몰랐다) 마침내 본국으로 돌아오는 길에 아니나 다를까, 자신의 예언대로 바다에서 거의 죽을 뻔했다.

그것은 유럽으로 돌아가기 위해 항해를 하던 중의 일이었다. 1804년, 그가 탄 배가 쿠바에 들렀을 때 미국 외교관이 미국에 방문해줄 것을 권유했다. 토머스 제퍼슨을 존경하고 있던 훔볼트는 미국에 들르기로 결심했고 하바나에서 필라델피아로 향하던 중 조지아 주 해변에서 배가 심한 풍랑을 만났다. 훔볼트는 자신이 꼼짝없이 죽음을 맞게 될 것이라고 생각했다. 봉플랑과 함께 그 많은 역경을 이겨내고 이제 탐험의 거의 막바지에 이르렀는데 죽을지도 모른다고 생각하니 눈앞이 깜깜해졌다. 그는 당시의 심경에 대해 후에 이렇게 기록했다.

> 마음이 정말 괴로웠다. 굉장히 큰 기쁨을 맛보기 직전에 이렇게 쓰러지다니. 나의 이 모든 고생이 결실을 맺지 못하고 산산이 부서져 버리는 것을 그저 지켜봐야 한다니. 게다가 나를 따라온 두 사람의 목숨까지 앗아가게 만들었다(두 명의 에콰도르인이 항해를 함께했다). 그것도 쓸데없이 필라델피아에 들르느라고![7]

풍랑이 잦아든 후에도 훔볼트가 탄 배는 당시 미국의 동부 해변을 따라 모든 항구를 장악하고 있던 영국 함선의 봉쇄선을 뚫고 지나가야만 했다. 천신만고 끝에 필라델피아에 도착한 훔볼트는 미국이라는 새로운 공화국을 금세 좋아하게 됐다. 그는 구식이 돼버린 유럽 질서라는 족쇄에서 스스로를 해방시킨 미국을 위대한 국가라고 생각했다. 그는 제퍼슨에게 직접 편지를 써 자신을 소개하고 자신이 미국을 방문한 목적을 알렸다. 제퍼슨을 만난 자리에서 잠시 인사말을 나누고 지난 5년간 탐험한 이야기를 들려준 훔볼트는 곧장 이렇게 말했다.

"일전에 아주 훌륭하게 처리하신 바 있는 버지니아 건에 대해 말씀을 나누고 싶습니다. 저희도 남반구의 안데스 산맥 해발 약 3,300미터 부근에서 매머드의 이빨을 발견했거든요."[8]

그렇다. 훔볼트는 미국 독립의 아버지로 독립선언문을 작성한 사람 중 하나이자 버지니아 주 주지사(1779~1781), 미국 초대 국무장관(1789~1793), 제2대 부통령(1797~1801)을 거쳐 제3대 대통령이 된 사람을 만나 다름 아닌 화석에 대한 이야기를 나누고 싶어 했던 것이다.

훔볼트는 제퍼슨의 유일한 저서 『버지니아 주 보고서Notes on the State of Virginia』(1785)를 통해 제퍼슨이 화석, 특히 매머드 화석에 깊은 관심을 가지고 있다는 사실을 잘 알고 있었다. 이 햇병아리 주에 대한 원조국 프랑스의 여러 질문에 답하기 위해 쓰인 이 책은 버지니아 주와 미국의 지리, 각종 동식물, 농업, 역사, 관습, 상업, 그 외에도 다양한 주제를 다루고 있었다.

이 책에는 뉴욕의 허드슨 계곡과 켄터키에서 발견된 '매머드' 유골이 등장한다. 제퍼슨은 이 매머드 유골의 존재를 이용해 프랑스의 박물학자 부퐁Buffon 백작이 주창한 소위 미국의 퇴화 이론에 반박했다. 부퐁은 북아메리카가 유럽에 비해 기후가 축축하고 차갑기 때문에 그곳에 자생하는 야생 동식물과 가축, 심지어 원주민들까지 유럽에 비해 훨씬 열등하다고 주장한 바 있었다. 물론 제퍼슨이 이 주장을 반길 리 없었다. 그는 '육상동물 중 가장 큰' 매머드의 덩치를 강조하며 그것만으로도 부퐁의 이론을 납작하게 밝아줄 수 있다고 생각했다.

그로부터 몇 년 후, 당시 부통령이었던 제퍼슨은 웨스트버지니아의 한 동굴에서 발굴된 유골 한 상자를 받았다. 그는 유골의 앞다리와 거대한 발톱이 달린 앞발을 분석한 후 그 미지의 동물에 '거대한 발톱'이라는 뜻의 '메갈로닉스'라는 이름을 붙였다. 처음에 그는 그것이 사자보다 몸집이 세 배 큰 고양잇과 동물이라고 생각했다. 그러나 이에 확신이 없었던 그는 우연히 프랑스의 고생물학자 조르주 퀴비에가 거대한 땅나무늘보에 대해 쓴 기사를 읽고 유골과 비슷한 점이 있다는 것을 발견했다. 그 유골은 땅나무늘보의 것이 맞았고, 후에 그의 공을 인정해 메갈로닉스 제퍼스니Megalonyx jeffersonii라는 학명이 붙었다.

1799년 미국의 고생물학 연구 사상 최고의 학술지인 「미국 철학회보Transactions of the American Philosophical Society」에 메갈로닉스에 대한 제퍼슨의 연구 결과가 발표됐다. 그러나 제퍼슨에게 학문적 업적을 인정받는 것은 그리 중요하지 않았다. 그에게 중요한 것은 이 매머드와 메갈로닉스 유골이 미국이라는 새내기 공화국에 대해 갖는 의미였다. 당시는 화석이 곧 '멸종한 종'을 의미한다는 생각이 아직 확립되지 않았고, 제퍼슨을 비롯해 수많은 학자들은 신의 피조물 중 일부가 멸망해 사라질 수 있다는 사실을 받아들이지 못한 시기였다. 제퍼슨은 "동물 중 그 어떤 것도 멸종하는 경우가 나와서는 안 된다. 그것이 바로 자연의 질서다."9라고 말했다. 그는 아래와 같이 매머드나 이와 비슷한 다른 동물들이 아직도 어딘가에서 살아 돌아다니고 있다고 믿었다.

현재 미국의 내륙에는 코끼리와 사자가 살 수 있는 충분한 공간이 있다……. 이 거대한 땅의 서부와 북서부에 어떤 동식물이 살고 있는지 정확히 모르는 현재, 그곳에 어떤 동식물이 살고 있지 않다고 말할 권리 또한 없다."[10]

몇 년 후 대통령이 된 제퍼슨은 루이스Lewis와 클라크Clark를 서부로 보내면서 "그 지방에 살고 있는 동물들에 대해 전반적으로 조사하고 특히 희귀하거나 멸종된 것으로 알려진 동물을 철저히 규명하라."[11]고 지시했다. 루이스와 클라크가 돌아오자 그는 개인적 후원을 통해 클라크를 켄터키의 거대한 발굴 현장으로 보냈고 여기에서 수백 점의 매머드 유골이 발굴됐다. 이 중에서 반 정도가 백악관으로 보내져 당시 아직 완성되지 않았던 동쪽 방을 가득 채웠다. 그 방은 '화석의 방', 혹은 '마스토돈의 방'이라는 이름이 붙여졌다.

1804년 6월, 워싱턴에 도착한 훔볼트는 약 열흘에 걸쳐 제퍼슨과 부통령 제임스 매디슨James Madison을 비롯한 여러 관리를 만났다. 물론 화석에 관한 이야기도 오갔지만 제퍼슨의 관심은 다른 곳에 있었다. 당시는 미국이 루이지애나 주를 구입해 중남아메리카와 국경을 맞대게 된 지 얼마 되지 않아 고위층 관료들이 멕시코에 대한 정보에 목말라하고 있던 시기였다. 이때 멕시코에 대한 정확한 자료와 지도, 그곳의 정치적·경제적 상황에 대한 식견으로 무장한 훔볼트가 나타난 것이다. 훔볼트는 멕시코의 도로, 광산, 원주민, 농산물, 촌락, 이외 제퍼슨이 관심을 보인 수많은 분야에 대한 모든 답을 가지고 있었고, 자신과 비슷한 이해와 지적 능력을 지닌 유일한 사람인 제퍼슨과 기꺼이 모든 정보를 나누고자 했다.

그 후 훔볼트는 여러 방면에서 제퍼슨과 미국의 모든 것을 좋아하고 존경하기 시작했다. 훔볼트가 유럽으로 돌아간 후에도 수십 년에 걸쳐 미국의 외교관, 정치인, 발명가, 작가 등이 끊이지 않고 그를 방문했다. 이보다

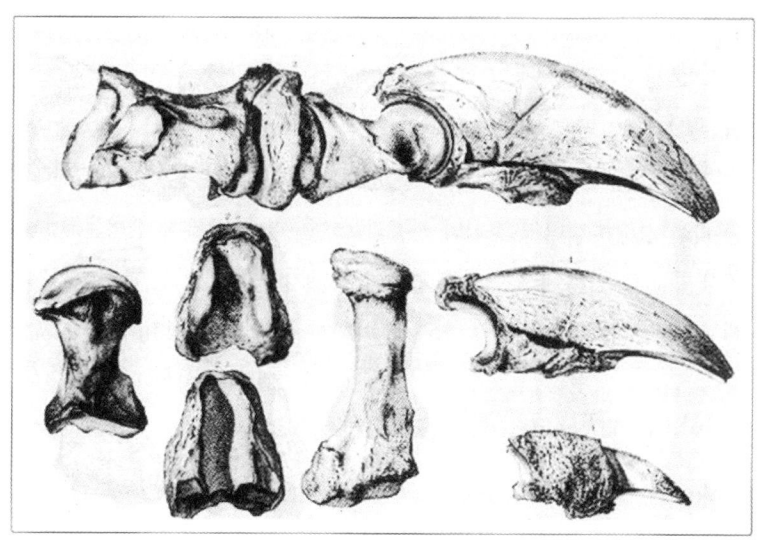

그림 1.3 메갈로닉스 제퍼스니. 버지니아에서 발견된 이 땅나무늘보 유골은 토머스 제퍼슨에 의해 1799년 『미국 철학회보』 4호에 공개됐다. 제임스 아킨 그림. 출처: 미국의회도서관 희귀본 및 특별 전시관

더 중요한 것이 있다. 제퍼슨이 쓴 『버지니아 주 보고서』가 훗날 훔볼트가 책을 쓰는 데 참고서로 쓰였다는 점이다. 자신의 나라와 지리, 사람, 역사, 동식물, 기후와 상업 등에 대해 완벽히 묘사한 제퍼슨의 이 책은 훔볼트가 신대륙을 여행한 후 펴낸 책에 지대한 영향을 미쳤다.

훔볼트가 쓴 책에는 그가 방문한 국가의 모든 면이 상세히 기록돼 있다. 그의 여정을 완벽히 글로 옮긴 이 책은 분량이 30권에 달하며, 완전히 출판되는 데 30년이 넘게 걸렸다. 여기에 수록된 1,425개의 지도와 삽화는 매우 자세해서 그 그림들을 인쇄하는 비용만으로 결국 훔볼트는 파산 지경에 이르렀다. 훔볼트는 말년에도 활발한 저술 활동을 계속해 76세의 나이에 '자연의 활력과 위대함을 그려내기 위한 시도'로 다섯 권짜리 책 『코스모스Kosmos: A Sketch of the Physical Description of the Universe』(1845) 중 1부를 펴냈다. 그는 자신의 저서뿐만 아니라 신대륙, 구대륙의 지도자 및 유명 인사들과의 친분을 통해 전 세계적으로 매우 유명해졌다.

어느 역사학자가 말했듯 훔볼트는 '모든 과학 부문의 대가가 될 수 있었던 마지막 사람'[12]이었다. 훔볼트 이후에 등장한 과학자들은 제아무리 뛰어난 실력을 자랑하더라도 자신의 전공과목 연구에 만족해야 했다.

또한 훔볼트 덕분에 자연과학자가 많이 생겨나기도 했다. 자신의 여정에 대해 다소 간략하게 펴낸 책 『신대륙 적도 부근 지역 여행기 Personal Narrative of Travels to the Equinoctial Regions of the New Continent』(1815)는 그의 명성을 더욱 드높여줬을 뿐만 아니라 19세기 자연사 연구 탐험에 있어 중요한 인물들, 얄궂게도 오늘날 훔볼트보다 더욱 유명한 여러 인물에게 영감을 불어넣어 줬다. 후에 근대 지질학의 아버지라 불린 찰스 라이엘 Charles Lyell은 젊은 시절 파리에서 그 유명한 훔볼트를 만난 후 이렇게 말했다. "훔볼트처럼 가까이 다가가도 기대가 깨지지 않는 영웅은 세상에 거의 없다."[13] 훔볼트는 또한 훗날 미국 자연사학의 권위자가 된 스위스의 젊은 자연과학자 루이 아가시 Louis Agassiz를 직접적으로 후원하며 하버드 대학으로 가 공부하도록 그를 설득하기도 했다.

그리고 찰스 다윈도 있다. 1820년대에 케임브리지 대학의 풋내기 대학생이었던 다윈은 총 7권 3,754쪽에 이르는 훔볼트의 여행기를 독파했다. 그는 훔볼트가 열대 지방을 묘사한 글에 푹 빠져 그것을 몇 번이고 읽으며 모두 외운 뒤 친구들의 귀에 딱지가 앉을 때까지 읊어대곤 했다. 이 여행기 중 1권은 훗날 다윈이 비글호를 타고 항해할 때 가져간 몇 권 안 되는 책 중 하나였으며, 그는 뱃멀미에 시달릴 때마다 이 책을 읽으며 마음을 다잡곤 했다. 이 책은 또한 그가 후에 자신의 『비글호 항해기 The Voyage of the Beagle』를 쓸 때 참고서가 됐다.

또한 훔볼트의 남아메리카 탐험기는 알프레드 월레스와 헨리 월터 베이츠에게도 같은 영향을 미쳐 그들이 훗날 아마존 지역을 탐험하는 데 많은 영감을 줬다.

이렇듯 차세대 과학자들에게 미친 훔볼트의 업적과 영향력은 대단했지만 그의 자연관을 전복시킨 것이 다름 아닌 이 차세대 과학자들이었다. 훔볼트는 생물과 무생물을 포함해 자연이란 완전한 설계와 신성한 질서를 반영하는 다소 정적이고 평화로운 영역이라고 생각했다. 탐험을 시작하기 전에 동료에게 쓴 편지를 봐도 '탐험의 주목적은 자연의 힘 사이의 상호작용이 어떤지, 무생물인 환경이 동식물에 어떠한 영향을 미치는지 관찰하는 것이며, 나는 계속해서 이러한 자연의 조화로운 공존에 초점을 둘 것'[14]이라고 했다.

또한 훔볼트는 생명의 근원을 설명하고자 하는 어떠한 노력도 기울이지 않았다. 그것은 자연사의 범위를 벗어나는 질문이라 여겼기 때문이었다. 물론 그 시대 학자들 중 많은 사람들이 이렇게 생각했다. 아가시는 종種이란 '신의 생각'이라 정의했고 '자연사는 우주 창조자의 생각을 분석해야만 한다.'고 여겼다.

훔볼트의 뒤를 이어 열대우림으로 뛰어든 다른 과학자들은 자연사에 대해 완전히 다른 생각을 가지고 있었고 '자연이란 모든 유기체 사이의 끊임없는 투쟁'이라는 시각을 발전시켰다. 훔볼트의 이상주의와 정반대의 시각이었다.

훔볼트는 1859년 5월에 세상을 떠났다. 다윈의 『종의 기원』을 통해 그와 정반대의 세계관이 만천하에 모습을 드러내기 6개월 전이었다.

저명한 역사학자 데이비드 맥컬로David McCullough는 훔볼트가 우리에게 미친 가장 큰 영향력은 '지구상에 존재하는 생명이 얼마나 풍부하고 다양한 지, 생명체의 형태가 무한할 정도로 얼마나 많은지, 또한 앞으로 알아내야 할 것이 얼마나 많은지 우리가 아는 바가 거의 없었다는 것'[16]을 일깨워준 것이라고 했다. 춥고 눅눅하고 희뿌연 영국 땅에 더 이상 연구할 것이라고는 남아 있지 않다고 믿었던 젊은 곤충 채집자들에게 훔볼트의 책이 보여준 이국의 땅들은 아주 매력적이었다. 여기에 그 미지의 세계를 향한 모험심과 낭만, 신세계에서 만나게 될 자연의 경이로움에 대한 전율을 더해보자. 그렇게 많은 사람들이 훔볼트의 발자취를 따른 것은 어찌 보면 당연한 일이었다.

1부
이론의 발전

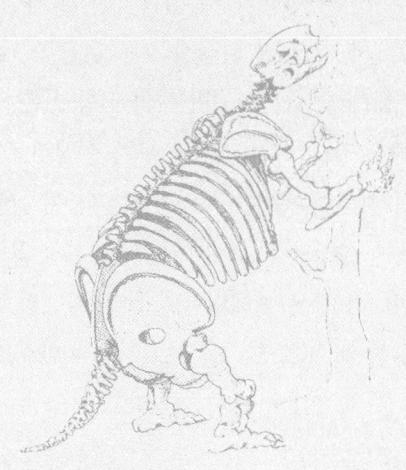

"통치하라, 대영제국이여! 대영제국이여, 높은 파도를 다스려라!"

수백 년 된 이 애국적인 노랫말은 1800년대 초반에 그야말로 현실과 딱 들어맞았다. 다른 나라들이 전쟁과 정치적 혼란에서 벗어나지 못하고 있는 동안 영국 해군은 망망대해를 호령하며 영국의 식민지를 점점 넓히는 데 일조하고 있었다. 여기에다 가볍게 무장한 '우편물 수송선'으로 시작해서 후에 우편물과 소포를 군사 주둔 기지에 배달하던 무역선까지 많은 배들이 전 세계를 돌아다니고 있었다. 당시 머나먼 이국땅을 탐험하고 다양한 표본을 수집하는 데에 자신이 '영국인'이라는 사실처럼 편리한 것은 없었다.

자연선택이라는 개념과 그것을 증명하는 증거 수집의 한가운데에 세 번의 항해와 세 명의 영국인 자연과학자가 있었다. 그중에서 가장 잘 알려진 것은 다름 아닌 찰스 다윈의 비글호 항해다. 다윈이 자연사와 진화 이론 연구에 기여한 바는 매우 잘 알려져 있지만 그가 어떻게 그 배에 올랐는지, 그의 견해와 동기가 무엇이었는지, 어떻게 다른 사람들과는 다른 세계관을 갖게 됐는지는 거의 알려져 있지 않을 뿐만 아니라 잘못 이해되기도 했다. 자신의 믿음에 확신을 갖지 못한 채 비글호에 올랐던 신학생 한 명이 미래에 혁명적 이론을 제시할 사람이 되리라고는 그 누구도 예상치 못했다.

항해를 시작할 때만 해도 다윈에게 그 어떤 위대한 이론을 지지하거나 반박할 증거를 찾으려는 의도 따위는 없었다. 그의 진화 이론이 구체적 형태를 띤 것은 항해가 끝나고 자신이 그곳에서 본 것이 무엇인지 혼자 생각하기 시작하면서였다. 반면 알프레드 러셀 월레스와 헨리 월터 베이츠는 항해 시작부터 진화를 염두에 두고 있었다. 하나의 종이 변화할 수 있다는 생각은 1840년대 중반 이미 지식인 사이에서 조금씩 퍼지고 있었다. 친구인 베이츠에게 함께 아마존으로 가 '종의 기원이라는 문제를 풀' 자료를 모으자고 제안한 것은 바로 월레스였다.

이 세 사람이 영국을 떠나 남아메리카의 정글로 향했을 때 그들은 모두 젊었다. 다윈이 스물둘, 베이츠가 스물셋, 월레스는 스물다섯이었다. 그러나 부유한 집안 출신으로 케임브리지 대학에서 교육을 받고 중무장한 해군 함대에서 편안한 여행을 즐겼던 다윈과 달리 베이츠와 월레스는 여행 비용을 대기 위해 무역선을 타고 희귀한 표본들을 영국에 가져다 팔아야 했던 독학의 아마추어들이었다. 아마존에 도착한 둘은 연구 지역을 최대한으로 넓히기 위해 곧 서로 다른 길을 떠났다. 월레스는 4년 후 귀국했다가 홀로 말레이 제도의 수많은 섬들을 탐험하는 긴 여행을 떠났으며, 베이츠는 아마존의 밀림에서만 11년간 머무르며 힘들지만 값진 시간을 보냈다.

이들의 여정은 힘들고 괴로운 순간과 환희에 찬 기쁨의 순간으로 채워진, 진정한 서사시였다. 벌레, 새, 움직이는 것이면 무엇이든 수집하던 세 남자는 종의 다양성과 하나의 종 안의 변종들, 그리고 이러한 종과 변종들의 지역적 분포에 대해 점점 올바르게 인식하게 됐다. 그들이 각자 나름대로 중요한 발견을 할 수 있었던 것도 본디 이러한 인식 때문이었다. 이 덕분에 다윈은 '자연선택'이라는 개념과 공통 조상에게서 퍼져 나온 후손의 발달을 연구했고(2장), 월레스는 개체 사이의 '생존 투쟁'이라는 자신의 독립적인 개념과 아시아와 오세아니아 동물을 분류하는 이른바 '월레스 선Wallace's line'에 전념했으며(3장), 마지막으로 베이츠는 야생에서 자연선택에 대한 최고의 증거를 제공했던 동물의 의태 현상 이론을 확립할 수 있었던 것이다(4장). 다윈의 『종의 기원』 이후 진화 이론은 모두 영원히 다윈의 것처럼 보이게 됐지만 그러한 이론이 발전하고 초기 과학계로부터 널리 인정을 받는 데에는 각각 월레스와 베이츠의 공이 컸다고 말할 수 있다.

다윈의 여정(1831~1836)이 비록 월레스(1848~1862)와 베이츠(1848~1859)보다 20년 가까이 앞서긴 했지만 월레스와 베이츠가 영국으로 돌아온 후 세 명의 연구는 서로 얽히게 됐다. 이 세 명의 탐험가들은 이후 죽는 날까지 연락하며 친구로 지냈다.

깊은 우주 속, 시간과 공간의 미스터리를 모두 알아냈을 때,
또 하나의 새로운 시작이 우리를 기다리고 있을 것이다.

― H.G. 웰즈

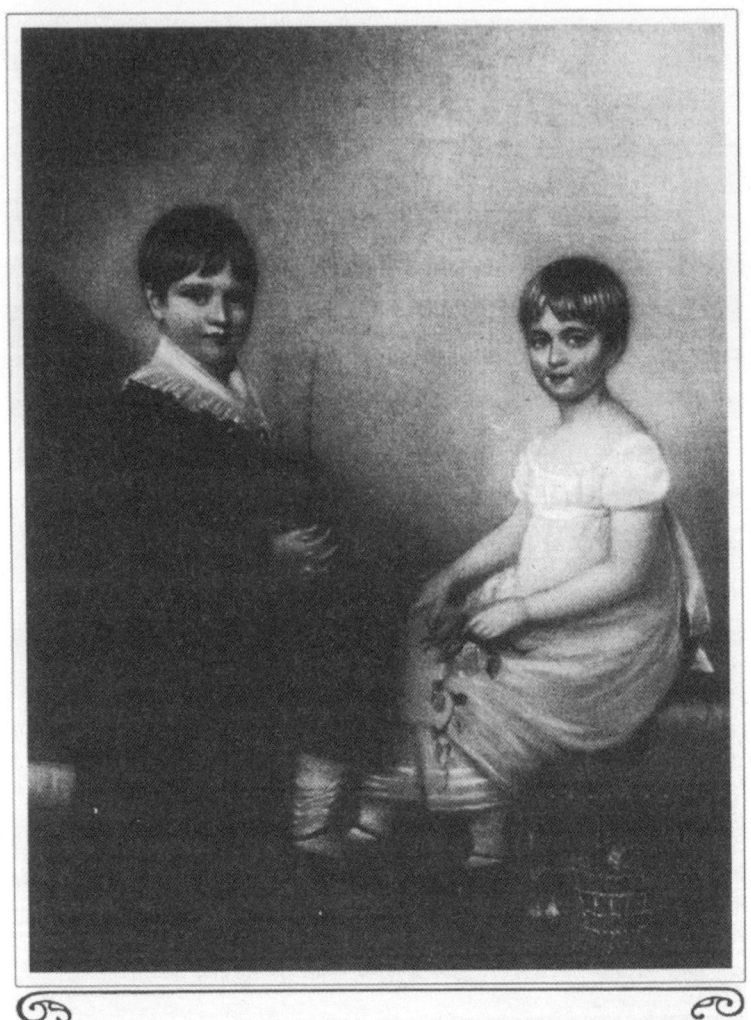

그림 2.1 '나는 여러 방면에서 장난꾸러기였다.' 어린 찰스와 여동생 캐서린의 초상화. 찰스는 후에 자서전에서 이렇게 썼다. '나는 여동생보다 배우는 속도가 느렸고 여러 방면에서 장난꾸러기였던 것 같다.' 출처: 『찰스 다윈의 편지』 편집: F. 다윈, A. 시워드

2장

다윈 목사, 옆길로 빠지다

길을 떠나는 사람은 강렬한 행복의 느낌을 기억해야만 한다.
문명인이 밟아보지 못한 이국의 머나먼 땅에서 숨 쉬는 단순한 의식으로부터.
— 찰스 다윈, 『비글호 항해기』

그의 별명은 '가스'였다.

여느 남동생들이 그렇듯 열세 살의 찰스 다윈 역시 형과 함께 수시로 짓궂은 장난을 쳤다. 찰스보다 다섯 살 위의 형 에라스무스(라스)는 어느 날 화학에 흥미를 느껴 동생을 데리고 마당의 헛간에 임시 실험실을 만들었다. 두 소년은 각종 화학책을 들여다보고 이런저런 약품을 섞어 위험한 물질을 만들며 늦게까지 그곳에서 시간을 보내곤 했다.

부유한 의사 집안에서 태어난 라스와 가스에게는 이런 취미에 쓸 돈이 풍족했다. 그들은 실험용 튜브, 도가니, 접시 따위의 각종 실험 도구를 사들였다. 불이 없으면 화학이 무슨 재미인가. 두 소년은 당시 약품이나 기체를 가열하는 데 쓰는 아르강 램프까지 구입했다. 영국의 일류 도자기 업체를 운영하던 삼촌 조시아 웨지우드 2세 덕분에 이제 막 시작한 그들의 실험실에는 불연성 도자기 접시까지 갖춰져 있었다.

본래 쾌활하고 상냥한 성격의 찰스는 이 냄새 고약한 헛간 덕분에 친구들 사이에서 더욱 인기가 높아졌다. 교외로 곤충이나 새를 잡으러 다닐 때면 여러 친구들이 뒤를 따랐다. 집에서 1킬로미터 남짓 떨어진 기숙학교에 다녔던 어린 찰스는 집주변의 숲과 시내를 훤히 꿰고 있었다.

그러나 찰스가 다니던 학교의 교장은 화학에 대한 그의 관심이나 여타 고전적인 학문에 대해 열의가 부족한 것을 못마땅해했다. 사실 찰스는 모범생이라고 보기 힘들었다. 그는 학교에서 필수적으로 공부해야 했던 지리학, 역사, 시 같은 기계적 학습에 완전히 질려 있었다. 그래서 최대한 자주 숲으로 나가거나 집에 들러 개와 함께 놀았고, 덕분에 가끔씩 정해진 귀가 시간을 지키지 못해 기숙사에서 쫓겨날 위기에 처하기도 했다. 기숙사를 향해 달리는 내내 그는 제시간에 도착하게 해달라고 큰 소리로 하늘에 기도를 했고, 다행히 하느님이 기도를 들어주실 때마다 놀라면서 깊이 감사를 드렸다.

그의 아버지 로버트 다윈은 찰스가 이 학교를 얼마나 싫어하는지 조금씩 알게 됐다. 찰스는 여느 아이들처럼 아버지를 깊이 사랑했지만 아버지는 다윈 집안을 다스리는 거대하고 힘세며 완고한 가장이었다. '닥터'라고 불렸던 아버지는 찰스가 기회를 조금씩 내던져버리고 있는 것은 아닌지 걱정이었다. 그러던 어느 날, 그의 화가 폭발했다.

"사냥에 개, 쥐새끼 쫓아다니는 것 말고는 도대체 잘 하는 게 없구나. 너는 네 자신과 우리 집안에 망신거리가 되고 말 것이다!"[17]

결국 닥터는 찰스를 빨리 학교에서 빼내는 게 최선이라고 결정했고, 찰스는 열여섯 살 되던 해 에든버러로 가서 라스와 함께 머물며 의학대학에 들어갔다. 닥터는 찰스가 자신과 할아버지의 뒤를 이어 의사가 되기를 바랐다.

수술과 스펀지

에든버러에서 찰스는 박제술, 자연사, 동물학 등 많은 것을 배웠다. 하지만 그밖에 한 가지 더 알게 된 것이 있다면 자신이 의사라는 직업에 아무런 관심도 없다는 것이었다.

찰스가 다니던 대학의 의학 교육은 영국 내 최고였지만 1820년 당시 그러한 교육은 끔찍한 고난의 길과 다름없었다. 찰스는 해부실에서 막 나와 피범벅이 된 채 수업에 들어오는 해부학 교수를 매우 싫어했으며 수술 과정 자체도 욕지기가 난다고 생각했다. 당시는 마취가 개발되기 전이었고 신속한 수술이 무엇보다도 중요했기에 수술 과정은 오늘날 푸줏간에서 볼 수 있는 장면과 크게 다르지 않았다. 한 어린아이의 수술을 지켜본 찰스는 수술실에서 달아나 다시는 돌아가지 않으리라 다짐했다.

몇몇 수업에는 정나미가 떨어지고 또 다른 몇몇 수업에는 잔뜩 싫증이 난 찰스는 수업에 들어가는 대신 다른 관심거리를 찾기 시작했다. 찰스의 주의가 다른 곳으로 향하고 있다는 소식을 들은 닥터는 찰스의 여동생 수전을 통해 그에게 메시지를 보냈다.

> 듣고 싶은 수업만 골라 듣는 건 전혀 좋은 생각이 못된다고 아버지가 전해달라고 하셨어……. 바보 같고 지루한 일도 때로는 견뎌낼 필요가 있다고. 앞으로도 지금처럼 제멋대로 굴면 공부하는 것이 다 소용없게 될 거라고 하셨어.[18]

끔찍한 학교만 빼면 에든버러는 볼거리가 많은 매력적인 곳이었다. 찰스는 포스 강어귀를 따라 흐르는 아름다운 해안가를 산책하며 파도에 휩쓸려 올라온 바다 생물을 찾는 것을 즐겼다. 기아나에서 온 존 에드먼스톤이라는 해방 노예를 만나 새를 박제하는 방법을 배우기도 했다. 찰스는 박제를 금세 배웠고 에드먼스톤이 들려주는 열대 지방의 이야기에 푹 빠졌다. 그가 묘사하는 남아메리카의 열대우림은 뼈가 시리도록 차가운 스코틀랜드 기후를 이기는 데 최고의 약이었다.

1학년을 마치고 여름이 되자 찰스는 집으로 돌아가 다시 한 번 근처 숲을 헤집고 다니기 시작했다. 의학 공부를 계속하기 위한 노력도 빠뜨리지 않았다. 찰스의 아버지는 할아버지인 에라스무스 다윈이 생명과 건강에 관해 지은 책 『동물생리학Zoonomia; or, the Laws of Organic Life』을 읽어보라고 했다. 여러 권으로 이뤄진 이 방대한 책에서 에라스무스 다윈은 각종 질병의 기초부터 생명의 역사에 이르기까지 다양한 주제에 대해 의견을 피력했다. 생명의 역사에 대해서 그는 매우 개방적인 인식을 지니고 있었다.

> 동물의 종과 속이 점진적으로 생산된다는 사실이 인정받는다면 정반대의 상황, 곧 어떠한 큰 변화로 인한 일부 종류의 멸종 역시 일어날 수 있다. 조개와 식물의 석화 현상이 마치 조각처럼 먼 과거의 역사를 기록하고 있다는 사실을 고려하면 이러한 개념을 이해할 수 있다.[19]

찰스는 할아버지의 책을 읽고 감탄을 금치 못했지만 그 속에 숨겨진 더 큰 철학적 메시지는 어린 그가 이해하기에는 어려웠을 것이다.

에든버러에서 2학년을 맞은 찰스는 점점 더 의학에서 멀어져 자연사에 가까워졌다. 그런 그에게도 좋아하는 교수가 한 명 있었으니, 바로 에든버러 근처 조수 웅덩이에 넘쳐나는 다양한 바다 생물 전문가였던 동물학자 로버트 그랜트였다. 그랜트의 끝없는 열정과 유머 감각은 찰스를 사로잡았고 그들은 자주 바닷가를 함께 산책하며 이야기를 나누는 사이가 됐다. 그랜트는 찰스에게 어떤 것을 유심히 살펴봐야 하는지 알려줬고 찰스는 스코틀랜드 해면, 연체동물, 폴립, 바다 조름 같은 생물들에 대해 열심히 메모를 했다.

그랜트는 다양한 곳을 여행하고, 많은 책을 읽고, 자유롭게 생각하는 사람이었다. 그는 각각의 종은 특별히 창조돼서 절대 변하지 않는다는 당시 영국 학계의 사조를 거부했다. 그리고 생명이란 자연 법칙의 산물로 계속해서 변화한다고 믿었던 프랑스 박물학자들을 지지했다. 그는 후천적으로 습득한 형질이 유전된다는 장 밥티스트 라마르크Jean Baptiste Lamarck의 연구를 찰스에게 소개했고, 이러한 주제로 열띤 토론이 벌어지는 다양한 회의에 그를 데려가기도 했다.

그랜트는 스스로에게 크고 작은 질문을 던지고 그 질문들 사이의 관계에 대해 의문을 품는 방법을 찰스에게 가르쳤다. 하지만 찰스가 의사가 되는 길은 여전히 멀기만 했다. 그는 결국 학위를 받지 못하고 중도에 학교를 그만뒀다.

교구 목사의 탄생

닥터는 목표도 없이 헤매고 다니는 아들을 위해 무언가 좋아할 만한 일자리를 마련해줘야겠다고 생각했다. 당시 부유층에서는 아들들이 하릴없이 재산을 탕진하며 살까봐 걱정하는 부모들이 많았다. 의학도 법률도 관심이 없다면 찰스는 무엇을 하면 좋을까? 최소한의 야망으로 최대한의 존경을 받을 수 있는 일이 무엇일까? 그것은 바로 목사였다.

당시에는 가장 큰돈을 부르는 가문에게 교구를 내주고, 그 가문 사람이 그곳의 교구 목사를 지내게 하는 것이 일반적인 풍습이었다. 그것은 교구

민들과 투자자들로부터 나오는 돈을 가지고 큰 집과 넓은 땅을 누리며 편안하게 살 수 있는 길이었다. 찰스가 교구 목사가 될 수 있다면 당연히 자신의 취미에 많은 시간을 할애하며 살 수 있으리라.

그러기 위해 찰스가 해야 할 일이라고는 케임브리지나 옥스퍼드 대학에서 석사 학위를 받고 1년간 신학 공부를 해서 서품을 받는 것뿐이었다. 그래서 찰스는 케임브리지 대학으로 갔고 그곳의 교수진은 거의 모두 서품을 받은 성직자들이었다.

에든버러에서 쓴 실패를 맛본 찰스는 새 출발을 하기로 마음을 먹었다. 그러나 안타깝게도 그의 이러한 결심은 당시 케임브리지 대학뿐만 아니라 영국 전역을 휩쓸고 있던 딱정벌레 수집 열풍에 큰 타격을 받았다. 다양하고 희귀한 딱정벌레를 잡는 일이 마치 경쟁이 치열한 스포츠인 양 바뀌고 있었다. 마음이 잘 맞는 동지들과 숲 속을 헤매고 다니는 것을 사랑하고, 어떤 분야에서든 인정받고 싶어 했던 찰스는 곧 곤충 채집에 완전히 사로잡혔다.

찰스는 최고의 채집 장비를 구입하고, 나뭇가지나 흙 부스러기 걸러내는 일을 도와줄 사람을 고용하고, 다른 수집가들로부터 표본을 사들이느라 꽤 많은 돈을 썼다. 그러던 어느 날, 벌레를 찾아 나무껍질을 벗겨내던 중 그는 희귀한 모습을 한 벌레를 두 마리 발견하고 그것을 한 손에 하나씩 잡았다. 그런데 또 다른 한 마리가 나타나는 것 아닌가. 그는 한 손에 쥐고 있던 한 마리를 입안에 던져넣고 그 손으로 세 번째 벌레를 잡았다. 불행하게도 입속에 들어간 녀석은 폭탄먼지벌레였고, 찰스의 입속에서 지독한 물질을 내뿜는 바람에 그 벌레뿐 아니라 다른 두 마리까지 잃어버렸다.

찰스는 벌레를 찾아 숲 속을 헤매며 처음 2년을 보냈지만 결국 다시 마음을 다잡고 연말에 있을 중요한 시험에 대비해 공부를 하기 시작했다. 라틴어와 그리스어 번역, 복음서, 신약성서, 그리고 윌리엄 페일리 목사의 연구에 대해 시험을 보기로 돼 있었다. 윌리엄 페일리는 신의 존재와 기독교의 진실에 관해 여러 권의 책을 썼고, 찰스는 우연히도 페일리가 케임브리지 대학에 다니는 동안 썼던 방과 같은 방에서 머무르며 그의 명쾌한 논리에 감탄하고 있던 차였다.

찰스는 무사히 시험을 통과하고 다시 곤충 채집을 시작했지만 동시에 식물학 교수 존 스티븐스 헨슬로John Stevens Henslow 목사의 영향을 받기 시작했다. 금요일 밤이면 헨슬로는 집에 사람들을 모아 와인을 마시며 자연사에 대해 논하곤 했다. 가끔은 다른 교수들도 들러 의견과 열정을 학생들과 함께 나눴다. 찰스는 이곳에서 새로운 보금자리를 찾았다. 헨슬로는 그를 아끼는 제자로 받아들였고 그 둘이 산책을 하며 심각한 대화에 빠진 모습이 종종 눈에 띄었다. 이제 찰스의 별명은 '가스'에서 '헨슬로와 함께 산책하는 사람'으로 바뀌었다.

헨슬로는 학생들을 데리고 케임브리지 대학 근처로 다양한 식물학 교외 학습을 다녔다. 찰스는 스승을 기쁘게 하기 위해 캠 강의 더러운 물을 헤치며 희귀한 생물을 잡으러 다니는 것도 마다하지 않았다. 그는 헨슬로를 박물학자들의 본보기로 여겼으며 그를 '내가 지금까지 만난 사람 중 가장 완벽한 사람'[20]이라 부르며 존경했다.

헨슬로는 그랜트만큼 대담한 자유사상가는 아니었다. 케임브리지 대학에서 교직원들에게 요구하는 것 중 하나가 영국 국교의 39개 신조(1563년에 정해짐)를 지키는 것이었고 헨슬로는 그 신조를 한 글자 한 글자 옹호했다. 찰스는 그의 밑에서 신학 공부를 하기로 결심했다.

그러나 먼저 해야 할 일이 있었다. 바로 최종 시험을 통과하는 것이었다. 호메로스, 베르길리우스, 페일리의 작품에 대한 시험이 더 준비돼 있었고,

여기에 수학과 물리학까지 추가됐다. 찰스는 178명 중 10등을 차지했다.

찰스가 학위를 받고 39개 신조를 지키겠노라 서약한 후에도 헨슬로는 계속해서 그를 가르쳤다. 그는 찰스에게 책을 더 많이 읽고, 인식의 범위를 넓히기 위해 여행을 더 많이 해보라고 권했다.

첫 번째 단계로 헨슬로는 찰스에게 가지고 있던 훔볼트의 여행기를 빌려줬다. 예전의 찰스라면 7권이나 되는 이 책을 가지고 쩔쩔맸겠지만 그때의 찰스는 달랐다. 그는 금세 책을 독파하고 훔볼트가 중남아메리카를 여행하며 설명한 장소들에 직접 가보는 꿈을 꾸기 시작했다. 아프리카 북서해안의 카나리아 제도가 책에 나온 열대 낙원 중에 가장 가까웠기에 찰스는 일단 그곳으로 떠날 계획을 짜기 시작했다. 처음에는 헨슬로와 친구 세 명이 그와 함께 가는 데 관심을 보였고, 찰스의 아버지가 지금까지 찰스가 지고 있던 빚을 모두 갚아주고 여행 경비를 대겠다고 나섰다.

헨슬로는 찰스가 그러한 여행에서 최대한 많은 것을 얻으려면 미리 지질학 공부를 약간 할 필요가 있다고 생각했고, 그에게 예전에 자신을 가르친 바 있는 지질학 교수 애덤 세드윅Adam Sedgwick으로부터 개별 수업을 받도록 했다. 후에 지질학 시대 분류에 '데본기'와 '캄브리아기'라는 이름을 붙인 지질학의 대가 세드윅 교수는 웨일즈로 떠난 조사 여행에 찰스를 데려갔다. 그곳에서 찰스는 자신이 지질학에 소질과 큰 관심이 있다는 것을 알게 되었다.

그가 웨일즈에 나가 있는 동안 헨슬로 교수를 비롯해 함께 카나리아 제도에 가기로 했던 동료들 중 세 명이 여행을 포기했고 얼마 후 마지막 남은 여행 동료마저 급작스럽게 죽었다는 비보가 들려왔다. 찰스는 친구의 죽음에 슬퍼하면서도 자신의 항해가 시작도 하기 전에 흐지부지 되는 것이 아닌가 걱정하기 시작했다.

여행에 지친 몸으로 불확실한 앞일을 걱정하던 찰스가 집으로 돌아왔을 때 그를 기다리고 있던 것은 뜻밖의 내용이 담긴 헨슬로의 편지였다. 찰스에게 세계 일주를 할 수 있는 기회가 온 것이었다.

승선 허가

그 기회는 먼 길을 돌고 돌아 찰스에게 닿았다. 로버트 피츠로이Robert FitzRoy 대령이 해군 본부로부터 비글호를 이끌고 남아메리카의 남부 지방을 돌며 자세히 그 지역을 조사하라는 명령을 받은 것이다. 이전에 그 배를 지휘하던 선장이 스트레스로 자살을 한 후 그 배의 지휘권을 넘겨받은 차였다. 그렇게 긴 항해를 할 때 해군 대령으로서 받는 압박과 외로움을 잘 알고 있던 피츠로이는 '학식 있고 과학적인 사람이 승선해서 유용한 정보를 수집할 기회를 놓치지 않도록'[21] 해달라는 요청을 올렸다. 당시 박물학자들이 해군 선박을 타고 항해를 하는 것은 드문 일이 아니었으나 피츠로이의 의도는 조금 달랐다. 그는 식사를 함께하며 수집한 정보에 대해 최소한 대화를 나눌 수 있는 사람을 태우고 싶었던 것이었다.

처음 해군 본부에서는 그 자리를 헨슬로와 다른 박물학자에게 권했지만 그들은 거절하면서 모두 찰스를 추천했다. 헨슬로는 찰스에게 이렇게 썼다. "자네가 바로 그들이 찾는 사람이라고 생각하네."[22]

찰스는 기뻐서 어쩔 줄 몰랐다. 하지만 닥터는 그렇지 않았다.

찰스의 아버지는 영국 군함을 모는 사람들이 매우 거칠다는 것을 잘 알고 있었다. 또한 그러한 자들과 함께 항해를 하다 죽음을 맞는 경우가 많다는 것도 익히 알고 있었다. 그는 항해 자체가 매우 위험한 모험이며, 찰스가 남부끄럽지 않은 위치에 빨리 정착하는 데 또 하나의 방해물이 될 것이라고 생각했다. 찰스는 풀이 죽어 아버지의 말씀을 거역할 수 없다고 헨슬로에게 답장을 했다.

찰스는 실망감을 잊기 위해 삼촌 조시아의 집으로 향했다. 그런데 그의 아버지가 삼촌에게 전해주라며 편지를 한 장 줬다. 그 편지에는 자신이 찰스의 항해를 반대하는 여러 이유를 설명하며 "만약 네가 나와 생각이 다르다면 찰스가 네 의견을 따르는 것도 좋다고 본다."[23]고 했다.

삼촌은 찰스가 항해를 떠나도록 격려했다. 조시아 삼촌은 자신이 답변할 수 있도록 아버지가 반대하는 이유를 목록으로 써달라고 했다. 아버지로부터 들은 말이 아직도 귀에 생생한 찰스는 아래와 같이 써내려갔다.

1. 장차 목사로서 나의 평판에 나쁜 영향을 줄 수 있음.
2. 무모한 계획임.
3. 내 앞에도 많은 사람들에게 이 박물학자 자리를 제안했을 것이 분명함.
4. 그런데도 그 제안이 받아들여지지 않았다는 것은 그 배나 항해 자체에 심각한 문제가 있는 것이 분명함.
5. 항해 후에 내가 안정적으로 정착할 리 없음.
6. 숙박이나 편의 시설이 매우 불편할 것임.
7. 그것이 또 한 번 나의 직업을 바꿀 수 있다는 것을 고려해야 함.
8. 쓸모없는 일이 될 것임.

조시아 삼촌이 아버지에게 답장을 보내자 그는 금세 마음을 바꿔 찰스에게 "힘이 닿는 한 최대한 돕겠다."[25]고 했다.

기쁨에 넘친 찰스는 준비할 시간이 얼마 남지 않은 것을 깨닫고 항해에 필요한 각종 도구와 새 권총, 장총을 구입하고 짐을 싼 후 피츠로이 대령과 만났다. 그가 타고 갈 배 자체는 약간 충격적이었다. 비글호는 정말 작았다. 세로가 약 27미터, 가로가 7미터 정도이고 아주 작은 선실 두 개밖에 갖추고 있지 않았다(그림 2.2 참조). 키가 180센티미터가 넘는 찰스는 자기 방에 들어갈 때마다 몸을 잔뜩 수그려야 했을 정도다. 그 작은 방에는 항해도를 펼쳐 놓고 볼 커다란 탁자 하나와 19세의 장교 한 명, 14세의 사관생도 필립 킹, 찰스가 함께 북적거렸다. 찰스는 천장에 난 채광창과 탁자 사이에 친 그물 침대에서 잠을 잤는데, 그물 침대에서 채광창 사이는 60센티미터밖에 떨어져 있지 않았다.

항해가 시작되기 전, 찰스는 여러 곳을 방문하며 친구와 친지들에게 작별 인사를 하고 자연과학자들로부터 마지막 조언을 얻었다. 헨슬로는 작별 선물로 훔볼트의 여행기를 주며 라이엘의 새 책인 『지질학의 법칙Principles of

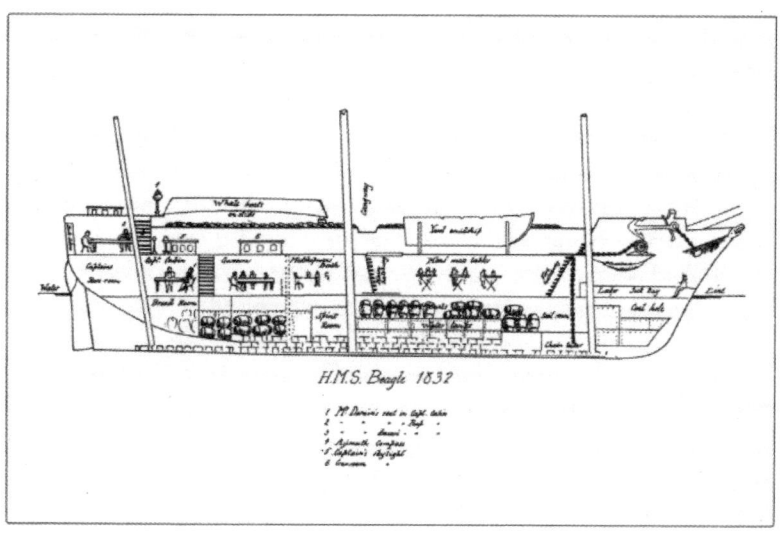

그림 2.2 비글호와 다윈의 선실. 선실을 함께 썼던 동료 선원 필립 킹의 그림을 바탕으로 했다. 출처: 찰스 다윈의 『비글호로 항해한 국가의 지질학과 자연사 연구』(1839년 초판 복제본. 1952)

2장_다윈 목사, 옆길로 빠지다 47

Geology』을 함께 가져가라고 했다. 그 책을 읽으면 그가 앞으로 보게 될 다양한 광경을 이해하는 데 도움이 될 것이었다. 이 책과 성경은 젊은 신학도에게 든든한 길동무가 됐다.

아버지에게 작별 인사를 하는 것이 가장 어려웠다. 너무나 오랫동안 가족과 떨어져 있게 될 것이 분명했다. 항해는 2년을 예정하고 있었는데 찰스도, 그의 아버지도 그것이 5년으로 늘어나리라고는 예상하지 못했다. 또한 그가 영영 돌아오지 못할 가능성도 있었다. 찰스는 플리머스에서 형 라스와 작별 인사를 나눌 때 이러한 생각을 떨쳐버리려 애썼다.

1831년 12월 10일, 비글호가 처음 돛을 올렸지만 출항에는 실패했다. 강한 질풍을 만나 얼마 가지 못하고 돌아와야 했던 것이다. 이러한 시도는 이후에도 두 번이나 있었다. 파도가 낮았던 12월 21일, 피츠로이 선장은 다시 한 번 출항을 시도했으나 배가 뭍에 걸려 꼼짝을 하지 못했다. 겨우 배를 빼내고 나니 이번에는 또 다른 질풍이 몰려와 배를 돌려야 했다. 찰스는 크리스마스를 거의 배 안에서 보냈다. 마침내 1831년 12월 27일, 22세의 찰스 다윈과 동료 선원들은 카나리아 제도와 남아메리카를 향해 항해를 시작했다.

항해

얼마 지나지 않아 고생은 시작됐다. 높은 파도로 악명 높은 비스케이 만 주변에서 비글호가 풍랑에 이리저리 휩쓸리는 동안 찰스는 아무것도 먹지 못했다. 그는 그물 침대에 꼼짝 않고 누워 항해에 참가한 것이 과연 잘한 일이었는지 후회하기 시작했다. 그는 기운을 내기 위해 훔볼트의 책을 꺼내 읽으며 다시 땅에 발을 디딜 그 순간을 그려보려고 애썼다.

괴로운 열흘이 지나고 배는 카나리아 제도의 테네리페에 도착했다. 훔볼트가 설명한 그 거대한 산을 마침내 직접 볼 수 있게 됐지만 흥분은 그리 오래가지 못했다. 당시 영국에서 발생한 콜레라 때문에 비글호가 검역, 격리된 것이었다. 그렇다고 가만히 앉아 기다릴 피츠로이 선장이 아니었다. 그는 다시 돛을 올리라 명령하고 테네리페에 발 한 번 딛지 않고 곧장 배를 돌려 카보베르데 섬의 세인트 야고로 향했다.

세인트 야고에서 찰스는 잠시나마 뱃멀미에서 벗어날 수 있었다. 보이는 것이라고는 화산이 전부였지만 그곳의 새들과 야자나무, 거대한 바오밥나무는 찰스에게 강한 인상을 남겼다. 그는 또한 해수면으로부터 약 9미터 높이에 조개껍데기와 산호가 띠를 이루고 있는 것을 보고 호기심을 감추지 못했다. 세드윅으로부터 지질학 교육을 받고 라이엘의 책을 읽은 지 얼마 되지 않았던 찰스는 곧장 그것에 대해 생각하기 시작했다. 해수면이 아래로 내려간 것인가, 아니면 섬 자체가 올라온 것인가? 그는 그 후 몇 년에 걸쳐 같은 질문을 되풀이해 물었다.

몇 주 후 브라질을 향해 다시 항해를 시작할 때가 됐다. 지긋지긋한 뱃멀미가 다시 시작됐고 이번에는 적도를 지나며 엄청난 더위까지 겹쳤다. 찰스는 마치 '녹인 버터 속에서 천천히 익는 것'[26]같은 기분을 느끼며 선실에 누워 있어야만 했다.

대서양을 건너는 내내 구역질에 시달렸던 찰스는 배가 브라질의 해안 바이아에 도착하자마자 서둘러 배에서 내렸다. 찰스는 바로 숲으로 발걸음을 옮겼고, 그곳의 풍경은 그를 실망시키지 않았다. 각양각색의 꽃, 과일과 벌레, 식물과 나무의 냄새, 동물들의 소리로 그의 오감은 차고 넘쳤다. 그는 헨슬로에게 이렇게 썼다. "전에는 훔볼트를 존경하기만 했는데 이제는 거의 사랑할 지경입니다. 열대 지방에 발을 들여놓을 때 생기는 감정들에 대해 조금이라도 설명해준 사람은 그밖에 없으니까요."[27] 찰스는 손에 잡히는 것은 무엇이든 수집하기 시작했다.

바이아에서 몇 주를 보낸 비글호는 리우데자네이루로 향했고 그곳에서 찰스는 다시 밖으로 나갔다. 이것은 곧 그 항해의 일상적 절차가 됐다. 비글호가 이 항구에서 저 항구로 다니며 조사와 지도 제작을 하는 동안 찰스는 내륙으로 들어가 각종 표본을 수집하는 것이다. 피츠로이 선장이 자신의 일에 대해 매우 철저했던 덕분에 찰스는 탐험할 시간이 충분했다.

배에 머무는 동안에도 물론 정해진 일과가 있었다. 찰스는 여동생에게 쓴 편지에서 이렇게 말했다.

> 아침은 8시에 먹는다. 배 위에서 불변의 매너는 모든 매너를 집어 치우는 것이지. 식사를 시작하기 전에 다른 사람을 절대 기다리지 말고, 다른 사람이 아직 식사를 하고 있는 중이라고 해도 다 먹은 즉시 일어나 나가버리는 거야. 항해 중에 날씨가 좋으면 나는 바다에 넘쳐나는 온갖 생물을 연구해. 파도가 조금이라도 센 날은 뱃멀미에 시달리며 계속 구역질을 하거나 방에 틀어박혀 항해기 같은 것을 읽곤 하지. 점심 식사는 1시야. 유감스럽게도 뭍사람들이 선상 생활에 대해 잘못 알고 있는 것이 한 가지 있어. 우리는 지금까지 소금에 절인 맛없는 고기를 단 한 번도 먹은 적이 없단다. 물론 앞으로도 그럴 것이고. 오후 5시가 되면 차를 마시지.[28]

항해하는 동안 선원들이 먹는 고기의 상당량은 찰스가 마련했다. 어린 시절 숲 속에서 많은 시간을 보낸 그는 사냥 실력이 뛰어났고, 덕분에 비글호의 선원들에게 큰 도움이 됐다.

찰스는 또한 배가 항구에 도착하는 틈을 타 자신이 수집한 표본들을 영국으로 실어다줄 배를 물색했다. 항해를 시작하고 8개월 후, 그는 첫 번째 상자 하나를 헨슬로에게 보내며 보관을 부탁했다.

가우초와 화석

내륙으로 들어가려면 그 지역에 대한 지식이 어느 정도 필요했다. 자신과 동행해 내륙 지방을 탐사할 사람들을 찾는 것은 비교적 쉬웠다. 파타고니아 고원 끝 아르헨티나 해안에 있는 촌락인 바이아 블랑카에서 그는 그 지역 가우초(남아메리카의 카우보이, 스페인인과 인디언의 혼혈―옮긴이) 일행을 만났다. 찰스는 그들을 '지금까지 본 중에 가장 모습이 별난 미개인'[30]이라고 표현했다. 그들의 알록달록한 옷과 판초에 반한 찰스는 그들이 가지고 다니던 검과 장총에도 주목했다. 그들은 지역 부족과 계속해서 마찰을 빚었지만 승마를 잘 하기로 유명했고 귀한 식수를 귀신 같이 찾아낼 줄 알았기에 찰스와 비글호의 장교들은 그들을 길잡이로 고용해 도움을 받기로 했다. 덕분에 그들은 그 지역 음식인 아메리카 타조알과 아르마딜로 요리를 맛볼 수 있었다. 찰스는 아르마딜로 요리의 "맛과 생김새가 오리와 비슷하다."고 했다.

해안을 타고 약간 남쪽으로 더 내려가 푼타 알타 근처를 탐험하는 동안 찰스는 조개껍데기와 몸집이 큰 동물의 뼈가 박힌 암석을 몇 개 발견했다. 그는 그 뼈가 코뿔소의 것이라고 생각하며 가지고 있던 곡괭이로 암석과 뼈를 분리했다. 다음 날, 그는 무른 암석 하나에 커다란 머리뼈가 박혀 있는 것을 발견하고 몇 시간에 걸쳐 그것을 빼냈다. 그로부터 2주 후 메가테리움, 곧 거대한 땅나무늘보의 것이라 여겨지는 턱뼈와 이빨을 발견했다. 자신이 찾은 것이 정확히 무엇인지 확인할 길이 없었기에 그는 영국 전문가들의 도움을 받기 위해 뼈를 나무 상자에 담아(피츠로이는 '쓸모없는 것이 분명한 화물'이라며 놀렸다[31]) 배에 실어 보냈다.

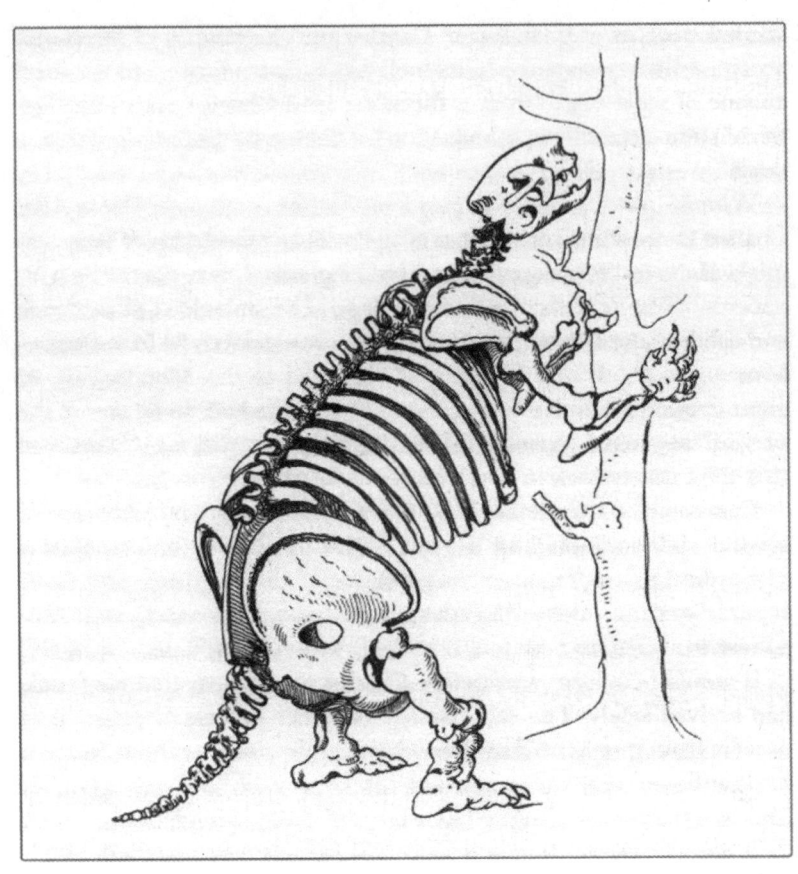

그림 2.3 마일로돈. 거대한 땅나무늘보 그림. 출처: 찰스 다윈의 『비글호 항해기』(1890)

후에 밝혀진 일이지만 찰스가 발견한 것은 조치수라 불리는 거대한 아르마딜로 같은 생물과 캐피바라(남아메리카의 설치류 중 가장 큰 동물-옮긴이)의 멸종한 형태인 톡소돈, 그리고 세 가지 종류의 땅나무늘보인 메가테리움, 마일로돈(그림 2.3), 글로소테리움을 포함한 여러 종류의 화석이었다.

이 화석들이 무사히 영국에 도착했는지 찰스가 소식을 듣기까지는 꽤 오랜 시간이 걸렸다. 당시 물건이나 사람이 무사히 장거리 여행을 하는 것을 보장할 수 없었기 때문이다.

미개인의 땅

비글호는 남아메리카의 동부 해안을 따라 남쪽으로 항해하다 티에라 델 푸에고 제도에 닿았다. 이곳에서 찰스는 가장 원시적인 형태로 생활하고 있던 인간과 처음으로 만나게 된다.

그는 줄곧 그러한 경험을 기대하고 있었다. 지난번 항해에서 이미 피츠로이 선장은 푸에고 사람 몇 명을 영국으로 데려가 영국식으로 옷을 입히고 교육시킨 적이 있었다. 이제 세 명의 '전前 미개인'이 자신의 고향을 개화시킬 수 있을지도 모른다는 희망을 품고 본래 부족으로 돌아갈 참이었다.

찰스는 원주민들을 만나기 위해 피츠로이와 함께 노를 저어 해안가로 올라갔다. 그는 원주민의 모습과 행동을 보고 큰 충격을 받았다. 그리고 자신들이 데려간 세 명의 원주민 선교사들이 얼마 전까지만 해도 그들처럼 미개한 상태였다는 사실을 믿을 수가 없었다(그림 2.4). 이러한 미개인과 문명인 간의 큰 차이는 찰스가 많은 생각을 하도록 만들었다.

비글호는 악명 높은 케이프 혼을 돌아 계속해서 전진했다. 해안을 감싸듯 육지와 가깝게 움직이는 동안 배는 거친 파도를 피해 만 안으로 들어가 있곤 했다. 찰스는 풍경과 야생동물을 보며 즐기려고 애썼지만 2주 동안이나 춥고 바람이 많이 부는 곳에서 파도와 싸우다 보니 결국 지칠 수밖에 없었다. 그는 당시 일기장에 이렇게 썼다. "뱃멀미에 시달리지 않고 한 시간을 못 버티는구나. 이 지독한 날씨가 얼마나 계속될지 모르겠다. 그러나 나의 정신과 성질, 뱃속이 앞으로 얼마 버티지 못할 것이라는 것은 분명히 알겠다."[32]

그러다가 날씨가 더욱 악화돼 비글호가 크게 흔들리면서 물에 세게 부딪치는 일이 벌어졌다. 엄청난 물살이 배를 때렸고, 선원들은 서둘러 구조선 중 한 대를 묶은 줄을 끊어버려야 했다. 바닷물이 갑판을 넘어 선실을 채우기 시작했다. 다행히 포문을 열자 물이 빠져나가면서 이 작은 배는 중심을 되찾을 수 있었다. 하지만 파도가 한 번만 더 치면 그것으로 끝장이라는 사실을 찰스는 잘 알고 있었다. 그것은 피츠로이가 경험한 것 중 가장 무서운 질풍이었다. 겁에 질린 찰스는 일기장에 이렇게 적었다. "하늘이시여, 비글호를 구해주소서."33

무사히 폭풍을 이겨낸 그들은 데려온 푸에고인 선교사들이 정착할 곳을 찾기 위해 천천히 해안으로 올라왔다. 배가 비글 해협으로 들어서자 눈에 보이는 광경은 그야말로 장관이었다. 거대한 빙하가 산부터 물까지 이어지다가 빙산으로 갈라져 흩어져 있었다. 그러나 이 고요한 광경은 눈속임에 불과했다. 뭍에 오른 사람들이 빙산 근처 해변에서 식사를 하는 동안 거대한 얼음덩어리 하나가 물속으로 떨어져 내리며 거대한 파도를 일으켰던 것이다. 찰스와 몇몇 선원들이 재빠르게 움직여 보트가 파도에 휩쓸려 가기 직전 묶인 줄을 잡았다. 그들이 만약 그 보트를 잃었더라면 아무런 식량이나 도구도 없이 그곳에 표류해야 하는 긴박한 상황에 처했을 것이다.

찰스의 행동에 감복한 피츠로이는 다음 날 '조그만 배에서 온갖 불편과 긴 항해의 위험을 기꺼이 무릅써준 동료'34의 이름을 따 그곳을 '다윈 해협'이라 부르기로 했다. 피츠로이는 후에 한 산봉우리에 찰스의 이름을 붙이기도 했다.

물론 찰스는 이러한 피츠로이의 태도를 고마워했다. 여러 곳에 스물네 살밖에 되지 않은 지질학자의 이름을 붙여주다니. 분명 기분 좋은 일이었다. 그것이 남아메리카 대륙의 어느 벽지였다고 해도 말이다.

그림 2.4 푸에고인. 출처: 찰스 다윈의 『비글호로 항해한 국가의 지질학과 자연사 연구』(1839년 초판 복제본, 1952)

그러나 항해가 2년째로 접어들고 탐험과 수집을 계속하면서 찰스는 자신의 이러한 노력이 영국에서 어떻게 받아들여지고 있는지 점점 더 걱정이 되기 시작했다. 거의 온전한 형태의 메가테리움을 비롯해 이미 꽤 많은 양의 화석을 여러 차례 본국으로 실어 보낸 터였다. 화물이나 편지를 보내고 답변을 기다리는 데 걸리는 시간을 고려하더라도 찰스는 걱정이 됐다. 화물이 헨슬로의 손에 무사히 닿긴 한 걸까? 그가 수집한 것이 흥미의 대상이 되긴 한 걸까? 계속되는 뱃멀미와 수시로 고개를 드는 향수 때문에 그는 슬슬 지치고 있었다. 그는 헨슬로에게 쓴 편지에서 긴 항해에 대해 걱정을 털어놓기도 했다.

"제가 어떻게 견뎌낼 수 있을지 잘 모르겠습니다."[35]

비글호가 1834년 3월 포클랜드 제도에 도착했을 때 영국에서 온 편지가 찰스를 기다리고 있었다. 6개월 전인 1833년 8월 31일에 쓰인 이 편지에서 헨슬로는 찰스가 찾은 메가테리움 화석이 "알고 보니 가장 흥미로웠다."[36]라고 이야기하며 그것이 그해 여름, 과학 발전을 위한 영국학술협회 정기 회의에 공개된 사실을 알려줬다. 헨슬로는 부드럽게 자신의 제자를 격려했다.

"중도에 돌아올 작정이라면 조금 여유를 갖고 생각해보게……. 용기가 나게 도와줄 뭔가를 찾을 수 있을 걸세……. 눈에 띄는 모든 메가테리움 해골은 아무리 작은 조각이라도 다 영국으로 보내게. 화석은 모조리 다……. 자네가 보낸 작은 곤충들 거의 모두 새로운 것이라고 생각하네."

헨슬로가 보내온 소식과 격려는 당시 찰스에게 꼭 필요한 것이었다. 그는 다시 마음을 다잡고 열정적으로 지질학과 표본 수집에 뛰어들었다. 그리고 항해의 다음 목적지인 남아메리카 서부 해안과 안데스 산맥에 도착하기를 기다리기 시작했다.

흔들리는 땅

새로운 모험에 대한 대가는 바다와의 또 다른 싸움이었다. 서부 해안에 도달하기 위해 비글호는 마젤란 해협을 지났다. 이것은 일종의 '지름길'로, 위험한 케이프 혼(그림 2.5)을 피해서 갈 수 있는 방법이었다. 그러나 5월 하순부터 6월 초순까지는 그곳 역시 순탄한 길이 아니었다. 찰스는 그물 침대에 매달려 천장에 난 채광창에 뿌옇게 서리가 끼는 것을 지켜봤다.

항해의 매 순간이 얼마나 위험한지 상기시키는 것들은 얼마든지 있었다. 칠레를 향해 북쪽으로 가는 길에 선원 한 명이 숨을 거두어 엄숙한 가운데 바다에 수장됐다. 그 후 비글호가 칠레 해안의 여러 섬을 다니며 조사하는 동안 그들은 한 남자가 셔츠를 흔드는 것을 보고 수색대를 뭍으로 올려보냈다. 그들은 작은 보트를 타고 포경선에서 도망친 다섯 명의 선원들이었다. 그들이 탄 보트가 칠레 본토에 닿기 전에 난파돼 섬에서 표류하고 있었던 것이다. 1년 이상 조개와 바다표범 고기로 연명한 그들은 찰스가 얼핏 보기에도 형편없는 상태였다.

칠레 본토에 닿은 후 찰스는 지질학 탐사를 나갔다. 해발 400미터에 조개껍데기가 잔뜩 깔려 있었고 안데스 산맥에서는 해발 4,000미터 지점에서 조개 화석을 발견했다. 바다 생물이 어떻게 이렇게 높은 곳에서 발견될 수 있단 말인가?

발디비아 근처의 한 숲에서 찰스는 해답의 일부를 찾았다. 아침 산책을 하고 있는데 갑자기 땅이 흔들리기 시작한 것이다. 땅이 너무나 거세게 흔들려 제대로 서 있을 수조차 없었다. 마을로 돌아가자 그를 기다리고 있는 것은 대혼란이었다. 집들이 기울어지고 사람들은 충격에 휩싸여 있었다.

북쪽으로 비글호가 이동하는 곳마다 보이는 것은 폐허가 된 마을이었다. 콘셉시온이라는 도시는 무너져내린 돌무더기로 변해버렸다. 그곳 주민들은 그것이 사상 최악의 지진이라고 했다. 지진으로 인해 해일과 들불까지 일어났다. 아직도 흙더미에 묻혀 있는 사람들이 많았다.

뭍에 도착한 찰스는 수면으로부터 몇 미터 위에 홍합이 널리 퍼져 있는 것을 발견했다. 바로 그것이었다. 땅이 위로 올라간 증거였다. 라이엘이 기록한 바와 같이 거대한 산도 작은 단계를 거쳐 형성된다는 것을 찰스가 목격한 것이었다.

안데스 산맥의 한 산등성이에서 그는 더욱더 놀라운 것을 목격했다. 해발 2,100미터가 넘는 높이에 화석화된 나무가 숲을 이루고 있었다. 나무가 어떻게 그리 높은 곳에 있을 수 있을까? 그것도 사암에 묻힌 채로. 찰스는 이렇게 놀라운 발견을 설명해줄 지질학적 증거를 찾기 시작했다.

> 대서양의 해안가에서 한때는 아름다운 나무들로 가득 차 있었을 곳을 봤다. 지금은 1,100킬로미터 이상 뒤로 물러났지만 당시 바다는 안데스 산맥의 산 어귀에 닿았으리라……. 곧게 서 있던 나무들이 그 후 바닷속으로 잠겼다. 거기에서 나무는 퇴적 물질로 덮였다……. 후에 다시 한 번 지하에서 어떤 힘이 작용했고 이제 나는 고도 2,000미터가 넘는 곳에서 한때 바다에 잠겼던 산의 흔적을 보고 있다.

땅이 물속에 잠기고 산이 솟아오른다……. 찰스는 그때 모든 것을 역동적인 지질학적 관점에서 생각하고 있었다. 페루 해안에 자리 잡고 있는 산 로렌소 섬에서 그는 해수면 위로 올라와 있는 조개껍데기층을 관찰했다. 단구층에는 놀랍게도 조개껍데기 외에 면으로 된 실과 땋아놓은 해초, 옥수수 줄기의 머리 부분 등을 발견했다. 과거에 사람이 거주한 흔적이었다.

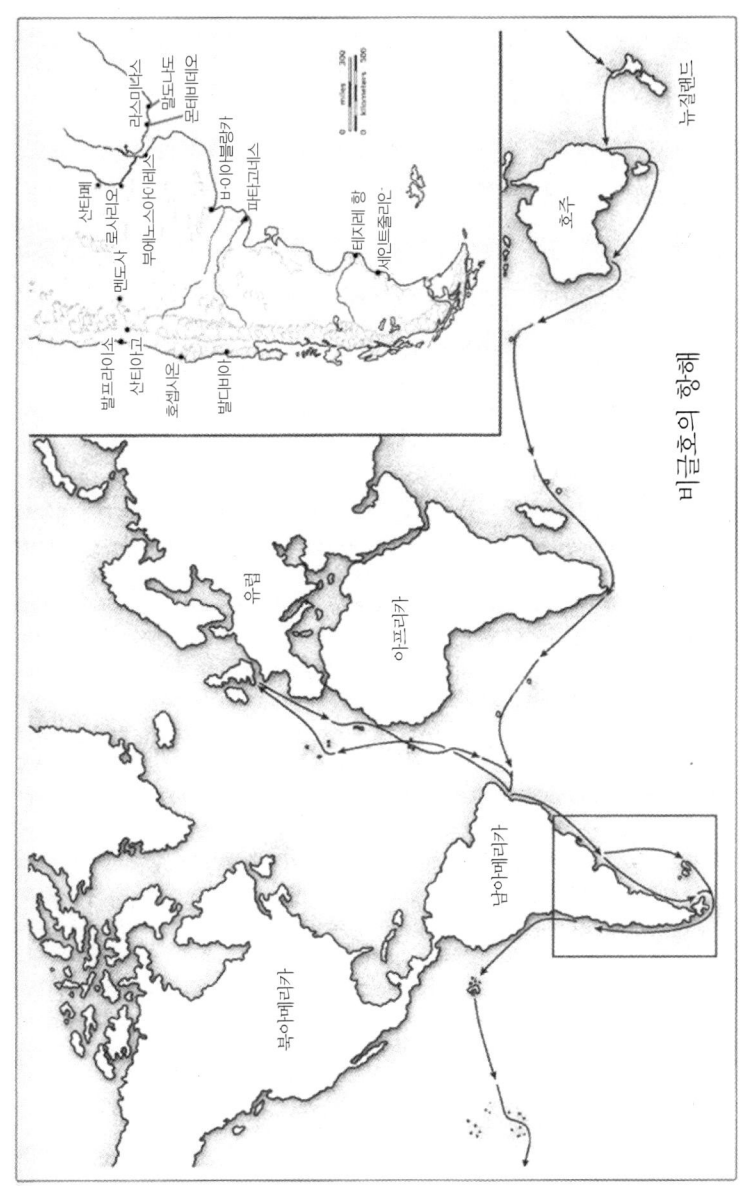

그림 2.5 비글호의 항해 지도, 1831~1836, 리앤 올즈 그림

그로부터 찰스는 그 섬이 사람이 살았던 과거의 시점보다 약 26미터 상승했다는 것을 추론해냈다.

이제 지질학이 그의 머리를 온통 채웠다. 페루의 해안을 떠나며 그는 앞으로 방문하게 될 태평양의 섬들에 대해 생각하기 시작했다. 비글호의 임무 중 하나는 산호섬의 둘레를 측정하고, 섬을 둘러싸고 있는 둥근 산호가 당시 사람들이 생각한 것처럼 바다에서 솟아오른 화산 분화구 가장자리에 자리 잡고 있는지 확인하는 것이었다. 아직 두 눈으로 산호섬을 보지는 못했지만 찰스는 정반대의 결론을 내렸다. 만약 산이 실제로 가라앉고 있는 것이라면? 태양광을 필요로 하는 산호가 가라앉고 있는 산을 둘러싸고 위를 향해 자라지 않겠는가. 만약 그렇다면 아름다운 환상 산호섬들이 분화구 가장자리까지 올라가 자리 잡은 것이 아니라 가라앉고 있는 땅의 일부를 둘러싸고 있는 셈이었다. 이것이 바로 그가 스스로 만들어낸 첫 번째 이론이었다.

찰스는 헨슬로에게 편지를 써서 다음번 목적지를 기대하고 있다고 했다. 그 이유는 첫째, 영국에 훨씬 가까워질 것이고 둘째, 활화산을 직접 볼 수 있는 기회가 될 것이기 때문이었다. 그러나 찰스의 예상과 달리 그에게 예상치 못한 충격을 안겨준 것은 풍경이 아니라 동물들이었다.

그렇게 비글호는 해안에서 약 960킬로미터 떨어진 갈라파고스 제도를 향해 돛을 올렸다.

파충류의 천국

1835년 9월 15일 찰스는 갈라파고스 제도에 도착했다. 항해가 이미 4년째로 접어든 후였다. 오늘날 사람들은 이 섬 이름을 들으면 어김없이 다윈의 이름 혹은 젊은 박물학자의 낙원을 떠올릴 것이다. 천만의 말씀이다. 찰스가 갈라파고스 섬에 도착해 적은 일기를 보면 이렇게 나와 있다.

> 활기라고는 찾아볼 수 없는 나무들이 줄지어 서 있다. 수직으로 내리쬐는 태양빛에 달궈진 검은 돌은 마치 난로처럼 공기를 답답하고 후텁지근하게 만든다. 식물에서 나는 냄새 또한 불쾌하기 짝이 없다. 상상 속의 지옥과 이 나라를 비교하는 사람도 있었다.[38]

그래도 각종 물고기와 상어, 거북이로 가득한 작은 만을 하나 찾을 수 있었다. 그는 그곳을 이렇게 묘사했다.

> 파충류의 낙원……. 해변을 뒤덮은 검은 화산암 지대에는 60~90센티미터 정도의 크기에 매우 못생긴 도마뱀들이 출몰한다……. 이 땅과 정말 잘 어울린다.[39]

산책을 하다가 거북이를 발견한 찰스는 후에 이렇게 기록했다.

> 매우 큰 거북이 두 마리(등 껍데기 둘레가 2미터가 넘음)와 마주쳤다. 한 마리는 선인장을 뜯어먹다가 엉금엉금 기어 사라졌다……. 그 거북이들은 온 힘을 다해야 겨우 들어 올릴 수 있을 정도로 무거웠다. 검은 화산암과 잎이 없는 관목, 거대한 선인장에 둘러싸인 이 동물들은 마치 가장 오래된 고생물이나 다른 행성에서 온 외계 생물처럼 보였다(그림 2.6).[40]

그는 어느 샘 근처에서 한 떼의 거북이가 줄을 지어 샘을 오가는 것을

그림 2.6 갈라파고스 거북. 출처: 찰스 다윈의 『비글호 항해기』(1890)

발견하고 즐거워하기도 했다.

제임스 섬에서 찰스는 손에 잡히는 동물과 식물을 모조리 채집했다. 그는 그곳의 식물이 남아메리카에 자생하는 것과 같은 것인지, 아니면 갈라파고스 제도 고유의 것인지 분석하고 싶었다. 그는 또한 새에도 큰 관심을 쏟았다. 제임스 섬에 사는 흉내지빠귀 종은 같은 제도의 다른 두 섬에 사는 것들과 달라보였다. 이 섬에서 저 섬으로 이동하는 동안 가장 중요한 것은 수집이었다. 그것이 무엇인지 파악하고 분석하는 일은 나중에 해도 되는 것이었다.

찰스는 후에 바다 이구아나의 미스터리를 풀고 그것이 무엇을 먹는지도 알아냈다. 그전에 이 섬을 다녀간 선장은 바다 이구아나가 물고기를 잡아먹기 위해 바다로 나간다고 결론을 내렸다. 그러나 찰스가 이것을 몇 마리 잡아 해부를 했더니 위장 속에는 물속에 잠긴 바위에 붙어 자라는 해초만 잔뜩 들어 있었다. 이 이구아나의 생김새는 흉했지만 찰스는 이 동물의 뛰어난 수영 실력과 잠수 능력을 높이 샀다. 또한 이것의 습성은 모든 도마뱀을 통틀어 독특했으며, 깊은 섬의 뭍에 사는 이구아나와도 눈에 띄게 다르다는 것을 알아냈다.

장장 5주에 걸쳐 섭씨 58도에 달하는 모래 위를 탐사한 후 비글호는 서쪽으로 향했다.

창조의 중심, 미스터리 중의 미스터리

열대의 바다를 건너 타히티를 향해 가는 동안 처음으로 찰스는 긴 항해를 즐길 수 있었다. 해군 사관 생도였던 킹은 찰스가 즐거워하는 모습을 후에 이렇게 기록했다.

> 그는 머리 위 돛에서 불어오는 향기로운 바람을 맞고, 야광 미생물이 가득한 바닷물 위로 배가 지나갈 때 환하게 밝혀진 뱃길을 만끽하는 것이 바로 이 열대야의 기쁨이라고 내게 알려주며 매우 즐거워했다.[41]

그런 다음 비글호는 뉴질랜드, 호주, 코코스 제도를 차례로 돌았다. 그곳에서 찰스는 처음으로 모래톱으로 둘러싸인 아름답고 푸른 산호섬을 봤다. 산호 사이 얕은 바다에서 거닐며 그는 모래톱의 신비에 푹 빠졌다. 그와 동시에 이 아름다운 구조물이 어떻게 만들어졌는지 자신의 가설을 확신할 수 있었다.

아프리카로 향한 비글호는 1836년 5월 말에 그곳에 닿았다. 희망봉에 도착한 찰스는 선장과 함께 유명한 천문학자 존 허셜John Herschel 경을 찾아갔다. 그의 책은 케임브리지 대학에서 공부할 당시 이미 읽어본 터였다. 허셜은 지질학에도 큰 관심을 가지고 있었고 라이엘과 편지를 주고받는 그의 지지자이기도 했다. 그러나 그는 라이엘이 저서 『지질학의 법칙』의 새 책, 제2권에서 중요한 것을 놓치고 있다고 생각했다.

찰스가 항해 도중 받은 라이엘의 새 책은 종의 생김새를 둘러싼 여러 가지 의문에 초점을 두고 있었다. 종이 변화, 혹은 '변이'할 수 있다는 생각은 당시 프랑스와 영국에서 수십 년에 걸쳐 거론되고 있었으나 일반적으로 많은 지지를 이끌어내지 못했다. 증거가 부족하다는 것이 그 원인 중 하나였으나 사실은 그 가설이 다윈의 선생님들을 비롯해 라이엘과 같은 대부분의 학자들이 신봉하던 창조자, 즉 신에 의한 생물 창조 이론에 반하기 때문이었다. 라이엘은 화석에 대해 매우 풍부한 지식을 자랑하면서도 진화가 종의 등장과 소멸의 원인을 설명하는 증거라는 개념은 받아들이지 않았다. 당시 다른 지질학자와 마찬가지로 라이엘 역시 생물의 종은 각각 특별히 창조된 것으로 영원히 변화하지 않는다는 관점을 고수했던 것이다. 그는 하나의 종이 화석을 통해 계속해서 나타나는 현상을 '그것이 정해진 기간 동안 번식하고 견디도록, 또한 지구에서 정해진 장소를 차지하고 살도록 주어진 때와 장소에서 창조됐기 때문'[42]이라고 설명했다.

허셜의 생각은 달랐다. 라이엘이 지금껏 보여준 것처럼 환경이 진화한다면 그곳에 사는 생물들 역시 진화하지 말라는 법이 어디 있는가? 허셜은 이것이 종의 기원이라는 '미스터리 중의 미스터리'와 관련돼 있는 것을 알아차렸다. 그가 자신의 의견을 찰스에게 완전히 털어놓았는지는 오늘날 분명치 않다. 그러나 분명한 것은 찰스가 집으로 돌아오는 항해 도중, 그리고 그 후에도 계속해서 이 미스터리에 사로잡혀 있었다는 것이다.

찰스는 기대에 부풀어 있었다. 헨슬로 교수가 이미 찰스에게 받은 편지 중 10통을 골라 소책자로 만들어 놓았으며, 그의 이름이 영국에서 큰 관심을 얻고 있다고 찰스의 여동생이 편지로 알려줬기 때문이었다. 찰스는 귀국 계획을 짜고 앞으로의 연구 순서를 정하기 시작했다. 온갖 지질학, 동물학, 식물학 기록과 표본으로 둘러싸여 있던 그는 출판을 목표로 자료를 정리하기 시작했다. 피츠로이 선장이 지도 제작에 열중한 나머지 영국에 도착하기 전의 마지막 항해는 계획보다 오래 걸릴 예정이었다. 아프리카 서쪽 해안을 돌아 유럽으로 올라가는 대신 배는 몇 가지 측량 기록을 최종 확인하기 위해 다시 브라질로 향했다. 최후의 순간까지도 뱃멀미를 이겨내지 못했던 찰스는 편지에 이렇게 썼다. "나는 바다가 너무 싫어요. 아주 지긋지긋해요."[43]

그래도 찰스는 늘어난 시간을 유용하게 쓸 수 있었다. 그는 조류학 기록을 모으고 거기에 살을 붙여가며 갈라파고스 조류를 둘러싼 수수께끼에 관심을 집중했다. 그는 그곳의 흉내지빠귀가 생김새 면에서 칠레의 것과 같은 종류에 속한다고 결론을 내렸지만 아직 무언가 더 고민해야 할 것이 남았다고 느꼈다.

길이가 긴 섬 네 곳에서 표본을 얻었다. 채텀 섬과 앨버말 섬에서 나온 표본은 같아 보이지만 나머지 두 개는 서로 다르다. 각각의 표본은 고유의 섬에서만 발견되는 반면 그것들의 습성은 서로 비슷해 잘 구별이 되지 않는다. 돌이켜 생각해보면 그 지역 사람들은 몸의 형태, 비늘의 모양과 전반적인 크기만 보고도 어느 거북이가 어느 섬에서 온 것인지를 단번에 알아맞히곤 했다. 이 섬들이 서로 가까이 있고, 각 섬에 사는 동물들의 수가 적으며, 같은 공간을 점유하는 새들의 몸 구조 차이가 아주 작다는 점을 고려할 때, 이것들은 단지 변종에 불과한 것 아닌가 하는 의심을 해봐야 한다. 내가 아는 것 중에 이와 비슷한 사례가 있다면 대서양 남단의 포클랜드 섬 동부와 서부에 사는 늑대 같이 생긴 여우가 서로 큰 차이를 보이고 있다는 것을 들 수 있다. 이러한 나의 생각에 조금이라도 근거가 있다면 여러 섬이 모인 환경에서 동물학 이론을 점검해 볼 필요가 있다. 이것이야말로 종의 안정성이라는 개념을 뒤흔들어 놓을 테니까.44

항해가 끝나갈 무렵 찰스는 이미 미스터리 중의 미스터리를 새로운 시각에서 바라보고 있었던 것이다.

뱃사람 돌아오다

매우 기쁘고 의기양양한 귀향이었다.

그는 5년 동안이나 친구와 친지, 멘토로부터 떨어져 있었다. 그의 누나들과 여동생은 그가 무사히 집으로 돌아온 사실에 무척이나 안도했다. 아버지 '닥터'는 어땠을까? 그 역시 아들을 매우 자랑스러워했다. 뚜렷한 목표도 없이 벌레나 잡으러 다니던 아들이 영국 과학계의 축하를 받으며 금의환향한 것 아닌가. 찰스는 한시라도 빨리 헨슬로 교수를 만나 표본을 어떻게 처리할지 의견을 듣고 싶었다.

위대한 라이엘 또한 찰스를 만나고 싶어 했다. 찰스는 돌아온 지 얼마 지나지 않아 자신의 지질학 영웅의 런던 집에서 열리는 저녁 식사에 초대받았다. 라이엘은 칠레에서 일어난 지진 이야기에 매료됐고 찰스의 표본을 과학적으로 분석하는 데 도움을 줄 사람들을 그에게 소개했다. 찰스가 가져온 화석과 새, 식물, 심지어 이구아나까지 기다리고 있던 많은 사람들의 손으로 넘겨졌다.

찰스는 자신의 긴 항해에 대해 책을 쓰면 어떨까 생각하기 시작했다. 찰스의 일기를 읽은 사촌들은 하나같이 일기를 출판하라고 했다. 피츠로이는 자신과 비글호의 전 선장, 찰스, 세 명이 쓴 세 권짜리 항해기를 펴낼 계획을 세웠다.

찰스가 자신의 경험담을 쓰는 동안 여러 분야의 전문가들이 그가 가져온 표본에 매달렸다. 저명한 박물학자이자 삽화가, 조류학자인 존 굴드John Gould는 찰스가 가져온 갈라파고스의 새들이 서로 매우 가까운 친척 관계라는 것을 금세 알아차렸다. 찰스가 '콩새류'와 '검은지빠귀'라고 생각했던 것이 사실은 되새류로 밝혀졌다. 단 며칠간의 관찰을 통해 굴드는 총 열두 종의 땅 되새류(후에 열세 종으로 수정됐다)를 확인했고 이것은 모두 다 완전히 새로운 종이었다(그림 2.7). 또한 흉내지빠귀의 '변종'이라고 여겼던 것에는 세 개의 서로 다른 종이 포함돼 있었다. 이것들은 찰스가 짐작한 바와 같이 칠레의 새와 친족 관계에 있었지만 그것과 동일한 것은 아니었다.

여기 결정적인 문제가 하나 있었다. 각각의 섬마다 고유하게 나타나는 새로운 종의 출현을 어떻게 설명할 것인가? 섬의 환경이 서로 크게 다르지 않은데도 불구하고 각각의 새가 해당 섬에 적합하도록 변하다니, 어떻게 서로 그리 다르게 변한 것일까? 결론은 불 보듯 뻔했다. 그 제도로 이주해 갔던 본래 새들이 어떤 연유에선지 변화해 새로운 종을 생산해낸 것이다.

찰스는 이를 설명하기도 어렵지만 남들에게 납득시키는 것은 더욱더 어렵다는 것을 알았다. 이러한 생각은 당시 만연하던 종의 학설에 어긋나는 동시에 생물이 신의 창조물이라는 이론에 도전하는 것이기에 찰스는 자신이 매우 위험한 생각을 하고 있다는 것을 알고 있었다. 그는 어찌할 바를

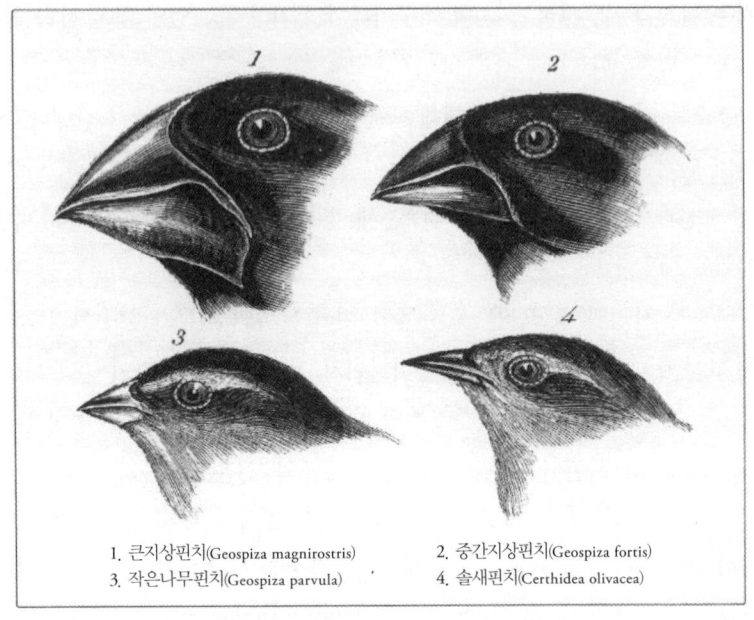

1. 큰지상핀치(Geospiza magnirostris)　2. 중간지상핀치(Geospiza fortis)
3. 작은나무핀치(Geospiza parvula)　　4. 솔새핀치(Certhidea olivacea)

그림 2.7. 갈라파고스 되새(핀치). 출처: 찰스 다윈의 『비글호 항해기』(1890)

몰랐다. 새로운 이론을 통해 남들에게 인정받고 과학 엘리트로서 자리매김하고 싶은 그의 욕망은 매우 컸다. 하지만 종의 '변이'라는 말 자체가 금기 아닌가. 새로운 후원자들이나 케임브리지의 스승들은 분명 이단적 생각을 품는 그의 편을 들지 않을 것이었다.

그는 일단 자신의 여행기에 온 힘을 기울이며 갈라파고스 동물로 불거진 이런 문제들을 교묘히 피해가려 애썼다.

겨우 몇 마일 떨어진 동일한 물리적 환경에 놓인 여러 섬의 생물들이 서로 다르리라는 생각은 해본 적이 없었다. 그래서 각각의 섬으로부터 일련의 표본을 수집하려는 시도를 하지 않았다. 자신의 발견이 매우 중요하다는 사실을 깨달았을 때 이미 그로부터 멀어져 버리고 마는 것은 모든 항해자의 운명인지도 모른다……. 몇몇 섬에 같은 속屬의 특정 종種이 있다면 그것이 한데 모였을 때 서로 다른 다양한 형질을 보이게 되는 것이 분명하다. 그러나 이렇게 까다로운 주제를 다루기에는 이 책에 공간이 부족하다.45

위의 마지막 줄처럼 찰스는 그때부터 이후 20년 동안 이 미묘한 주제를 이리저리 피해 다녔다. 위의 글을 썼을 때 그는 이미 종이 변화한다는 사실을 믿고 있었지만 절대로 겉으로 표현하지는 않았다. 후에 젊은 알프레드 러셀 월레스가 이 글을 읽고 나서 다윈이 이 '미스터리 중의 미스터리'를 애써 무시해 이것이 미결의 문제로 남아 있다는 사실을 깨닫고 스스로 항해를 시작하게 됐다(3장).

찰스는 7개월 만에 오늘날 우리가 『비글호 항해기』로 알고 있는 『1831년부터 1836년까지 피츠로이 대령의 지휘 하에 비글호로 항해한 국가의 지질학과 자연사 연구Journal of Researches into the Geology and Natural History of the Various Countries Visited by the HMS Beagle Under the Command of Captain FitzRoy, R.N. from 1831 to 1836』라는 긴 제목의 책을 마쳤다(피츠로이 선장이 자신이 쓸 분량을 제시간에 끝내지 못해 출판은 약 2년 지연됐다). 종의 변화에 대해 찰스가 대외적으로 내보인 것은 이것이 전부였다. 하지만 개인적으로는 종의 '변이' 연구에 이미 깊숙이 파고든 후였다.

비밀 공책과 종 이론

찰스는 곧 과학계의 엘리트 집단의 일원으로 받아들여지며 수집해온 표본과 지질학적 연구에 대해 찬사를 받았다. 항해기를 마친 그는 종의 변성에 대해 글을 쓰기 시작했다.

찰스는 남아메리카에서 본 '타조'들을 떠올렸다. 항해 초반 그는 리오 네그로 너머 파타고니아 남부에 이와 비슷하지만 더 작은 형태의 동물이 있다는 이야기를 들었다. 희귀한 이 작은 타조는 발견하기 쉽지 않고 경계심도 아주 강했다. 찰스는 한 마리를 꼭 잡고 싶었지만 운이 따라주지 않았다. 그러던 어느 날 타조를 잡아야 한다고 생각하며 고기를 먹고 있던 중 이 고기가 실은 그가 그토록 찾던 작은 타조라는 것을 깨달았다. 찰스는 당황해 먹던 것을 멈추고 아직 조리되지 않은 부분을 황급히 찾아 모았다. 수년 뒤 영국으로 돌아온 후 존 굴드가 이 새에 레아 다위니Rhea darwinii라는 이름을 붙였다.

찰스는 작은 타조와 큰 타조의 서식지가 어떻게 리오 네그로 근처에서 서로 겹치는지 의문을 참을 수 없었다. 갈라파고스의 새들과 달리 그곳에서는 그 둘을 분리할 어떤 경계도 없었다. 그런데 어떻게 그리 다른 모습을 하게 된 걸까? 후에 이렇게 써놓은 그의 기록을 발견할 수 있다. "둘의 조상이 같다는 뜻으로 해석해야 할까?"[46]

찰스는 새 공책('B')을 꺼내 표지에 굵게 '동물생리학Zoonomia'이라 썼다. 그것은 거의 40년 전 그의 할아버지가 연구하던 분야로서 찰스가 의학도로 고군분투하고 있을 당시 처음으로 읽은 책의 주제이기도 했다. 그는 넘쳐흐르는 생각을 노트에 마구 써내려갔다.

그는 호주의 동물들을 떠올리며 아래와 같이 써놓았다.[47]

> 호주처럼 오래 고립돼 있던 나라는 가장 큰 차이를 보인다. 아주 오래전에 분리됐다면 당시 포유류가 존재하지 않았다고 전제해야 한다. 호주의 포유류는 세계 다른 지역과 달리 다른 종류로부터 번식돼 만들어졌다는 것이다(15쪽).

메가테리움, 아르마딜로, 나무늘보 같은 동물은 모두 어떤 오래된 동물의 후손이라 볼 수 있다. 이 오래된 동물을 큰 나무라고 볼 때 그중 일부 가지는 사라지고 있을 것이다(20쪽).

유기적으로 발달된 존재는 불규칙적으로 가지를 뻗고 더 많은 가지를 낸, 즉 속屬이 많이 발달한 것이다. 새로운 눈이 만들어지면 가지 끝에 달린 눈들이 죽는다(21쪽).

한 가지에서 나왔다는 것으로 한 나라 동물들의 유사성을 설명할 수 있다면……(35쪽).

그리고 나서 36쪽에서는 '내 생각에'라는 말을 시작으로 자연사의 새로운 체계를 의미하는 작은 그림을 그려놓았다. 조상이 맨 아래, 후손이 위에 그려진 생명의 나무였다(그림 2.8).

그의 기록은 동물학부터 지질학과 인류학까지 다양한 주제를 다뤘고, 각각의 내용은 그의 머릿속에서 서서히 구체적 형태를 띠기 시작하던 큰 그림의 일부에 지나지 않았다.

하나의 생물을 나무라고 볼 때 여러 크기의 가지는 종을 서로 연결시킨다. 마치 가계도의 친척처럼 말이다. 그렇다면 이 가지를 만드는 것은 무엇인가? 왜 새로운 종류가 생기고 어떤 것들은 죽어 없어지는 것일까?

이듬해 내내 그는 머릿속을 떠나지 않고 그를 괴롭히는 문제들의 해답을 찾아 온갖 책을 섭렵했다. 1838년 9월 28일, 그는 토머스 맬서스Thomas Malthus의 『인구론Essay on the Principle of Populations』을 펼쳤다. 맬서스는 기하급수적으로 인구가 증가할 때 이를 저지하는 질병, 기아, 죽음 같은 요인이 발생할 수 있다는 이론을 제시했다. 그는 또한 이러한 저지 요인 때문에 후손의 과다 생산 현상이 일어나는 것이라고 설명했다. 그렇다면 살아남는 개체와 그렇지 못한 개체를 구분 짓는 것은 무엇일까? 찰스에게 답은 하나였다. 더 강하고 환경에 더 잘 적응한 개체가 살아남는 것이다. 그는 공책에 이렇게 썼다. "변화한 형태의 생물을 자연의 질서 속에 생긴 빈틈에 쑤셔 넣거나 약한 것들을 빼내어 빈틈을 만들기 위해 수많은 쐐기 같은 힘이 작용한다. 이러한 쐐기를 박아 넣는 행위의 최종 목적은 환경에 적합한 것들을 골라내고 그것을 변화에 적응시키는 것이다."[48]

이러한 현상의 결과야말로 새로운 종의 형성이라고 찰스는 결론지었다.

이렇게 태어난 그의 '종 이론'은 몇 년에 걸쳐 더욱 확장하고 발전했다. 그는 생물의 여러 종을 적응시키는 자연의 역할을 가축을 교배해 원하는 품종을 만드는 인간의 역할에 비유했다. "자연에서 종이 변화하는 것과 똑같은 방식으로 인간도 동물을 길들여 가축이나 애완동물로 만든다는 것이 나의 이론에서 특히 멋진 부분이다. 물론 전자가 훨씬 더 완벽하고 무한히 더 오래 걸린다."[49] 전자, 곧 자연에서 일어나는 과정은 후에 '자연선택'이라 불리게 된다.

찰스는 또한 생명 역사의 길이도 다시 측정하고 있었다. '창조의 나날'이 '수억 년 전'일 수도 있다고 주장한 천문학자 허셜의 영향을 받은 찰스는 지구와 지구상의 생명체들이 지질학자들의 생각보다 훨씬 더 오래전부터 존재했음이 분명하다고 생각했다.

그러나 그의 확신이 강해질수록 이러한 생각은 모두 비밀로 했다. 천문학은 오랫동안 유지되던 편견을 무너뜨렸고 지질학 역시 비슷한 과정을 밟고 있었다. 그러나 대부분의 사람들이 생명의 근원이라는 주제를 여느 과학 이론과는 다른, 완전히 신성한 것으로 보고 있다는 사실을 찰스는 잘

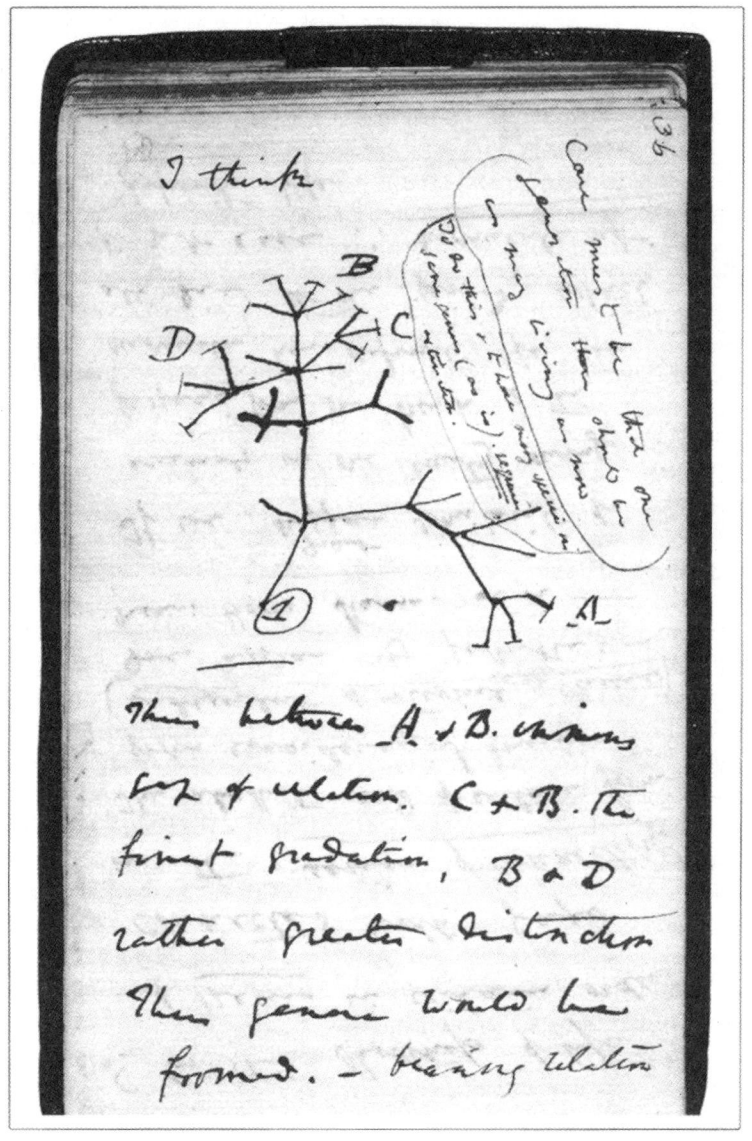

그림 2.8 생명의 나무. 다윈이 생명에 대한 자신의 생각을 나무로 표현한 것으로 조상이 맨 아래에 나오는 그림. 'B' 공책에 수록됨. 제공: 케임브리지 대학 도서관 이사회

알고 있었다. 찰스는 더 이상 창조론을 믿지 않았다. 그것은 도저히 말이 되지 않았다. 종 이론을 세우고 몇 주 되지 않아 그는 자신의 'N' 공책에 이렇게 적었다. "우리는 위성, 행성, 태양, 우주, 아니 우주 전체가 어떤 법칙의 통제를 받는다는 사실을 인정하면서도 아주 작은 벌레 한 마리는 특별한 존재의 어떤 행동에 의해 단번에 창조됐다고 믿고 싶어 한다."[50] 그의 종 이론은 창조라는 도그마에 대항한 이단이었고 찰스는 이단자들이 좋은 대접을 받지 못한다는 사실을 잘 알고 있었다.

1839년 환호 속에 그의 항해기가 공개됐다. 찰스는 빠른 속도로 유명해졌다. 그러던 어느 날, 독일 포츠담에서 편지 한 통이 날아왔다. 다름 아닌 위대한 훔볼트로부터 온 것이었다. 침이 마르는 칭찬과 함께 훔볼트는 자신이 찰스에게 영향을 미쳤다는 사실이 '나의 미력한 연구가 가져온 최고의 성공'[51]이라고 했다.

찰스는 크게 감격했다. 그는 자신의 영웅에게 감사의 편지를 썼다.

> 보내주신 편지는 제게 엄청난 큰 기쁨이었습니다. 감사합니다. 제가 수도 없이 읽고, 베껴서 이제는 제 머릿속에 영원히 남아 있는 여행기를 지으신 분께서 저를 그리 칭찬해주시니 둘도 없는 감사의 마음이 듭니다. 이것은 아무에게나 일어날 수 없는 일이지요.[52]

이렇게 하늘 높은 줄 모르고 명성이 치솟고 있는데 종 이론을 내놓아 그것을 망칠 수는 없는 노릇이었다.

철학자 어르신

찰스는 다시 신학 공부를 시작할 시간도, 그럴 마음도 없었다. 그는 과학에 몰두해 있었고, 귀국 후 처음 몇 년 안에 항해의 결과물에 집중하지 않으면 일에 완전히 짓눌려 결국은 원하는 것을 제대로 해내지 못할 것이라고 느꼈다. 그는 목사 일에 관심이 없는 대신 어서 정착해서 가정을 꾸리고 싶었다. 그래서 그는 서른이 되기 얼마 전 사촌인 엠마 웨지우드와 결혼식을 올렸다.

둘은 평생을 친하게 지낸 사이였다. 찰스는 자신의 생각이 어떤 결론으로 향하는지 엠마에게 고백했다. 독실한 천주교 신자였던 엠마는 찰스의 이단적인 생각 때문에 그들이 영생을 얻지 못하게 될까 두려웠다. 둘은 각자의 신앙심과 과학적 논리 사이에서 아슬아슬하게 균형을 유지했다. 엠마는 찰스가 위대한 생각을 품고 연구 중이라는 것을 알고 있었고 반대로 찰스는 엠마가 어떤 걱정을 하고 있는지 늘 염두에 두고 있었다. 자신의 이론을 밝히지 못하고 감추고 있어야 할 이유가 하나 더 늘어난 셈이었다.

1842년, 찰스는 자신의 자료와 수년간의 생각을 요약해 종 이론을 간략히 설명한 35쪽짜리 책을 썼다. 항해 시작부터 귀국 후에 이르기까지 그가 배운 모든 것과 동물의 지리적 분포, 동물의 여러 변종, 오래된 화석 등을 다루며 종의 기원에 대한 새로운 생각, 즉 기존의 창조론에 완전히 대항하는 새 이론을 내놓은 것이다. 찰스는 종이 변화할 수 있다는 자신의 주장을 뒷받침할 여러 증거를 설명했다. 지금의 여러 종은 초기 종에서 내려오면서 변화한 것이라는 주장의 증거를 요약하는 동시에 그것이 자연선택이라는 과정을 통해 어떻게 일어났는지 설명했다. 또한 자연은 헤아릴 수 없을 만큼 많은 기아와 죽음, 변화가 일어나는 전쟁터와 같다는 새로운 관점을 내놓았다.

창조론에 대한 찰스의 비판은 매우 솔직했다. 자바 섬, 수마트라 섬, 인도에 사는 코뿔소가 서로 약간씩 다르다고 설명하면서 창조주가 그렇게 비숫하면서도 아주 조금씩만 다른 형태의 동물을 따로 만들었을 것이라는 생각은 믿기 어렵다고 했다. "창조론자들은 이 세 코뿔소가 모두 각각 창조됐다고 믿는다. 그렇다면 행성들이 현재의 궤도를 도는 것이 중력의 법칙 때문이 아니라 창조주의 강한 의지 때문이라고 믿는 것과 같다."[53]

2년 후 그는 이 책을 230쪽가량의 에세이로 확장했다. 이 책의 목차는 약 15년 후인 1859년에 출판될 『종의 기원』의 목차와 놀랄 만큼 비슷하다. 생명에 대한 다윈주의의 관점을 강력히 주장하는 결론 외에도 『종의 기원』에 나오는 유명한 주장이나 글귀가 이 책의 여기저기에서 등장하고 있다.

그러나 찰스는 당시 그러한 내용을 출판하는 것이 현명하지 못하고 심지어는 무모한 짓이라고 생각했다. 그것은 과학계의 주요 인물 및 라이엘, 헨슬로, 세드윅 같은 자신의 스승과 후원자들과의 위계를 어지럽히는 일일뿐더러 과학자로서 경력을 포기하는 것이나 다름없었다. 또한 열렬한 창조론자로서 찰스를 받아들이고 5년 동안이나 보살폈던 피츠로이 선장의 마음을 상하게 할 것이 분명했다. 그는 시간이 조금 흐른 뒤 라이엘, 식물학자 조셉 후커Joseph Hooker, 토머스 헉슬리Thomas Huxley, 그리고 아내 엠마처럼 믿을 수 있는 가까운 사람들과 그 에세이를 공유하리라 마음먹었다. 1844년 7월 5일, 찰스는 아내에게 메모를 남겼다.

> 방금 종 이론 초안을 마쳤소. 만약 세월이 흘러 이 이론이 단 한 사람의 능력 있는 전문가에게라도 인정받게 된다면 과학에 중요한 발전이 될 것이라고 믿소.
> 혹시라도 내가 갑작스런 죽음을 맞이할 것을 대비해 나의 마지막 부탁으로 이 글을 남기오. 부디 이 책을 출판하는 데 400파운드를 투자해주고, 힘들겠지만 당신이나 헨슬리(엠마의 오빠)가 그 책을

보급하는 데 애써주길 바라오.⁵⁴

그러고 나서 그는 삿갓조개를 비롯해 식물학, 동물학, 지질학 등의 다양한 주제에 관해 연구를 시작했다. 양가의 아버지 덕분에 재산이 많았던 찰스는 편안히 자신의 연구와 아내 엠마, 열 명의 자녀(이 중 일곱 명이 건강히 자라 어른이 됐다)에 전념하며 다운이라는 마을의 저택에서 안락한 삶을 누릴 수 있었다. 자식들을 매우 아꼈던 찰스는 비글호에서 일어났던 각종 모험과 배의 동료들에 대한 이야기로 종종 아이들을 즐겁게 했다.

아버지와 남편으로서 찰스의 태도는 선원들이 기억하는 그의 성격과 똑같았다. 선원들은 그 오랜 항해 기간 동안 그가 단 한 번도 화를 내거나 어떤 일이든, 어느 누구에게도 고약한 말 한 마디 하는 것을 본 적이 없다고 했다. 그가 '철학자 어르신'⁵⁵이라는 딱 들어맞는 별명을 얻게 된 것은 아마도 이러한 그의 성품과 능력 덕분이리라.

『비글호 항해기』는 후에 한 세대의 박물학자들에게 큰 영감을 심어줬다. 훔볼트가 찰스에게 그랬듯 말이다. 그리고 이 새로운 무리의 항해자 중 한 사람으로부터 온 편지가 결국 20년 뒤 찰스가 오랜 침묵을 깨고 자신의 종 이론과 위대한 연구 결과를 세상에 내놓는 계기가 됐다.

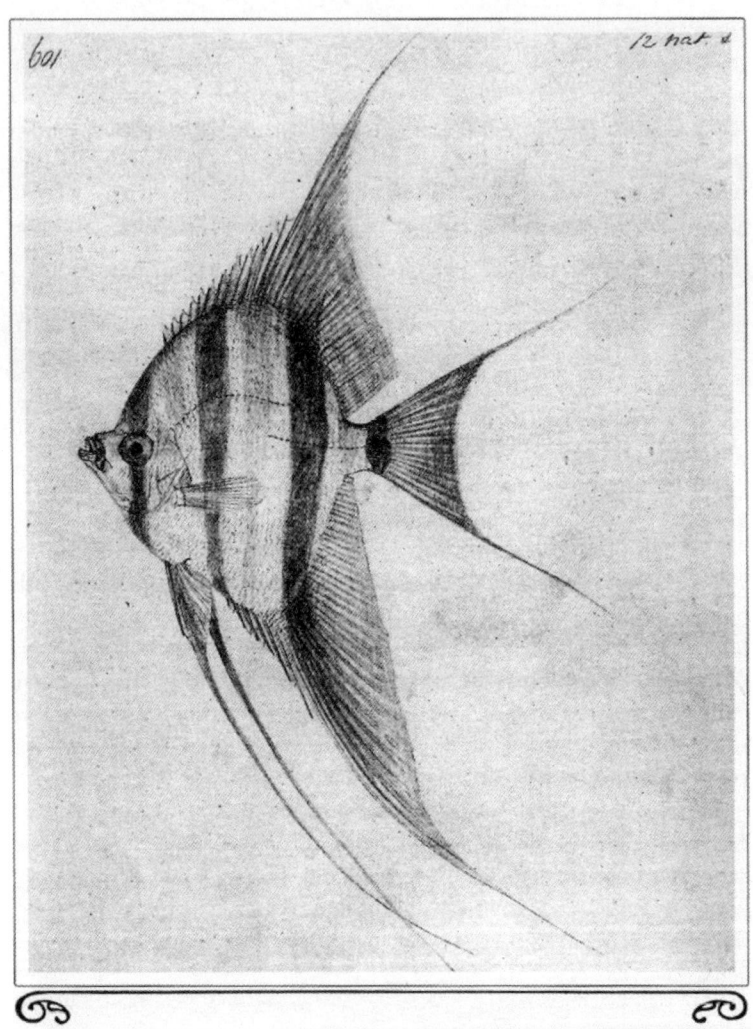

그림 3.1 헬렌호 난파에서 구해낸 스케치 한 점. 아마존의 관상용 열대어인 에인절피시를 그린 이 그림은 월레스가 귀국하는 길, 위기에서 건져낸 몇 안 되는 기록과 표본 중 하나다. 사진 기술이 발달하기 전 박물학자로서 중요한 재능 중 하나인 그림 실력을 보여주고 있다. 출처: 알프레드 러셀 월레스의 『나의 인생 My Life』

3장

원숭이와 캥거루 사이에 선을 긋다

모든 진실은 발견된 후에는 이해하기 쉽다. 중요한 것은 그것을 발견하는 것이다.
— 갈릴레오 갈릴레이Galileo Galilei

이제 짐을 싸 집으로 돌아갈 때였다.

알프레드 월레스는 대서양으로부터 약 3,200킬로미터 떨어진 아마존 강의 리오 도스 우오페스 지류에 있었다. 그때까지 어느 유럽인들보다도 아마존 깊숙이 들어온 것이었다.

1848년 5월, 동료 헨리 월터 베이츠와 함께 이곳에 도착한 이래로 월레스는 탐험하고 수집하는 데 거의 4년을 보냈다. 그중 마지막 2년 반은 베이츠와 떨어져 혼자 지냈다. 그러나 마지막 3개월간 황열병으로 누워 있어야 했고 이제는 기운이 없어 거의 움직이지 못할 지경이었다. 그를 따라 브라질에 왔다 리오 네그로까지 동행했던 동생 허버트는 이미 오래전에 돌아갔다. 월레스가 나중에야 안 일이지만 허버트는 황열병에 걸려 영국으로 돌아가는 배에 오르기도 전에 숨을 거두고야 말았다.

월레스는 원숭이, 각종 앵무새, 큰부리새 등 동물원을 차릴 수 있을 만한 규모의 동물들을 수집해서 나중에 런던 동물원까지 모두 가져가기를 바라고 있었지만 이 동물들을 모두 유지, 관리하느라 말 그대로 거의 죽을 뻔했다. 그는 또한 2년 치 정도의 표본을 아직 영국으로 보내지 못한 채 가지고 있었고, 강 하류에도 잔뜩 쌓아둔 상태였다.

월레스는 푸른 초원과 말끔한 정원, 빵과 버터, 그리고 고향에 있는 그리운 것들을 꿈꾸기 시작했다. 그는 서른네 마리의 살아 있는 동물들, 그리고 여러 표본과 기록 상자를 싣고 영국으로 향하는 헬렌호에 올랐다.

"배에 불이 난 것 같습니다. 한번 와서 봐주세요."[56] 항구에서 벗어난 지 3주 된 어느 날 버뮤다 동쪽 어딘가를 항해하고 있을 때였다. 아침 식사를 마치자마자 선장이 월레스의 선실을 찾아왔다. 그의 걱정이 옳았다. 배 밑 화물창에서 연기가 솟구치고 있었다.

선원들이 불길을 잡으려 애썼지만 불은 좀처럼 사그라들지 않았다. 결국 선장이 구명선을 내리라고 지시했다. 황열병으로 아직도 몸이 약한 상태였던 월레스는 자신이 열에 들떠 꿈을 꾸고 있다고 생각했지만 그것은 꿈이 아니었다. 그는 연기가 가득 찬 선실로 다시 돌아가 조그만 깡통을 찾아 각종 그림(그림 3.1)과 메모, 일기장을 닥치는 대로 집어넣었다. 그러고는 줄을 타고 구명선으로 내려가다 미끄러져 줄을 잡은 손에 화상을 입었다. 손에 바닷물이 닿자 마치 활활 타는 것처럼 통증이 심해졌다. 엎친 데 덮친 격으로 구명선은 구멍이 나 물이 새어 들어오고 있었다.

구명선에 앉은 월레스는 어렵사리 데려온 동물들이 사라지는 것을, 그리고 표본과 함께 헬렌호가 바닷속으로 가라앉는 것을 멍하니 바라봤다.

그렇게 그는 물이 새는 구명선에 누워 대서양 한복판을 떠돌았다. 그때까지 그는 자신이 어떤 곤경에 처했는지 완전히 깨닫지 못하고 있었다. 그는 곧 구조될 것이라는 희망을 품고 주변에서 노니는 돌고래들을 바라보며 즐거워했다. 그러나 바람이 거세지고 바람 피할 곳도 없는 조그만 구명선에서 하루 이틀 시간이 지나기 시작했다. 햇빛에 화상을 입고 목은 타는 듯 말랐으며, 물에 흠뻑 젖었지만 계속해서 물을 퍼내느라 몸은 녹초가 됐고, 아무것도 먹지 못해 거의 가사 상태에 이르렀다. 그렇게 열흘이 지난 후 그들은 결국 구조됐다.

구조선인 조드슨호에 오른 날 밤, 월레스는 잠을 이룰 수 없었다. 그는 이렇게 썼다. "위험이 지나가고 나니 내가 얼마나 많은 것을 잃었는지 완전히 이해하게 됐다……. 그 야생의 지역에서 새롭고 아름다운 동물들을 데리고 영국으로 돌아가겠다는 희망 하나로 얼마나 오랜 시간을 견뎠는가. 이 동물들 하나하나가 내게 즐거운 기억을 떠올리게 해주는 소중한 존재인데, 내가 그토록 즐겼던 모험이 헛된 것이 아니었다는 증거인데, 그리고 앞으로도 오랫동안 내게 연구할 것과 즐길 것을 줄 터인데! 이제 모든 것이 사라지고 내가 밟았던 미지의 땅을 보여줄 그 어떤 표본 하나도 남아 있지 않구나."57

사실 위험이 완전히 사라진 것은 아니었다. 조드슨호는 엄청난 폭풍을 두 번이나 맞았다. 한번은 거센 파도가 쳐 돛이 부러지고 월레스가 자고 있던 방 채광창을 깨뜨려 온몸이 흠뻑 젖기도 했다. 두 번째 폭풍은 배가 영국에 거의 다다라 영국 해협을 항해하고 있을 때 닥쳤다. 그 폭풍은 여러 배를 난파시켰지만 조드슨호는 배 밑창에 물이 120센티미터 정도 차오르는 데 그치며 난파를 겨우 면할 수 있었다.

월레스는 영국으로 돌아오는 길에 '50번'이나 다짐을 했다. "일단 영국에 닿으면 다시는 바다에 나가지 않으리라." 그가 이 다짐을 지켰다면 그의 이야기는 여기에서 끝이 났을 것이고 알프레드 월레스의 이름을 들어본 사람은 별로 없었을 것이다.

그는 얼마 지나지 않아 자신과의 약속을 깼다.

다음은 어디로?

새뮤얼 스티븐스를 만난 것은 천만다행이었다. 그는 배가 난파되기 전에 월레스가 영국으로 보낸 것들을 대신 팔아줬고 런던에서 월레스를 만나 새 옷을 사주기도 했다. 게다가 스티븐스에게 선견지명이 있었는지 월레스의 수집품에 대해 미리 200파운드에 해당하는 보험을 들어놓았다. 그가 아마존에서 찾은 것들을 팔아 벌 수 있는 것보다는 훨씬 적은 금액이었지만 그 돈 덕분에 월레스는 구걸할 지경은 면할 수 있었다. 그리고 스티븐스의 어머니는 그가 기력을 회복할 때까지 잘 먹이며 돌봐줬다.

표본을 모두 잃은 것이 월레스의 다음 모험을 막기는커녕 오히려 그가 마음을 다잡는 계기가 됐다. 그의 항해는 아직 끝나지 않았다. 탐험과 수집을 향한 그의 욕구는 아직 채워지지 않았고, 종의 기원에 대한 호기심 역시 여전히 살아 있었다. 1852년 당시 과학계에서 알기로 종의 기원에 관한 미스터리는 아직 풀리지 않은 채였다. 다윈이 이미 10년 전 에세이를 쓰긴 했지만 그 내용은 소수의 지인들에게만 알려져 있었고 월레스는 그 내용을 알지 못했다. 이제 서른이 된 월레스는 다윈과 달리 가족을 이뤄 정착할 준비가 돼 있지 않았다.

그는 또 항해할 궁리를 하기 시작했다. 가장 중요한 것은 "어디로 갈까?"였다. 실용적으로나 과학적으로 고려해야 할 조건들이 있었다. 그는 열정적인 젊은 동물학자 토머스 헉슬리가 "영국에서 과학을 하는 것은 다 좋다. 돈을 벌 수 없다는 것만 빼면."이라고 말한 것을 들은 적 있었다. 노동자 계급으로 자수성가한 헉슬리나 월레스 같은 사람들에게 이것은 가슴

아픈 현실이었다. 돈이 될 만한 것들을 수집해야 했기에 월레스는 일단 아마존으로 돌아가는 것은 제외했다. 저번 여행에 동반한 헨리 월터 베이츠가 아직 그곳에 남아 그쪽 지역을 차지하고 있었기 때문이었다. 어딘가 새로운 곳으로 가야만 했다.

그는 동남아시아와 호주 사이, 수많은 섬들이 모여 있는 말레이 제도를 계속해서 떠올렸다. 자바 섬을 제외하면 다른 섬들은 미지의 상태였다. 그곳의 네덜란드 정착지에서 자연사의 흥미로운 증거들이 속속 발견되고 있

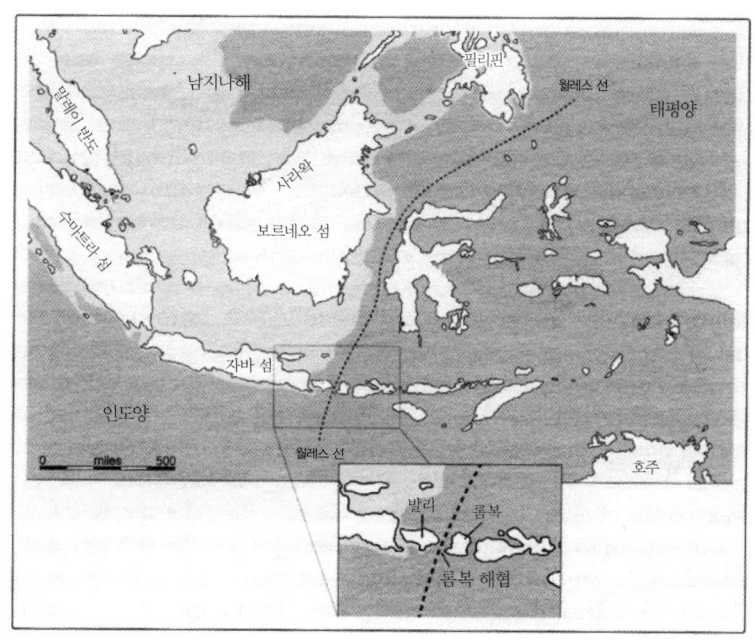

그림 3.2. 말레이 제도와 월레스 선. 월레스는 이 섬들을 여행하는 데 8년을 보냈다. 그는 발리와 롬복 사이에 좁은 해협을 발견하고 그림과 같이 아시아와 호주 동식물 사이 경계를 표시했다. 발리는 한때 아시아 대륙에 연결돼 있었으나 롬복과는 연결돼 있지 않았다. '월레스 선'이라고 불리는 이 경계는 그림과 같이 말레이 제도 전체에 그을 수 있다. 리앤 올즈 그림

었기에 월레스는 그곳에 수집할 만한 것이 많고 여행자로서 지내기에도 괜찮을 것이라고 여겼다. 이 섬들은 동서로 약 6,400킬로미터, 남북으로 2,000킬로미터에 달하는 크기였고 전체적으로 거의 남아메리카 대륙의 크기와 비슷했다(그림 3.2). 그 섬들 중 다수는 화산섬이었다(그중 한 섬인 크라카토아Krakatoa 섬은 1883년 엄청난 폭발로 지구의 기후를 바꿔놓으며 거의 증발해 사라질 뻔했다). 열대우림으로 덮인 이 섬들은 모두 비슷해 보였지만 곳곳에 서로 다른 자연의 보물을 숨기고 있었기에 이러한 것들을 발견해 그 차이를 연구하면 말 그대로 유명 인사가 될 수 있을 터였다.

다시 사냥으로

극동 지방으로 가는 것은 브라질보다 훨씬 더 긴 여정이었다. 1854년 4월 목적지에 도착한 월레스는 곧 탐험에 나섰다. 그는 아마존에서 봤던 것들과 완전히 다른 보물과 위험을 만났다. 예를 들어 싱가포르 섬은 곤충 채집에 매우 좋은 곳이었지만 몇 가지 단점이 있었다. "여기저기에 나뭇가지와 잎으로 덮여 교묘하게 숨겨진 호랑이 함정이 있었다. 몇 번이나 그 속에 떨어질 뻔했다. 깊이가 4미터에서 6미터나 되는 이 함정에 빠지면 혼자서 기어 올라오는 것은 거의 불가능하다."[58]

싱가포르에는 호랑이가 출몰했고 평균적으로 지역 주민이 하루에 한 사람꼴로 호랑이에게 잡아먹혔다. 월레스는 종종 호랑이가 우는 소리를 듣고 전형적인 영국인답게 담담히 기록했다. "곤충을 채집하러 다니는 것은 다소 긴장되는 일이 아닐 수 없다……. 특히 이렇게 사나운 동물이 어딘가에 숨어 있을지 모르는 때에는."[59]

소문에 의하면 원주민 역시 위험하기 짝이 없었다. 월레스가 대나무로 만든 집 바닥에 매트리스를 깔아놓은 것을 보고 한 친구는 그것이 매우 위험하다며 이렇게 말한 적이 있다. "나쁜 사람들이 밤에 나타나 아래에서 창으로 꿰뚫어버릴지도 모르네. 그러니 나한테는 소파를 빌려주게나. 물론 그것도 이 나라에서는 너무 더워 결코 사용하지 않겠지만."[60]

그러한 친구의 걱정에도 아랑곳하지 않고 월레스는 늘 같은 일과를 따랐다. 아침 5시 30분에 기상해 차가운 물로 목욕하고 뜨거운 커피를 마시며 하루를 시작했다. 그런 다음 전날 수집한 것들을 정리하고 장비를 챙겨 숲으로 탐험을 나서는 것이다. 그는 그물망과 어깨에 메는 커다란 수집 상자, 벌을 잡을 때 쓰는 집게, 코르크 마개를 달아 목에 걸 수 있게 만든 두 가지 크기의 표본병을 항상 지니고 다녔다. 어떤 때에는 장총을 가지고 다니기도 했다.

수집물과 가죽을 보존하기 위해 그는 그 지방에서 만든 아라크 술을 이용했다. 알코올 도수가 70도에 이르는 이 독한 술은 다양한 열매와 곡식, 사탕수수, 코코넛 수액 등을 발효해 만들었다. 이 술은 매우 활발히 거래됐기에 늘 떨어지지 않게 유지할 수 있었다. 그러나 원주민들이 이 술을 매우 좋아해서 종종 그의 집이나 캠핑장에서 술통들이 사라지곤 했다. 그래서 월레스는 죽은 뱀과 도마뱀을 술통 안에 넣어두는 방법을 썼는데 이러한 행동조차 도둑을 막지는 못했다.

원주민들은 그가 왜 멀쩡한 술을 낭비해가며 그리 많은 동물과 새, 곤충, 식물을 보존하는지 이해하지 못했다. 월레스는 자신의 고향 영국 사람들이 그것들을 보게 될 것이라고 설명했지만 원주민들이 보기에 이것은 말도 안 되는 소리였다. "얼렁(한 와눔바이 부족 사람이 '잉글랜드'를 발음한 것)에는 이것보다 볼 것이 많을 텐데?" 월레스가 만난 부족들 중 일부 역시 수집을 즐겼다. 다이악스 부족은 기다란 모양의 집 천장에 적들의 머리를 매달아두기 좋아했으니 말이다.

사납다는 평판과 달리 원주민들은 월레스에게 숲에 대해 아는 것을 가르쳐주며 그가 원하는 것을 찾도록 도왔다. 그는 오랑우탄, 원숭이, 멋들어진 새, 커다란 나비가 서식하는 이 지상 낙원의 곳곳을 탐험하며 아름답고 귀중한 보물들을 모았다. 그는 아래와 같은 기록을 남겼다.

> 자연은 자신의 가장 귀한 보물을 너무 쉽게 찾으면 그 가치가 떨어질까 저어한 나머지 갖은 방법으로 그것을 찾으려는 사람들을 막는 것만 같다. 먼저 배를 댈 수 없고 접근이 어려운 해안을 발견한다. 이 해안은 태평양의 높은 파도에 완전히 노출돼 있다. 또 거칠고 산이 많은 지역은 온통 빽빽한 숲으로 뒤덮여 있고 곳곳의 늪과 절벽, 날카로운 산마루가 내륙으로 가는 길을 완벽하게 막고 있다. 그리고 마지막으로 이 지역에 사는 사람들은 어느 누구보다 야만적이고 사나운 성미를 자랑한다.[61]

숲에서 얼마나 오랜 시간을 보냈든 월레스에게 새로운 것을 발견하는 기쁨은 늘 그대로였다.

> 어두운 바탕에 하얗고 노란 점이 찍힌 거대한 나비가 손이 닿지 않는 곳의 나뭇잎에 앉아 있는 것을 봤다……. 나는 그것이 동부 열대 지방의 자랑인 오니톱테라Ornithoptera, 즉 '비단나비'의 새로운 종의 암컷이라는 것을 알아봤다. 그것을 잡고 수컷도 한 마리 찾고 싶은 마음이 간절했다. 이 나비의 수컷은 그 속屬 중에서도 빼어난 아름다움을 자랑한다. 하지만 그로부터 두 달간 그 나비를 단 한 번 더 봤을 뿐이다……. 표본을 얻지 못할 것이라 체념하고 있던 어느

날, 아름다운 관목이 우거진 곳에서 이 우아한 나비 한 마리가 나무 위를 날고 있는 것을 발견했다. 그런데 너무 빨리 날아가는 바람에 잡을 수는 없었다. 다음 날 나는 똑같은 관목림으로 가 암컷 한 마리를 잡는 데 성공했고 그다음 날에는 아주 아름다운 수컷 한 마리도 잡을 수 있었다. 이 수컷은 날개를 폈을 때 가로로 18센티미터가 넘고, 날개는 부드러운 검정과 불타는 듯 화려한 주황으로 장식돼 있었다. 동류의 다른 나비는 주황색 대신 녹색을 띤다. 이 나비의 아름다움과 화려함은 묘사가 불가능하다. 나비가 망에서 나와 그 화려한 날개를 편 순간, 심장이 미친 듯 뛰고 피가 온통 머리로 몰리는 것 같더니 죽을 뻔한 순간보다 훨씬 더 정신이 아득해지는 것을 느꼈다. 그날은 하루 종일 두통이 사라지지 않았다(그림 3.3).[62]

그림 3.3 금색 비단나비. 인도네시아에 서식하는 이 커다란 비단나비는 수집가들에게 매우 인기가 높다. 섬마다 다른 이 나비의 변종 때문에 월레스는 종의 성질을 고민하며 창조론으로는 그러한 변종을 설명할 수 없다는 생각을 품기 시작했다. 월레스는 밧잔 섬에서 이 종류(오니톱테라 크로이수스 리디우스)를 발견했다. 제공: 바버라 스타나도바

목소리를 내다

깨질 듯한 그 두통은 월레스가 나비 그 이상을 생각하게 만들었다. 월레스는 자신이 찾은 종의 다양성과 각 종의 개체 간 차이, 그리고 그것을 찾은 장소에 높은 관심을 보이고 있었다. 이것은 단순히 돈을 벌기 위해 표본을 수집하는 사람의 관심이 아니었다. 그것은 월레스가 과학자로 변모하는 일종의 기폭제로 작용했다.

다윈이 함구하는 동안 월레스는 자신의 생각을 글로 옮겨 영국의 각종 잡지와 저널에 보내며 의견을 겉으로 드러냈다. 그중에는 짧은 탐험 기록도 있었지만 더 놀라운 생각을 내포하는 글들도 있었다. 월레스는 다윈과 동일한 사실과 관찰 결과를 가지고 고민했고 놀라울 정도로 그와 비슷한 결론에 다가가고 있었다. 그러나 다윈을 붙잡아 뒀던 걱정거리가 월레스에게는 아무것도 아니었다. 그는 평판은 고사하고 본래 아무것도 잃을 것이 없는 사람이었기 때문이다.

1855년, 보르네오 섬의 사라왁에서 우기를 보내고 있던 월레스는 지질학과 자연사를 한데 엮어 새로운 법칙을 글로 썼다. "모든 종은 이전에 밀접하게 동류를 이루며 존재하던 종들과 시간, 공간을 함께하며 생겨났다."[63]

월레스는 종들이 마치 '가지가 많은 나무'처럼 연결돼 있다고 생각했다. 그는 오래된 나뭇가지에서 새로운 잔가지가 생겨나듯 새로운 종이 오래된 종에서 나온다는 의견을 제시했다. 얼핏 보면 그리 불순해 보이지는 않아도 매우 대담한 생각임에는 틀림없었다. 모든 종은 그것이 존재할 지역에 맞게 한순간에 특별히 창조된다고 믿는 창조론에 도전장을 던진 것이었다. 게다가 그는 다윈이 거의 20년 동안이나 고민만 하며 차마 세상에 내놓지 못했던 바로 그 주장을 하고 있었다.

월레스는 지질학에서 '변화하는 지구'라는 개념을, 화석에서는 '생명의 명백한 변화'라는 개념을 받아들였다. 그는 과거에 사실이었던 것은 현재에도 사실이 분명하다는 이론을 바탕으로 다음과 같은 주장을 폈다. "오늘날 생명체의 지리적 분포는 과거의 변화로 인한 결과가 분명하다. 지구 표면 자체와 지구에 살고 있는 동식물 모두 마찬가지다."[64] 요약하자면 지구와 지구에 살고 있는 생명체 둘 다 함께 진화한다는 것이다. 사람들은 지구가 변화한다는 생각에는 이미 익숙해지고 있었지만 생명체가 진화한다는 개념은 전혀 마음에 들어 하지 않았다.

월레스는 종의 분포, 특히 이 섬들의 종의 분포 관찰 결과를 바탕으로 '사라와 법칙'을 주장했다. 갈라파고스를 예로 들어보자. "갈라파고스의 동식물은 그 종류가 얼마 되지 않고 그 섬에만 사는 고유한 것처럼 보이지만 대부분이 남미의 것과 상당히 비슷하다. 갈라파고스 제도에 대해서는 지금까지 그 어떤 설명도, 하다못해 억측 하나도 제시된 바 없다."[65] 그는 여기에서 지금껏 이 주제를 피해왔던 다윈에게 일격을 날린 셈이었다.

월레스의 글은 이렇게 이어진다. "이 섬들도 처음에는 여느 신생 섬들처럼 동물들이 많이 살고 있었을 것이다. 그러다가 바람과 해류의 영향을 받으며 오랫동안 다른 곳으로부터 멀리 떨어져 있다 보니 본래 종들이 점점 죽고 새롭게 변화된 원형들만 남게 됐다."[66] 쉬운 말로 바꿔 보자면, 남아메리카에 갈라파고스와 동일한 새의 종은 없다. 그러나 그 종류는 매우 비슷하므로 맨 처음 갈라파고스 제도에 군락을 이룬 새들이 남아메리카에서 온 것이 분명하다는 이야기다.

월레스는 새와 나비, 다양한 식물의 과科는 특정한 지역에만 한정돼 있는 경우가 많다는 사실을 지적했다. 그는 아마존에서 특정 종의 원숭이는 강의 한쪽 편에만 살고 있다는 사실에 주목했다. "그 원숭이들의 창조와 분포를 통제하는 어떠한 규칙이 없다면 그들은 아마 지금과 다른 상태일 것이다."⁶⁷ 여기에서 '분포'란 강이나 산맥처럼 자연적 장애물로 제한된 환경에서 한 종이 퍼져나갈 수 있는 범위를 뜻했다.

이러한 그의 주장이 처음 등장했을 때 아무도 주의를 기울이지 않았다. 말도 안 되는 이론을 세울 시간에 채집이나 열심히 하라는 몇 마디 불평을 제외하고 그는 영국에서 아무런 평도 듣지 못했다.

그러나 당시 아마존 상류에 머물면서 월레스의 글이 담긴 저널을 구해 본 오랜 친구 베이츠로부터는 소식이 있었다. 베이츠는 월레스가 내놓은 아이디어에 관해 진심으로 축하하면서 그의 생각은 "진정한 진실이며, 매우 단순하고 명백해서 그것을 읽는 사람은 누구나 그 단순함에 놀라게 될 것."⁶⁸이라고 말했다.

선을 긋다

월레스는 꽤 자주 이 섬에서 저 섬으로 옮겨 다녔다. 그는 8년이라는 세월 동안 총 96번의 여행을 하고 일부 섬은 여러 번에 걸쳐 다시 찾아가면서 총 2만 2,500킬로미터를 이동했다. 그는 유동적으로 움직일 수밖에 없었다. 어떤 목적지로 향하는 배가 있느냐에 따라 여정이 결정되는 경우도 많았다. 그는 싱가포르에서 술라웨시 섬에 있는 마카사르로 가기 위해 몇 번이나 시도했으나 운이 따라주지 않았다. 그러다가 1856년 5월의 어느 날, 그는 발리로 향하는 중국 상선을 만났다. 원래 그곳으로 가려는 의도는 전혀 없었으나 그곳에 가면 롬복으로 갔다가 다시 마카사르로 갈 방법이 있을 것이라고 생각했다. 이렇게 우연히 경로를 벗어나는 바람에 월레스는 자신의 탐험에서 가장 중요한 발견을 할 수 있었다.

발리에서 월레스는 다른 섬에서 봤던 새들과 같은 새들이 살고 있는 것을 발견했다. 피리새, 딱따구리, 개똥지빠귀, 찌르레기 등 전혀 새로울 것

없는 새들이었다. 그러다가 흥미로운 일이 일어났다. 월레스는 이에 대해 다음과 같이 적고 있다. "롬복은 발리와 너비 30킬로미터 정도밖에 안 되는 좁은 해협을 사이에 두고 있기 때문에 롬복으로 가는 길에 나는 자연히 같은 종류의 새들을 만나게 될 것이라고 생각했다. 그런데 그곳에 3개월 머무는 동안 나는 같은 종류를 단 한 번도 보지 못했다."[69] 그 대신 그는 완전히 새로운 새들을 만났다. 그중에는 흰앵무새, 세 종의 꿀빨이새, 그 지역 사람들이 퀘이치퀘이치라고 부르는 큰 소리로 우는 새, 그리고 거대한 발로 흙을 쌓아 올려 알을 낳는 희한한 모습을 한 메가포드(큰 발)라는 새 등이 있었다. 이 새들은 자바 섬, 수마트라 섬, 말레이시아, 혹은 보르네오 섬 서부에서 전혀 볼 수 없었다.

수수께끼가 바로 여기에 있었다. 이 종들이 이 섬에서 저 섬으로 퍼지지 못한 이유가 무엇일까? 새들이라면 폭이 30킬로미터도 안 되는 좁은 해협쯤은 가뿐히 날아갈 수 있을 터였다.

월레스는 베이츠에게 보내는 편지에서 이러한 궁금증을 밝혔다. 그리고 발리와 롬복(그림 3.2 지도 참조) 사이에 보이지 않는 '경계선'이 있다는 이론을 세웠다. 더 멀리 동쪽으로 플로레스, 티모르, 아루 제도, 뉴기니로 가면 새들의 차이가 더욱 선명했다. 수마트라 섬, 자바 섬, 보르네오 섬에서 흔하게 볼 수 있는 새들은 아루, 뉴기니, 호주에서 전혀 찾아볼 수 없었고 그 반대도 역시 마찬가지였다.

같은 제도 안에서도 서부와 동부 섬 사이에 보이는 포유류의 차이 역시 놀랍기는 한가지였다. 서부에 있는 큰 섬들에는 원숭이, 호랑이, 코뿔소들이 살고 있었지만 아루 섬에는 그 어떤 영장류나 육식동물도 살지 않았다. 그곳에 사는 것이라고는 캥거루와 쿠스쿠스처럼 주머니가 달린 유대류뿐이었다.

발리와 롬복 사이 경계선은 진정 존재했다. 그러한 사실은 월레스에게 매우 중요했다. 그는 자신의 생각을 다시 종이에 옮겼다.

> 근대 박물학자들이 세운 이론으로 아루 섬과 뉴기니 섬의 동식물에서 보이는 현상을 설명할 수 있을까? 이러한 동식물이 서식하는 곳에 대해 어떻게 설명할 것인가……. 왜 같은 종들이 전 세계적으로 같은 기후를 보이는 곳에서 서식하지 않는가? 여기에서 일반적으로 끌어낼 수 있는 결론은 과거의 종이 멸종하고 새로운 것들이 각 나라나 지역에서 창조되면서 그 지역 특유의 물리적 환경에 적응했기 때문이라는 것이다.[70]

'창조되면서'라는 표현에서 월레스는 창조주에 의한 창조를 의미했다. 그러나 월레스가 지적했듯 이 '이론'에 따르면 비슷한 기후 지역에서는 비슷한 동물을, 다른 기후 지역에서는 다른 동물을 발견하게 되는 것이 옳다. 그러나 이것은 월레스의 관점이 아니었다.

서쪽에 있는 보르네오 섬과 동쪽에 있는 뉴기니 섬을 비교해 그는 다음과 같이 기록했다. "이 두 나라처럼 기후와 물리적 환경면에서 서로 비슷한 곳을 찾기는 어려울 것이다."[71] 그러나 그 두 지역에 사는 새들과 포유류는 완전히 달랐다.

이제는 뉴기니와 호주를 비교해보자. "환경적 특성에서 볼 때 두 곳처럼 큰 차이를 보이는 곳은 찾아보기 힘들다……. 한 곳은 일 년 내내 습도가 높은 반면 다른 한 곳은 주기적으로 가뭄이 든다. 만약 캥거루가 호주의 건조한 평원과 넓은 삼림 지역에 적합하도록 특별히 변화했다면 뉴기니의 습한 밀림에 캥거루가 사는 데에는 분명 다른 이유가 있을 것이다. 엄청나게 다양한 종류의 원숭이, 다람쥐, 식충 동물, 고양잇과 동물들이 보르네오 섬에 창조된 이유가 단지 그 섬이 그러한 동물에 적합하기 때문이라고 보기는 매우 어렵다. 매우 비슷한 환경에 놓여 있고 거리가 멀지 않더라도 같은 종이 살고 있는 경우는 없었다."[72] 동쪽 섬들의 열대 밀림에서 나무타기캥거루가 살고 있다면 서부 섬의 환경이 같은 지역에서는 원숭이가 살고 있었다.

그 이유는 단 하나였다. '다른 어떤 규칙이 현존하는 종들의 분포를 통제하고 있다'는 것이었다. 그것이 바로 월레스가 2년 전 제안한 '사라왁 법칙'이었다. 그는 자신의 주장을 뒷받침하기 위해 다시 한 번 지질학을 이용했다. 그는 뉴기니, 호주, 아루가 한때 서로 연결돼 있었고 그래서 비슷한 종류의 새와 포유류가 살게 됐다고 요약했다. 그러면 서부 섬들은? 월레스는 그 섬들이 한때 아시아 대륙의 일부였기 때문에 원숭이, 호랑이 같은 아시아의 열대 동식물을 공유하는 것이라고 결론을 내렸다.

월레스가 옳았다. 발리와 롬복 사이의 거리는 매우 짧았지만 그 둘을 갈라놓고 있는 바다는 매우 깊다는 사실이 후에 밝혀졌다. 발리는 아시아 대륙 끄트머리에 있고 롬복은 그로부터 아주 조금 떨어져 있다(그림 3.2 참조). 발리는 한때 다른 서부 섬들과 붙어 있었지만 롬복과는 이어진 적이 없었다. 아무리 좁은 간격이라도 단순히 한 섬이 날아가 덥석 달라붙는 것은 아니었다. 수백만 년에 걸쳐 땅이 분리된 부분이 점점 넓어지면서 그곳에 살고 있던 동물들이 각각의 섬 환경에 맞게 적응하게 된 것이다. 오늘날 이 섬들은 가까이 있는 것처럼 보이지만 알고 보면 지질학적으로 '이웃이 된 지 얼마 안 된' 사이라는 말이다.

월레스는 종의 기원과 분포를 연관 지어 생각했고 이를 통해 아시아와 호주의 동식물 사이에 경계선을 만들었다. 이러한 그의 발견은 훗날 '월레스 선Wallace's line(그림 3.2)'이라 알려지며 월레스를 생물지리학의 창시자로 만들었다.

마침내 월레스도 영국의 관심을 받기 시작했다. 그는 다윈과 편지를 주고받으면서 사라왁 법칙이 그 어떤 관심이나 심지어 반박도 받지 못한 데 대해 한탄한 적이 있었다. 1857년 5월 다윈이 답장을 썼다. "자네 글의 단어 하나하나에 동의하네. 그리고 서로 다른 두 사람이 어떤 이론에 대해 이렇게나 비슷하게 동의하는 경우는 매우 드물 것이라는 데에 자네 역시 공감할 것이라고 감히 말하고 싶네."[73] 다윈은 종이 어떻게 다른지 연구하면서 20년째에 접어들었다는 사실과 현재 긴 책을 하나 쓰고 있는데 향후 2년간 아마 끝내지 못할 것이라는 말을 덧붙였다. 이것은 이 주제에 관해 자신이 오랫동안 연구했음을 알리며, 얼마 지나지 않아 자신만의 결론을 내릴 선배 박물학자로서 자신의 영역을 지키고자 하는 일종의 경고 표현이 아니었을까 싶다. 그러나 정작 경고를 받아야 할 사람은 다윈이었다. 월레스가 빠른 속도로 다윈을 따라잡고 있었기 때문이었다.

적자생존

이제 월레스에게 중요한 의문은 종이 진화하느냐가 아니라 어떻게 진화하느냐였다. 말라리아로 고열에 시달리며 트르나테 화산섬에 머물고 있던 1858년 초, 불현듯 해답이 그를 찾아왔다.

고열과 오한이 번갈아가며 나타나는 가운데 월레스는 '당시 특별히 흥미로웠던 주제에 대해 생각하는 것'[74]말고는 달리 할 일이 없었다. 섭씨 30도가 넘는 한낮에 담요를 두른 채 그는 몇 해 전 읽어본 인구에 관한 맬서스의 에세이를 생각하고 있었다. 그러다가 인구의 급작스런 증가를 막는 질병, 사고, 기아 같은 요소들이 동물에도 적용되는 것 아닐까 하는 생각이 돌연 들었다. 그는 동물이 사람보다 훨씬 더 빠른 속도로 번식한다는 사실을 떠올리며 아무런 제재를 가하지 않으면 곧 세상이 동물로 가득하게 될 것이라고 생각했다. 그러나 자신의 모든 경험으로 미뤄볼 때 지금까지 동물의 개체 수는 적절히 제한돼 있었다. 그래서 월레스는 다음과 같은 결론을 내렸다. "야생동물의 삶은 생존을 위한 투쟁이다. 스스로 존재를 유지하고 후손을 돌보기 위해 자신의 모든 능력과 에너지를 발휘해야만 한다." [75] 먹이를 찾고 위험을 모면하는 행위가 동물의 삶을 지배한다. 그리고 약한 것들은 결국 사라지고 말 것이다.

뛰어난 수집가인 월레스는 동물의 각 종에 속한 여러 종류에 대해 아주 잘 알고 있었다. 그는 이렇게 기록했다. "정도의 차이는 있겠지만 아마 모든 변이 현상은 개별 개체의 습성이나 능력에 어느 정도 결정적인 영향을 미칠 것이다……. 조금이라도 힘이 향상된 변종은 그중에서도 우위를 차지해 결국에는 수적으로 우세하게 될 것이다."

드디어 해냈다. 월레스가 알아낸 것이었다. 그것이 아니라면 열에 들뜬 월레스가 정신이 나간 것이 분명했다. 더 이상 글을 쓰려면 열이 내릴 때까지 기다려야 했다. 그러고 나서 그는 단 며칠 밤에 걸쳐 논문을 한 편 완성했다.

그는 그 글에 「변종이 본래 유형으로부터 완전히 이탈하려고 하는 성향에 대하여On the Tendency of Varieties to Depart Indefinitely From the Original Type」라는 제목을 붙였다. 그리고 후에는 사회과학자 허버트 스펜서Herbert Spencer의 말을 빌려 자신의 개념을 '적자의 생존survival of the fittest'이라 불렀다. 이 논문은 영국 과학계의 중심에서 1만 6,000킬로미터나 떨어진, 지진으로 황폐한 섬의 다 쓰러져가는 집에 누워 고열에 시달리고 있던 사람이 쓴 초고에 지나지 않았다. 월레스는 이 논문을 저널에 바로 보내지 않았다. 그전에 누군가에게 먼

3장_원숭이와 캥거루 사이에 선을 긋다 95

저 보이고 싶었기 때문이다.

그것을 누구에게 보냈을까? 다윈 말고 또 누가 있겠는가.

이번에야말로 그는 무관심 속에 홀대받지 않았다.

조상과 후손

1858년 6월의 어느 날 월레스의 논문을 받은 다윈은 큰 충격에 휩싸였다. 그전에 월레스가 보내온 것들을 자세히 봤더라면 그러한 충격을 받지는 않았을 것이다. 종의 형성에 관해 자신의 첫 번째 '에세이' 버전을 쓴 지 16년이나 지난 다윈은 "내 이론이 얼마나 독창적이든 이제 모조리 망가질까 두려웠다."고 표현했다.

그 후 일어난 일들은 여전히 학자들 사이에 논란의 대상이 되고 있다. 월레스가 자신의 원고를 지질학자인 찰스 라이엘에게 보내달라고 했고 다윈이 그렇게 했다는 것은 사실이다. 라이엘과 당시 유력한 식물학자인 J. D. 후커Hooker는 모두 다윈과 가까운 사이였고 다윈은 이미 그들에게 자신의 자연선택 이론과 그 증거가 되는 여러 논증을 밝힌 바 있었다. 라이엘과 후커는 직접 나서서 다가오는 리니언 소사이어티 회의에서 월레스의 논문과 다윈의 논문 초고를 발표하고 함께 출판하기로 계획을 세웠다.

월레스는 과연 위대한 발견의 영예를 독차지할 기회를 빼앗긴 것일까? 공동 출판이 과연 공정한 것이었을까(월레스는 실제 출판이 될 때까지 이러한 사실을 듣지 못했다). 한편으로 보면 '자연선택'이라는 용어를 만든 사람은 다윈이었고, 그는 자신의 1842년 초고를 개인적이긴 하지만 다른 과학자들과 공유한 바 있었다.

오늘날 다윈의 이름과 그의 연구 내용이 월레스보다 훨씬 더 잘 알려져 있는 것은 사실이다. 그러나 이 문제를 월레스의 관점에서 다시 한 번 살펴보라. 그는 평생 다윈을 존경했다. 『종의 기원』이 발표된 이듬해, 월레스는 베이츠에게 다음과 같은 편지를 썼다. "다윈의 책에 대한 나의 존경심을 어떻게, 어디에다 표현해야 할지 모르겠네……. 솔직히 아무리 끈기 있게 실험에 임한들 이 책의 완벽함에는 절대로 이르지 못할 걸세. 이 책의 뛰어난 논거와 감탄할 만한 어조, 정신……. 다윈 선생은 새로운 과학과 새로운 철학을 창조했네. 단 한 사람의 노력과 연구로 이토록 완벽하게 인간 지식의 분파가 만들어진 적은 예전에 없었다고 생각하네."[76]

월레스는 언제나 '다윈 이론'이라는 말을 썼으며 나중에는 자신의 여행에 대한 주요 저서인 『말레이 제도The Malay Archipelago』(1869)를 '개인적 감사와 우정뿐만 아니라 그의 천재적 재능과 연구에 대한 깊은 존경의 마음을 표현하며 『종의 기원』의 저자 찰스 다윈'에게 그 책을 헌정했다. 자서전인 『나의 인생My Life』(1905)에서는 다윈과의 우정에 대해 쓰는 데 한 장章을 고스란히 바쳤으며 그 속에는 단 한 마디의 유감이나 시샘, 원한의 말도 없었다.

아마 월레스에게 중요한 것은 과학계의 일원으로 받아들여지는 것뿐이었는지도 모른다. 1858년까지만 해도 사상의 신 혁명을 이끌던 과학자들의 세계에 속하지 못한 외부인에 불과한 그였으니 말이다. 라이엘과 후커가 자신의 논문에 대해 칭찬했다는 소식을 들었을 때 그는 가장 오랜 학교 친구에게 편지를 써 "약간 자랑스러운 것이 사실이다."[77]라고 하기까지 했다. 월레스는 과학계의 한가운데 설 필요도 없었고 그렇게 되기를 바라지도 않았다. 그는 단순히 그 세계의 일원이 되기만을 바랐을 뿐이었다.

그는 결국 자신의 바람을 이뤘을 뿐만 아니라 분명 그것보다 더 많은 것을 해냈다.

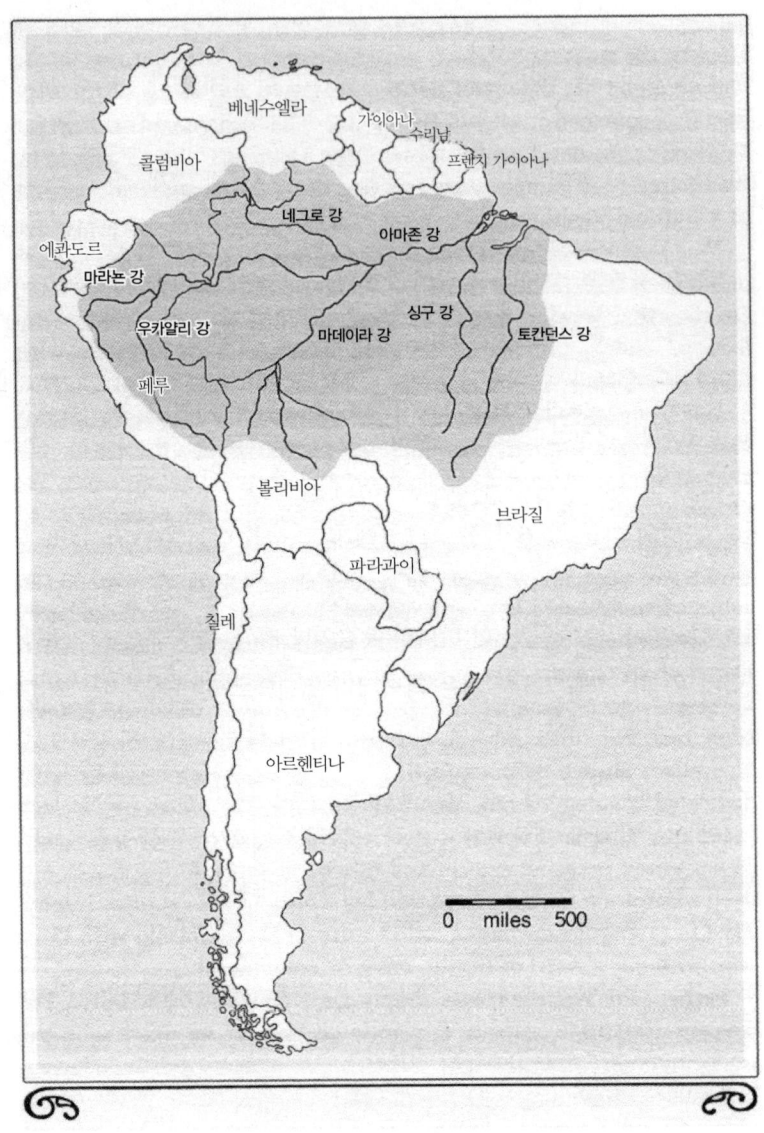

그림 4.1 거대한 아마존 강 체계. 아마존의 본류와 지류는 다 합쳐 2만 4,000킬로미터가 넘는다. 월레스가 리오 네그로까지 올라간 반면 헨리 월터 베이츠는 본류를 탐험하며 11년을 보냈다. 리앤 올즈 그림

4장

생명, 생명을 모방하다

강은 언제나 사람이 살고 있는 곳으로 향한다. 마음에 드는 것들을
만나지 못하더라도 최소한 무언가 새로운 것은 만날 수 있다.
– 볼테르의 『캉디드Candide』 중에서 카캉보의 말

"그것은 최고인 동시에 최악의 순간이었다……." 찰스 디킨스의 유명한 1859년 작 『두 도시 이야기A Tale of Two Cities』는 이렇게 시작한다. 같은 해 아마존에서 돌아온 헨리 월터 베이츠 역시 똑같은 문장으로 자신의 이야기를 시작할 수 있었다.

그의 최고의 순간은 분명 박물학자의 낙원인 아마존에서 보낸 날들이었을 것이다.

> 나는 해 뜰 무렵 일어나 아침 이슬로 촉촉이 젖은 풀밭 길을 지나서 강에서 목욕을 하곤 했다. 매일 아침부터 5~6시간씩 숲에서 곤충을 채집하며 가장 더운 낮 시간을 보냈고……. 비가 올 때면 표본을 정리하고, 표를 붙이고, 글을 쓰고, 해부하고, 그림을 그리

며 지냈다. 종종 이웃에서 빌려준 조그만 몬타리아(일종의 카누)를 타고 한가로이 강을 따라 움직이기도 했다. 그럴 때면 새롭고 다양한 생물들, 특히 곤충이 끊임없이 나타나곤 했다.[78]

그에게 최악의 순간은 아마도 1850년 3월, 월레스와 헤어져 혼자서 강을 거슬러 올라갔던 탐험 첫해였을 것이다. 당시에 대해 그는 이렇게 기록하고 있다.

아무런 편지나 송금도 받지 못하고 12개월이 흘렀다. 12개월의 막바지에 옷은 모두 넝마로 변했고 신발도 없이 지내야 했다. 이전의 다른 여행기 내용과는 달리 이번은 열대 지방에서 그야말로 불편하기 짝이 없다. 하인은 도망쳐버렸고 강도를 만나 돈을 거의 다 빼앗겼다.[79]

돈 한 푼 없이 앞으로 어떻게 될지 모르는 채 외로움에 시달리던 베이츠는 결국 집안의 양말 사업이나 물려받아 운영하리라 결심했다. 그러고는 영국으로 돌아가는 배를 찾아 파라라는 항구 도시로 가기 위해 강 하류로 2,000킬로미터가 넘는 거리를 내려갔다. 그러나 그 마을은 황열병이 창궐해 있었고 베이츠 역시 곧 병에 걸려 쓰러졌다.

결국 그는 영국으로 돌아가지 않았다. 그는 발걸음을 돌렸고 그 후로도 8년을 더 버텨 총 11년이라는 세월을 아마존에서 보냈다. 세상에 11년이라니. 그는 왜 거기에 머물렀을까? 그것도 그리 오래? 도대체 어떻게 견딜 수 있었을까?

첫 번째 질문에 대한 답은 베이츠가 때마침 런던의 대리인으로부터 자신이 수집한 표본이 환영받고 있다는 소식과 함께 돈을 받았다는 것이다. 그가 수집한 나비 중 하나는 그의 이름을 따 칼리티아 베이트시Callithea batesii라고 불렸다. 그는 마음을 고쳐먹고 원래 계획대로 강 상류로 올라가겠다는 뜻을 밝혔다.

그가 이렇게 오래 모험을 계속한 것은 아마존 유역의 거대한 규모 때문이었다. 길이 약 7,000킬로미터, 1,000개가 넘는 지류, 유역 면적 약 270만 평방마일(약 700만 제곱킬로미터)을 자랑하는 아마존 강은 세계에서 가장 큰 강이다(그림 4.1). 베이츠는 이중 본류를 오르내리며 3,200킬로미터 이상의 거리를 떠돌았다. 이동은 거의 수로로만 가능했고 그 속도는 매우 느렸다. 노나 돛만으로 움직이고, 수시로 폭풍과 폭우에 두들겨 맞고, 변덕스러운 바람에 시달리며 베이츠는 정기적으로 오가는 작은 무역선을 이용하거나 지역 부족민들이 타고 다니는 카누에 몸을 실었다. 혹시라도 건너편 강둑에서 흥미로운 원숭이를 발견하고 잡으러 갈 때면 아래와 같은 일이 벌어졌다.

> 꽤 낡아빠진 배에 스무 명이나 타고 있었다……. 인디언 열 명이 노를 저어 우리를 재빨리 건너편으로 바래다줬다……. 그런데 반쯤 건넜을 때 배에 타고 있던 양들이 움직이기 시작하더니 발을 마구 굴러 보트 바닥에 구멍을 냈다. 물이 무서운 속도로 차올라 배가 곧 잠길 것 같은데도 승객들은 아주 침착하게 행동했다. 안토니오 선장이 양말을 벗어 구멍을 막더니 나보고도 똑같이 하라고 했다. 그 와중에 인디언 두 명이 물을 퍼냈다. 덕분에 우리는 가라앉지 않을 수 있었다.

한번에 단 몇 킬로미터씩 움직이면서 보이는 아마존의 무성한 나무와 가지들은 끝이 없었다. 베이츠는 그 속에 숨겨진 보물을 모조리 보고 싶었다. 굽이마다 멈춰 숲 속으로 과감히 돌진하는 열정과 결의, 그리고 노력 끝에 뒤따른 보람은 무자비한 더위와 말라리아, 황열병, 불개미, 물어뜯는 파리, 심한 외로움을 모두 이기게 도와줬다.

그에게 보람이 된 것은 매우 많았다. 민물 돌고래, 개미핥기, 군함새, 아나콘다, 벌새, 새를 잡아먹는 거미, 각종 원숭이, 재규어, 카이만(중남미의 소형 악어─옮긴이), 푸른히아신스마코앵무, 앵무새, 독수리, 다섯 가지 종류의 큰부리새, 엄청난 수의 나비 등. 베이츠는 모두 통틀어 1만 4,712종의 동물을 수집했으며 그중 8,000가지 이상이 새로운 것이었다.

등골이 휘는 작업과 맛이 형편없고 충분치도 않은 식량, 날로 악화되는 건강 때문에 결국 베이츠는 영국으로 돌아가야겠다고 결심하기에 이른다. 그곳을 떠나는 것은 시원섭섭했다.

> 6월 3일 저녁(1859년), 나는 수년에 걸쳐 탐험하면서 결국 사랑에 빠지게 된 이 아름다운 숲을 마지막으로 둘러봤다. 그곳에서 보낸 시간 중 가장 슬펐던 때는 그다음 날 밤, 여울목을 벗어나 완전히 육지가 보이지 않게 된 순간이었다……. 이토록 즐거운 추억이 많은 땅과 나를 연결하는 마지막 고리가 끊어진 것만 같았다……. 영국을 떠나 있던 11년 동안 느낄 수 없었던 영국의 기후, 풍경, 생활 방식에 대한 기억들이 생생하게 밀려왔다. 우울한 겨울날의 차가운 느낌, 긴 회색빛의 어스름, 희뿌연 공기, 길게 드리워진 그림자, 쌀쌀한 봄날, 질척한 여름날들……. 영원한 여름의 아름다운 나라를 떠나 이렇게 지루한 풍경 속에서 다시 살게 되다니……. 이리 큰 변화를 겪게 될 생각에 약간 불안해지는 것은 어

쩔 수 없으리라.[80]

1859년 여름, 베이츠가 영국에 도착한 때는 매우 타이밍이 좋았다. 몇 달 지나지 않아 다윈의 『종의 기원』이 출판돼 베이츠가 목격하고 수집한 모든 것들에 대해 곰곰이 생각할 튼튼한 기틀이 마련됐기 때문이었다.

에가의 나비들

나비만큼 베이츠에게 큰 영향을 미친 것은 없었다. 나비는 그 아름다움 때문에 영국에서 귀하게 취급받고 있었다. 베이츠는 표본을 팔아 생계를 유지했기 때문에 가는 곳마다 자생하는 나비를 찾는 데 세심한 주의를 기울였다.

나비의 종류는 어마어마했다. 베이츠가 4년 이상을 머문 아마존 상류의 에가$_{Ega}$지역에서만 서로 다른 550종의 나비를 발견했으니 말이다. 이것은 영국의 66종과 유럽 전체를 통틀어 자생하는 300종보다 훨씬 더 많은 숫자였다.

에가와 아마존 전체에 서식하는 나비들은 베이츠에게 몇 가지 문제를 제시했다. 예를 들어 오랜 경험에도 불구하고 그는 나비가 날고 있는 동안에는 렙탈리데 종과 헬리코니데 종을 구별하지 못했다. 날개의 무늬가 매우 비슷했을뿐더러 숲의 같은 구역에서 함께 날아다녔기 때문이었다. 그 나비들을 잡아 자세히 관찰한 다음에야 그는 어느 것이 어느 종인지 알 수 있었다. 또한 렙탈리스 테오뇌의 여러 변종들은 이토미아 나비의 서로 다른 종들과 매우 닮아 있었다.

베이츠는 종들을 구분하는 데 있어 매우 신중했다. 그는 특정한 이토미아 종을 닮은 렙탈리데 종은 이토미아 서식지 외 다른 지역이나 국가 어디에서도 발견할 수 없음을 깨달았다. 이 '가짜' 나비들은 진짜 종의 개체 수가 아주 많은 곳에서만 나비 행세를 하며 서식하고 있었다. 그는 이러한 현상을 '의태 상사相似', 혹은 '의태 현상'이라고 불렀다.

『종의 기원』을 읽고 난 후 베이츠는 바로 그 이론을 지지하는 몇 안 되는 사람 중 하나가 됐다. 그 역시 자연에서 생물들이 벌이는 전쟁과 그들이 전투에서 쓰는 각종 전략을 직접 목격했기 때문이었다. 자신이 수집한 나비들을 생각하면서 그는 의태 현상이야말로 자연선택 과정을 보여주는 증거가 틀림없음을 깨달았다. 그는 이 위대한 책에 대한 논란의 불씨가 막 커지고 있던 1860년에 다윈과 편지를 주고받기 시작했다. 베이츠는 편지에 이렇게 적었다.

"제가 자연이 새로운 종을 제조하는 실험실을 잠시나마 들여다봤다고 생각합니다."[81]

다윈은 흥분을 감추지 못했다. 과학계에서 베이츠에게 내린 공식적 지위 같은 것은 없었고, 아마존에서 돌아온 후 처음 3년간 그는 영국 중부의 레스터에서 가족들과 함께 살고 있었다. 베이츠는 과학계의 일원이 되지 못한 데에 약간 의기소침해 있었다.

그런 베이츠에게 영국에서 가장 중요한 단체에 그의 연구 결과를 보여주고, 가장 영향력 있는 저널에 글을 제출하고, 다윈이 그랬던 것처럼 여행기를 쓰라고 설득하면서 격려한 사람이 바로 다윈이었다. 베이츠는 다윈의 조언을 그대로 받아들였다. 그는 다운에 있는 다윈을 집을 자주 방문했다. 이것은 당시 소수의 사람만이 누릴 수 있는 특권이었다(이 중에는 월레스도 있었는데 이 세 명의 탐험가들은 월레스가 영국으로 돌아온 후 어느 주말에 모여 토론을 즐긴 바 있다). 다윈은 베이츠와 함께 시간을 보내는 것을 좋아했으며 그의 성격을 동경했다. 그들의 우정은 따뜻하고 공생적이었다고 할 수 있다.

가장 놀랍고 우수한 논문 중 하나

베이츠는 자신의 수집물에 대한 공식 논문과 여행기를 동시에 쓰기 시작했다. 두 가지 모두 작업량이 엄청났다. 훗날 베이츠는 책을 한 권 더 쓰느니 차라리 밀림으로 돌아가 11년을 더 머무르는 게 낫겠다고 말하기까지 했다.

그러나 아마존 밀림에서 그에게 성공을 안겨줬던 끈기와 자기 절제가 결국 그를 과학자와 작가로서도 성공할 수 있게 했다. 「아마존 유역의 곤충군에 관한 기고문Contribution to an Insect Fauna of the Amazon Valley, Lepidoptera: Heliconidae」이라는 지루한 제목이 달린 그의 가장 중요한 논문에서 베이츠는 의태 현상에 대한 증거와 기계학적 설명을 내놓았다.

그는 나방의 한 속屬인 디옵티스의 여러 종이 이토미아 나비나 지역 변종을 모방하는 데 주목했다. 구대륙에서는 아시아와 아프리카 다나이데 나비 사이에서, 그리고 다른 종의 나비와 나방 사이에서도 일련의 의태 관계가 일어난다고 설명했다. 무엇보다 중요한 것은 한 반구에 자생하는 열대 종이 다른 반구에 사는 것들을 모방하는 경우는 알려진 바 없다는 점이다. 달리 말해 서식 구역이 서로 다른 나방들 사이에는 우연한 유사점[82] 같은 것이 나타나지 않고, 같은 지역에서 발견되는 종에서만 의태 현상이 나타난다는 것이었다(그림 4.2).

게다가 베이츠는 경험을 통해 의태 현상이 다른 곤충 사이에서도 일어난다는 것을 알고 있었다. 아마존 강둑을 따라가다 그는 스스로 집을 만드는 벌들을 모방해 그들이 지어 놓은 집에서 '공짜로' 서식하는 기생벌과 파리들을 발견했다. 참뜰길앞잡이 벌레를 모방하면서 그것이 자주 나타나는 나무에서만 발견되는 귀뚜라미도 발견했다. 그중에서도 가장 놀라운 모방의 예는 매우 큰 애벌레였다. 나뭇잎에 앉아 있는 이 벌레를 발견했을 때

그림 4.2 나비의 의태 현상. 의태 현상의 발견을 보고하는 베이츠의 1862년 논문에서 나온 표본 원본이다. 가운데 보이는 5번 나비가 렙탈리스 네헤미아로 이 과의 전형적 나비라고 할 수 있다. 1번부터 8번까지의 다른 렙탈리스 나비는 다른 종을 모방하면서 본래 무늬와 크게 달라졌다. 3번과 3a, 4번과 4a, 6번과 6a, 7번과 7a, 8번과 8a는 각각 렙탈리스와 다른 과 종 사이의 의태 현상을 보여준다.

그것이 마치 작은 뱀과 너무나도 닮아서 그는 깜짝 놀라고 말았다. 그 애벌레는 머리 일부에 검은 반점이 있어서 확장되면 마치 독사 머리와 비슷해 보인다(그림 4.3). 베이츠가 이 표본을 마을로 가지고 왔을 때 그것을 본 사람은 모두 깜짝 놀랐다.

베이츠는 다윈의 시각에서 이러한 현상을 바라봤다. 그는 이 특정한 형

그림 4.3 뱀 머리를 모방하는 애벌레. 베이츠 최초 발견. 수많은 종이 뱀 머리를 모방한다. 이것은 스파이스부시 호랑나비 애벌레(파필리오 트롤루스)다. 제공: 메리 조 패클러

태의 곤충 의태 현상이 환경 적응이라고 주장했다. 아마존의 밀림에서 모든 종은 '생존 전투'를 이겨낼 수 있는 몇 가지 전략에 따라 생명을 유지하고 있었다. 그는 동물이 적으로부터 자신을 숨기는 방식의 예를 수도 없이 목격했다. 스스로를 다른 종으로 보이게 하는 것은 이러한 전략 중 하나가 분명했다. 베이츠의 말을 빌리자면, "달리 방어 전략이 없는 종들도 번성하는 종을 모방해 환경에 적응하는 것을 보면 번성하는 종에 특별한 강점이 있음"을 알 수 있다.

독사를 모방하는 장점은 굳이 설명하지 않아도 알 수 있다. 그러나 헬리코니데 나비는 무슨 강점이 있기에 그렇게 개체 수가 많고 다른 것들의 모방의 대상이 되는 걸까? 무엇 때문에 숲 속의 천적들을 피할 수 있는지는 분명치 않았다. 그러나 베이츠는 그에 대해 그럴듯한 가설을 가지고 있었고, 그것은 훗날 정확한 것으로 밝혀졌다. 그는 몇몇 나비들이 잡혔을 때 고약한 냄새가 나는 액체와 가스를 분비한다는 사실을 매우 잘 알고 있었다. 몇몇 나비의 경우 표본을 말리려고 밖에 내놓으면 해충들이 물어가지 않는 경우가 많았다. 헬리코니데 나비는 나는 속도가 느려 쉽게 잡힐 수 있는데도 불구하고 새나 잠자리가 이 나비를 쫓는 것을 본 적이 없었다. 게다가 이 나비들은 날지 않고 어딘가 앉아 있을 때도 도마뱀이나 육식 파리의 먹잇감이 되지 않았다. 그래서 베이츠는 헬리코니데 나비가 맛이 없는 것이 분명하고, 그래서 맛이 좋은 다른 종들이 그 나비의 날개 모양을 모방해 스스로를 감춤으로써 천적들로부터 보호받을 것이라는 결론을 내렸다.

베이츠는 의태 현상의 기원이 모든 종의 기원 및 환경 적응 현상과 같다고 봤다. 렙탈리스 테오뇌가 가장 알기 쉬운 예다. 이 종의 모습은 해당 지역에 사는 이토미아 나비의 모양과 색상에 따라 각각 다르다.

베이츠는 스스로에게 질문을 던졌다. "각 지역의 품종이 해당 종의 자연

변종으로부터 어떻게 형성되는가?"

『종의 기원』에서 다윈이 설명한 대로 이 질문에 대한 대답은 명백히 자연선택 이론을 바탕으로 하고 있는 것 같다……. 만약 모방하는 종의 종류가 다양하다면 그중 일부 변종은 모방 대상을 더많이 닮을 것이고 일부는 덜 닮게 될 것이다. 그러므로 모방 생물을 잡아먹는 반면 모방의 대상은 피하는 천적이 있다면, 그 천적의 위협에서 벗어나기 위해 모방 대상 생물과 똑같은 가짜가 되고자 하는 경향이 커질 것이다. 그 결과 닮은 정도가 약한 변종은 세대를 거듭하면서 제거되고 살아남은 모방 생물들만이 후손을 번식시킬 것이다……. 어떤 지역에서 살아남기 위해 렙탈리스 테오뇌는 특정한 옷을 입어야 하고, 똑같이 따라하지 못한 변종들은 가차 없이 희생된다……. 이것이 바로 자연선택 이론에 대한 가장 훌륭한 증거가 아닌가 생각한다.[83]

다윈도 그렇게 생각했다. 그는 이 글을 "평생 본 것 중 가장 놀랍고 우수한 논문 중 하나"[84]라고 칭찬하며 "이 글의 가치는 계속될 것"이라고 베이츠를 안심시켰다.

다윈과 다른 자연선택 지지자들에게 있어 베이츠의 연구는 진화 엔진의 강력한 표현이었다. 『종의 기원』에서 다윈은 자연선택을 동물의 사육과 가축화에 비유하는 데 지나치게 의존하고 있었다. 이제 자연으로부터 받은 풍부하고 독립적인 증거가 줄줄이 나타난 것이다.

베이츠의 연구가 혹여 간과될까 걱정이 된 다윈은 「자연사 리뷰Natural History Review」에 그에 대한 기사를 써서 창조론자들과 종의 불변주의를 정면으로 반박했다. 그는 베이츠가 발견한 변종들이 모두 각각의 지역에 맞게 특별히 창조됐다고, 그것들이 "제조업체에서 현대 시장 수요에 맞춰 장난감을 찍어내듯 이미 만들어진 상태로 나타났다."[85]고 믿을 박물학자들이 많지 않으리라 생각했다. 다윈은 베이츠의 글을 보면 "우리가 지금까지 바란 것 중 최대한 가까운 곳에서 새로운 종의 창조를 지켜본 것 같은 기분이다."라고 했다.

논쟁과 증거

의태는 자연선택의 지지파와 반대파 사이에서 논쟁의 중심이 됐다. 수십 년 동안 그것은 같은 관찰 결과에 대해 해석이 달라 생기는 문제였다. 물론 자연선택에 맞거나 그에 반하는 증거를 더 모으는 것이 논쟁에서 승리하는 길이었고, 생물학자들이 의태 현상을 더 깊이 연구하면서 그러한 증거들이 속속 모습을 드러냈다.

베이츠의 주요 가설 중 첫 번째는 모방되는 종들은 천적에게 맛이 없게 느껴지므로 맛이 있는 종들이 그러한 종들을 모방해 천적으로부터 보호받는다는 점이었다. 이는 곧 천적들이 학습을 통해 이러한 사실을 배우거나 맛없는 형태의 먹잇감 피하는 법을 안다는 것을 의미했다.

이러한 의견에 대해 후속 조사가 여러 차례 진행됐고 그중에서도 가장 주목할 만한 통제 연구는 제인 반 산트 브라워Jane van Zandt Brower박사가 1950년대 후반에 시작한 것이었다. 브라워는 야생에서 잡은 새를 이용해 맛이 없다고 여겨지는 종을 새들이 피하거나 거부하는 현상은 모방 종과 본래 종 모두에 해당된다는 사실을 밝혀냈다. 게다가 새들은 금세 맛없는 나비들을 알아보고 그것과 닮은 나비들을 거부하는 경향을 보였다.

모방 현상의 두 번째 기본 요소는 맛없는 종이 살지 않는 곳에서는 모방을 통한 보호 효과가 금세 사라진다는 것이다. 최근 뱀 사이 모방 현상의 실험을 통해 이러한 기대 현상을 실험한 적이 있었다.

매우 아름답고 독이 없는 붉은 왕뱀과 소노런 왕뱀, 독사인 산호뱀은 모두 붉은색, 노란색, 검은색 고리무늬가 있다는 점에서 비슷하게 생겼다. 고리무늬의 순서에 따라 독이 없는 뱀과 독이 있는 뱀을 구분할 수 있는데, 수많은 뱀 애호가들이 외우는 이 말을 보면 구분하는 데 도움이 된다.

붉은색과 노란색이 닿으면 사람이 죽고,
붉은색과 검은색이 닿으면 친구가 된다네.

노스캐롤라이나 대학의 데이비드 페니그, 캐린 페니그, 윌리엄 하콤비는 노스캐롤라이나, 사우스캐롤라이나, 애리조나에서 세 종류의 뱀이 모두 사는 지역과 독사인 산호뱀이 살지 않는 지역을 구분했다. 그러고 나서 각각의 지역에 부드러운 무독성 찰흙으로 만든 세 종류의 뱀 모형을 각각 열 세트씩 풀었다. 들판에 몇 주간 놔둔 후 이 모형들을 다시 모아 천적이 문 자국이나 긁힌 자국 등이 있는지에 따라 점수를 매겼다. 점수를 매긴 사람들은 그 모형들이 세 종류 뱀들이 모두 서식하는 지역에 있었는지, 아니면 독사가 살지 않는 지역에 놓여 있던 것인지 사전 지식이 없는 연구원들이었다.

그 결과 두 종류의 왕뱀 모형이 공격당한 비율은 캐롤라이나 지역 중 독사인 산호뱀이 살지 않는 곳(68퍼센트)이 산호뱀이 사는 곳(8퍼센트)보다 훨씬 높았다. 애리조나의 결과도 이와 비슷했다. 산호뱀이 사는 지역에서는 천적들이 산호뱀을 모방하는 뱀들을 피한다는 가설이 입증된 것이다.

다윈이 예언한 대로 베이츠의 연구 결과는 그 가치가 오래 지속됐다. 오늘날까지도 생물학자들은 힘없는 생물들이 맛이 없거나 독이 있는 생물을 모방하는 것을 베이츠의 의태 현상이라 부르고 있다.

베이츠는 다시 아마존으로 돌아가지 않았지만 여행기 『아마존 강의 박물학자The Naturalist on the River Amazons』(1863)는 끝내 완성했다. 그것이 출판됐을 때 그는 한 권을 다윈에게 보내며 『비글호 항해기』의 저자가 어떠한 평가를 내릴지 초조하게 기다렸다. 다윈은 이렇게 답장을 보냈다. "나의 평가는 단 한 줄로 줄일 수 있겠네. 이것이야말로 영국에서 출간된 것 중 최고의 자연사 여행기라고 말일세."[86]

다양한 모험과 함께 아마존에 살고 있는 동물과 사람을 훌륭하게 묘사한 이 책은 오늘날에도 즐겁게 읽을 수 있는 좋은 책이다. 다윈에게 갈라파고스 되새가 그랬듯, 자신에게 결정적인 영감을 준 나비 날개를 묘사하면서 베이츠는 마치 시처럼 이렇게 적었다. "그러므로 마치 종이에 글을 쓰듯 이 넓은 날개 위에 자연이 글을 썼다고 할 수 있다. 바로 종種이 변화한 이야기 말이다."[87]

2부
아름다운 유골

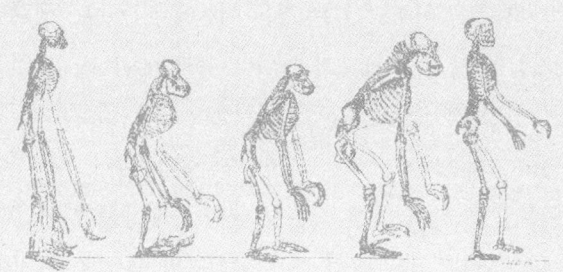

책 『종의 기원』은 고생물학에 새로운 목표를 제시했다. 이전 몇십 년간 화석이 점점 더 많이 알려지고 많은 연구가 진행됐지만 그것의 의미는 아직 이해되지 못한 상태였다. 초기 고생물학의 가장 큰 모순 중 하나는 『종의 기원』이 등장하기 전 이미 공룡 화석이 다량 발견돼 해부학자 리처드 오언이 이름을 붙이고 깊이 연구했지만 정작 오언 자신은 그것을 진화에 반하는 증거로 봤다는 점이다. 다윈이 등장하기 전 대부분의 고생물학자들은 지구와 생명, 그리고 자연의 깊은 역사인 땅속 유골들이 얼마나 긴 역사를 자랑하는지 거의 헤아리지 못했다.

새롭게 부상하는 지질학에 대해 든든한 기초를 갖추고 있던 다윈이 이 모든 것을 바꿔놓았다. 책에서 그는 다양한 종과 지층을 이루고 있는 것은 이전에 사람들이 생각했던 것처럼 다만 수천 세대가 아니라 수백만, 아니면 수억만 세대 이상일 것이라는 이론을 제시했다. 그는 또한 이렇게 덧붙였다. "지구의 지각은 거대한 박물관과 같다." 이 거대한 박물관 중 다만 아주 작은 부분만 탐험됐을 뿐이었다. 그는 또한 살아 있는 종의 조상은 지구의 땅속 깊은 곳에 묻혀 있으니 이러한 가상의 조상을 찾아내는 것이 무엇보다도 중요하다고 했다.

동물의 주요 군 사이에 과도기적 형태가 없는 점이나 단순한 형태에서 복잡한 형태로 서서히 발달하지 않고 갑작스러운 변화가 나타나는 화석이 일부 존재한다는 점에 대해서 다윈은 자신의 주장을 입증할 결정적인 증거가 없다는 사실을 솔직하게 인정했다. 또한 다윈이 용케 피해갔던 인간의 고대 역사와 같은 예민한 문제도 아직 풀리지 않고 남아 있었다. 그렇다고 다윈이 모든 사람의 눈을 가릴 수 있었던 것은 아니었다. 인간의 기원이라는 문제는 다윈의 혁명적인 책이 등장하던 바로 그 순간부터 모든 이의 머리를 떠나지 않았다. 그 이후 고생물학에서 가장 대담한 탐험과 위대한 발견들이 어류와 양서류, 파충류와 조류, 그리고 유인원과 인간 사이의 간극을 메우고 둘 사이를 연결하는 고리 역할을 했다.

    나는 그중에서도 고생물학 역사상 가장 그 목표가 뚜렷하고 집요했던 탐험 중 하나로 이야기를 시작하고자 한다. 그것은 바로 고대의 인류를 찾기 위한 외젠 뒤부아Eugène Dubois의 탐험이었다. 그는 이 탐험을 위해 네덜란드에서 의사로서의 삶을 버리고 말라리아가 창궐하는 열대의 인도네시아로 향했다(5장). 다윈의 새로운 이론에서 영감을 얻은 뒤부아는 자신이 할 수 있는 가장 중요한 일은 유인원과 인간 사이의 '잃어버린 연결고리'를 찾는 것이라고 생각했다. 그가 발견한 '자바원인'은 최초의 연결고리로서 그 이후 발견된 모든 원시인류 화석과 각종 주장을 둘러싼 열띤 논쟁의 전조와도 같았다.

    두 번째 이야기는 캄브리아기 화석에 돌연히 등장해 다윈을 걱정시킨 동물의 흔적에 관한 사연이다. 더 오래된 화석과 동물 시대의 여명을 향한 연구 덕분에 찰스 월코트Charles Walcott가 다음 두 가지 위대한 발견을 할 수 있었다(6장).

첫째, 그랜드 캐니언 깊은 곳에서 그는 캄브리아기 이전에 생명이 존재했다는 명백한 증거를 발견했고 이 증거는 생명이 그보다 훨씬 전에, 더 단순한 형태로 시작됐다는 사실을 보여줬다. 그리고 두 번째로 캐나다 로키 산맥 정상, 버지스 혈암Burgess Shale에서 그는 그 어느 것보다 역사가 길고 가장 특이한 생물의 가장 큰 흔적을 발견했다. 이러한 생명체는 '캄브리아기의 폭발'이라고 부르는 현상의 증거가 됐다. 몸집이 크고 복잡하게 발달된 동물이 5억 년 전에 비교적 갑자기 등장해 동물계 중 주요 문門의 초기 기원이 됐다는 것이다.

모든 화석 중에서도 가장 놀라운 동물은 물론 공룡이었다. 가장 위대한 자연사 탐험이라 불리는 로이 채프먼 앤드류스Roy Chapman Andrews의 몽골·고비 사막 탐험(7장)은 공룡이 아니라 고대 인류를 찾기 위한 목적으로 처음 시작됐다. 그들은 최초의 공룡알과 오비랩터, 벨로시랩터, 그리고 다른 종류의 공룡 화석을 다수 발견했으며 당시로서 가장 오래된 초기 포유류 화석도 찾아냈다. 당시 그들은 이것이 인간의 화석이라고 생각했지만 안타깝게도 후에 그렇지 않다는 사실이 밝혀졌다.

공룡 화석은 박물관의 볼거리 이상의 것을 우리에게 제공했다. 일부 주요 동물 개체군의 기원과 멸종에 대해 놀라운 과학적 식견을 가져다줬던 것이다. 백악기 말 공룡들이 갑자기 사라진 것은 초기 고생물학자들도 잘 알고 있었다. 그러나 수십 년 후, 물리학자 아버지와 지질학자 아들로 구성된 연구팀이 이탈리아 외곽의 작은 마을, 얄팍한 진흙층 속에서 최초의 단서를 발견하기까지 그 원인은 미스터리로 남아 있었다. 8장에서는 이 거대한 멸종 현상, 곧 20세기 지질학, 고생물학, 생물학을 통틀어 가장 중요하고 혁명적인 발견 중 하나인 이 현상의 원인을 찾기 위해 과학자들이 전 세계를 탐험한 이야기를 들려줄 것이다.

육지 동물 중 약 80퍼센트와 함께 공룡이라는 거대한 생물이 멸종했지만 그것이 공룡의 완전한 끝은 아닌 것으로 밝혀졌다. 1960년대에 새로운 공룡 화석이 발견되고 19세기에 발견된 주요 화석을 다시 검사한 끝에 사실 조류가 일종의 공룡이라는 사실을 깨달으며 공룡과 진화 연구에 르네상스를 맞은 것이다(9장).

동물의 진화에서 '잃어버린 연결고리'를 찾기 위한 연구는 아직도 활발히 진행되고 있다. 최근 지구 미지의 지역을 탐험하면서 중요한 진화 현상을 보여주는 놀라운 생물들을 더 찾아냈다. 지금까지 발견된 것 중 가장 놀라운 과도기적 진화를 보여주는 화석이 최근 북극에서 발견돼 2006년 학계에 보고됐다. 어류와 네 발 달린 척추동물의 특성을 모두 보여주는 '피셔포드fishapod'라는 이름의 이 생물은 육지 동물의 변천 현상을 보여주며 동물 역사 전체에서 가장 중요한 사건 중 하나로 이름을 올리게 됐다(10장).

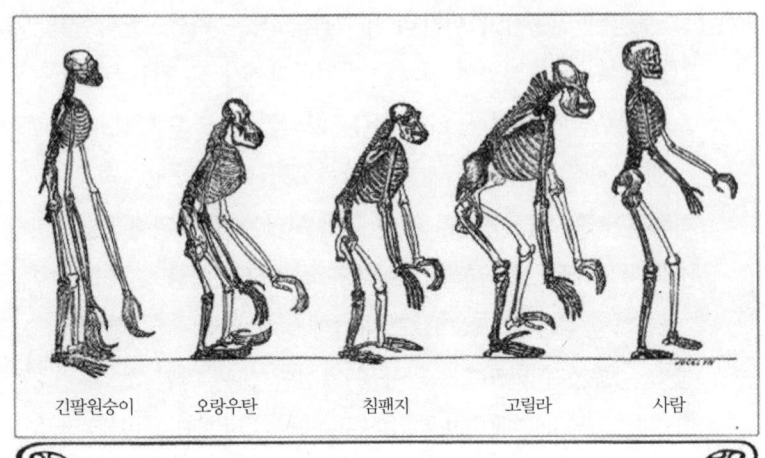

그림 5.1 유인원과 인간의 진화. T. H. 헉슬리Huxley의 책 『자연 속 인간의 위치에 대한 증거』(1863)의 유명한 속표지

5장

자바원인

대담한 추측 없이 이루어진 위대한 발견은 없다.

— 아이작 뉴턴 Isaac Newton

그의 동료들은 그가 미쳤다고 생각했다.

아니라면 네덜란드의 유력 의학대학에서 교수직을 맡을 것이 분명한 전도유망한 젊은 의사이자 해부학자가 도대체 왜 그것을 모두 던져버리고 네덜란드 군대와 함께 1만 6,000킬로미터나 떨어진 동인도 제도로 가겠는가? 게다가 제정신이라면 그렇게 멀고 위험한 이국땅에 아름답고 젊은 아내와 갓난아기를 데려갈 생각을 할 수 있겠는가?

자연선택에 관한 월레스와 다윈의 첫 번째 논문이 세상에 나온 바로 그해에 태어난 29세의 의사 마리 외젠 프랑수아 토머스 뒤부아Marie Eugène Thomas Dubois가 동인도 제도에서 찾고자 한 것은 무엇이었을까?

당시 진화의 초기 이론에 대해 가장 중요한 발견이라고 한다면 유인원과 인간 사이에 '잃어버린 연결고리'를 찾는 것을 뜻했다. 그것은 진화 이론의 정점이자 인간과 나머지 동물 사이 연결고리의 결정적 증거가 될 터였다. 그리고 이것을 발견한 외젠 뒤부아는 후에 그 이름이 전 세계에 퍼지고 많은 존경을 받았다.

적어도 그의 마음속에서 그 여행은 허황한 공상이 아니라 숙명의 문제였다. 고향인 림뷔르흐에서 각종 식물과 화석을 찾아다니던 어린 시절부터, 계속되는 학교생활과 의학 공부를 거쳐, 인간의 후두 연구에 이르기까지, 뒤부아는 자신이 배운 모든 것을 바탕으로 위대한 발견을 할 수 있을 것이라고 믿었다.

어린 시절 뒤부아는 자연에 푹 빠져 있었다. 그는 아버지가 운영하는 약국에서 쓸 약초를 찾으러 교외로 자주 나가곤 했다. 그의 침실에서는 마스트리히트 근처의 세인트 페터 산이 보였는데 이곳은 1780년 최초의 백악기 후기 해룡, 모사사우어(네덜란드의 뫼즈 강을 뜻하는 라틴어 '모사'와 도마뱀을 뜻하는 그리스어 '사우루스'가 합쳐진 말) 화석이 발견돼 유명해진 백악질 지대였다. 뒤부아는 화석을 찾으러 그 넓은 백악질 지층에 여러 번 가곤 했다.

학교를 다닐 때부터 인간 기원에 관한 문제는 그를 둘러싸고 있었다. 열 살밖에 되지 않았을 때 뒤부아는 당시 네덜란드에서 논란을 일으키고 있던 동물학자 칼 포그트Carl Vogt의 강의에 대한 이야기를 들었다. 다윈의 새 이론의 강력한 지지자였던 포그트는 인간이 동물보다 우위에 있는 것이 아니라 동물에 속한다는 시각을 받아들였다. 고등학교에 들어갔을 때에는 뒤부아의 과학 선생님이 다윈, 토머스 헉슬리, 에르스트 헤켈Frnst Haeckel 같은 사람들의 생각에 눈을 뜨게 해줬다.

'미스터리 중의 미스터리'는 이미 다윈과 알프레드 월레스가 해결한 뒤였다. 뒤부아는 헉슬리가 『자연 속 인간의 위치에 대한 증거Evidence as to Man's Place in Nature』(1863)에서 다음과 같이 기술한 것에 주목했다(그림 5,1). "인류에 대한 질문 중의 질문, 곧 다른 모든 질문의 바탕이 되고 그 무엇보다도 흥미로운 이 질문은 인류가 자연 속에서 차지하고 있는 위치와 다른 우주 만물과의 관계를 알아보는 것이다."[88]

이것은 유인원과 최초의 인간 화석 비교 연구의 견지에서 최초로 생물학적으로 인간을 자세히 고찰한 책이었다. 헉슬리는 이 연구에 집요하게 파고들었다. 다윈은 자신의 저서에서 "인간의 기원과 그 역사에 새로운 빛이 비칠 것이다."라고 하면서도 자신의 이론이 인간 진화라는 건드리기 힘든 문제에 대해 엄청난 반발을 불러올까 염려해 깊이 있는 토론을 일부러 피했다.

그러나 헉슬리는 다윈이 미처 마치지 못한 일을 이어가며 이 문제에 정면으로 맞섰다. 그는 냉정하고 객관적인 동물학적 태도로, 마치 다른 행성에서 온 사람들의 관점으로 인간 생물학에 다가가고자 아래와 같이 말했다.

> 인간이라는 가면으로부터 우리의 사고를 떼어놓아야 한다. 가능하다면 우리가 지구 동물에 대해 비교적 잘 알고 있는 토성인이라고 치자. 이제부터 어느 여행자가 우리에게 보여주려고 머나먼 지구에서 공간과 중력의 어려움을 이겨내고 럼주 통에 넣어 가져온 새롭고도 독특한 '직립보행을 하고 털이 없는 두발 달린 생물'과 지구 동물의 관계에 대해 논의한다고 상상해보자.[89]

그런 다음 그는 이러한 질문을 던졌다.

> 인간이 혼자만의 사회를 만들어야 할 정도로 유인원과 그리 다른가? 아니면 유인원과 인간이 서로 그리 다르지 않아 인간도 동물

들과 같은 사회에서 자리를 차지하고 살아야 하는가?⁹⁰

그리고 헉슬리는 독자들에게 이렇게 촉구했다.

> 이러한 결과에 대해 모든 개인적인 이해관계는 훌훌 털어버리고, 이 질문이 마치 새로운 주머니쥐에 대한 것인 양 공평하고 침착하게 두 가지 주장의 무게를 재어봐야 할 것이다.⁹¹

뒤부아는 위와 같은 '공평하고 침착한' 태도가 사람들에게 부족하다고 생각했다.

인간 신체와 두뇌, 각종 알에 대한 헉슬리의 분석은 동물학적 주장의 근거가 됐지만 이로 인해 새로운 고생물학적 증거도 논쟁에 한몫 끼게 됐다. 당시 새로 발견됐던 네안데르탈인 유해와 벨기에에서 매머드, 털코뿔소와 함께 발견된 두개골 두 번째 조각은 헉슬리가 보기에 원시 인간 역사의 결정적인 증거였다.

원시 인간이라는 개념에 대해 회의적이거나 대놓고 적대적인 사람들도 많았다. 권위 있는 독일 병리학자인 루돌프 피르호Rudolf Virchow는 네안데르탈인의 독특한 골격 구조가 질병으로 인한 기형이라고 했고 그 유해는 분명 인간 종이 아니라고 결론을 내렸다.

독일 발생학자 에른스트 헤켈이 내놓은 여러 개념은 '질문 중의 질문'을 향한 뒤부아의 관심을 더욱 부채질했다. 자신의 저서 『창조의 역사History of Creation』(1868)에서 헤켈은 생물이 단순한 단세포 조상에서 시작해 인간으로 이어진 역사를 추론해 밝힌 바 있었다. 헉슬리의 이론을 바탕으로 헤켈은 인간을 가장 독특한 존재로 만드는 가장 중요한 환경 적응 두 가지, 곧 직립보행과 또렷한 언어 능력을 강조했다. 인간의 이러한 능력은 '두 쌍의 팔다리와 후두의 차별화'[92]라는 두 가지 형태학적 변화 덕분이라고 헤켈은 주장했다. 헤켈은 직립보행이 언어의 형성보다 훨씬 먼저 나타났다고 하면서 인간 조상의 진화 과정 중에 본질적인 특성에 있어서는 모두 인간과 같지만 아직 또렷하게 말을 할 수 있는 능력이 없는 사람인 '말 못하는 사람(알랄루스Alalus)'[93] 혹은 '유인원 같은 사람(피테칸트로푸스Pithecanthropus)'이라는 단계가 있다는 의견을 제시했다.

헤켈과 헉슬리 모두 네안데르탈인을 '인간과 유인원' 사이 중간 단계라고 보지 않았고, 헉슬리는 아래와 같은 질문을 던지며 책을 마무리했다.

> 그렇다면 원시 인간을 찾기 위해 어디를 살펴봐야 할 것인가? 오래된 지층 속 어딘가에서 인간과 비슷한 유인원이나 유인원 같은 인간의 화석이 아직 태어나지 않은 고생물학자를 기다리고 있는가? 시간이 알려줄 것이다.[94]

헉슬리가 이 글을 쓴 당시 그 고생물학자는 이미 태어나 5살을 맞고 있었다. 그리고 세월이 흘러 헉슬리의 글을 반복해 읽던 뒤부아는 자신이 바로 그 고생물학자가 되겠다는 결심을 굳혀갔다.

암스테르담

뒤부아의 아버지는 아들이 가업을 이어 약사가 되기를 바랐다. 그러나 매우 독립적이었던 외젠은 계속해서 자연을 연구하기로 마음을 먹었다. 그것은 곧 처음 1년간 자연과학을 집중 공부하는 의대로 진학하는 것을 의미했다. 1877년 19세의 나이에 뒤부아는 암스테르담 대학에 입학한다.

그림 5.2 외젠 뒤부아, 25세. 제공: 네덜란드, 라이덴, 국립 자연사박물관

그 대학의 우수한 교수진에는 물리학자 반 더 월스Van der Waals(1910년 물리학 분야 노벨상 수상자), 화학자 반트 호프Van't Hoff(화학 분야 최초의 노벨상 수상자), 식물학자 휴고 드 브리스Hugo de Vries(멘델의 유전 연구를 재발견한 사람 중 하나) 같은 선각자들이 있었다. 드 브리스와 뒤부아는 인간의 기원에 관해 종종 열띤 토론을 벌이곤 했다.

뒤부아는 곧 자신이 의학 공부에 관심이 거의 없다는 사실을 깨달았지만 다윈처럼 학교를 그만두지는 않았다. 그는 자기 절제가 강하고 목표에 집중할 줄 알았으며 공부를 열심히 해서 과목마다 매우 우수한 성적을 거뒀다. 그는 재능을 인정받아 1881년 막스 퓨어브링거Max Fürbringer 박사의 해부학 조교직을 얻었다. 그것은 뜻밖의 행운이었다. 퓨어브링거 박사가 헤켈의 제자였던 것이다. 퓨어브링거의 도움으로 뒤부아는 조교에서 해부학 실습 책임자를 거쳐 교수까지 빠른 속도로 승진을 계속했다. 그는 스물여덟의 나이에 정교수보다 단 한 등급 낮은 교수가 돼 있었다.

뒤부아는 유일하게 인간만이 또렷이 말을 할 수 있는 이유인 후두의 해부학적 구조를 독자적으로 연구하기로 결심했다. 그는 논문을 하나 발표했지만 여러 가지 이유로 학교를 떠나 동인도 제도로 향하게 된다.

첫 번째 이유는 남을 가르치는 일을 못 견디게 싫어한 것이었다. 그는 수업 시작마다 너무 긴장한 나머지 아무와도 말을 하지 않았고, 동료 교수 중 그 누구도 자신의 수업에 들어오기를 원치 않았다. 두 번째 이유는 퓨어브링거 박사와 사이가 멀어진 것이었다. 뒤부아는 야망이 컸고 자신의 연구에 관해 남에게 인정받고 싶어 했다. 그가 자신의 첫 번째 후두 연구 논문 초안을 퓨어브링거에게 보여줬을 때 퓨어브링거는 자신이 이전에 이미 같은 결과를 도출한 적이 있다고 말했다. 뒤부아는 자신의 연구를 자신의 것으로 인정받지 못할까봐 걱정이 됐다. 그래서 글을 수정했지만 계속 그에 대해 마음고생을 했으며, 결국에는 퓨어브링거의 동기가 불순한 것이 아닌지 점점 의심하게 됐다.

세 번째 이유는 새롭게 발견된 화석들이었다. 이것은 인간 고생물학에 대한 뒤부아의 관심에 다시 불을 붙였다. 1886년 벨기에의 스파이 근처에서 네안데르탈인의 흔적이 더 발견됐다. 이 유골이 매우 오래된 것임에는 의심의 여지가 없었고 덕분에 독일에서 이전에 발견된 것들이 병에 걸려 죽은 사람의 것이라는 주장은 단번에 무너졌다. 네안데르탈인과 스파이에서 발견된 화석은 근대의 인간과 분명 무언가 다른 점이 있었다. 또한 이것은 유인원이나 유인원과 비슷한 원시인과도 큰 차이가 있었다.

뒤부아는 세월이 너무 빨리 흘러가는 것을 느끼며 잃어버린 연결고리를 찾는 데에 다른 누군가가 벌써 가까이 다가간 것은 아닌지 조바심이 나기 시작했다. 그 영예를 차지하려면 당장 움직일 필요가 있었다.

어디로?

뒤부아는 교수직, 해부학 연구실, 퓨어브링거, 이 모두를 다 버리고 잃어버린 연결고리를 찾아 나서기로 마음을 굳혔다. 그러나 문제는 남아 있었다. 과연 어디로 가야 할 것인가?

이미 네안데르탈인이 발견된 유럽은 분명 아니었다. 다윈은 『인간의 후손The Descent of Man』에서 인간은 무성한 털이 없으니 추운 곳이 아니라 열대지방 어딘가에서 유래한 것이 틀림없다는 의견을 제시한 바 있었다. 그래서 북아메리카를 제외하고 남은 곳은 아프리카, 아시아, 호주 일부 지역과 남아메리카였다. 그러나 유인원은 구대륙의 열대지방에서만 발견됐기 때문에 인간의 조상도 이것과 같은 지역에서 유래했다고 볼 수밖에 없었다. 그래서 남은 것이 아프리카와 아시아 대륙이었다.

뒤부아는 인간과 고릴라, 침팬지 사이의 유사성 때문에 다윈이 아프리카에 더 큰 가능성을 뒀다는 것을 잘 알고 있었다. 그러나 아시아에는 긴팔원숭이와 오랑우탄이 있었고, 헤켈은 긴팔원숭이가 인간과 더 가깝다고 주장한 바 있었다. 게다가 시왈리크 침팬지라고 알려진 유인원 화석이 얼마 전에 영국령 인도의 시왈리크 언덕에서 발견되기도 했다.

이 화석의 연대와 발견 위치로 볼 때 비슷한 연대의 지층을 찾으면 도움이 될 것으로 보였고, 한 네덜란드 고생물학자의 연구에서 그러한 지층이 보르네오와 수마트라, 자바에 있을 것이라 밝혀졌다. 뒤부아는 '월레스 선'과 동물의 지리적 분포에 관한 월레스의 연구에 대해 잘 알고 있었다. 그는 말레이 제도 서부에 서식하는 동물들이 아시아 대륙 본토에도 살고 있는 것처럼, 인도에서 발굴되는 것은 이 섬에서도 역시 발굴되리라 생각했다.

그 밖에도 그때까지 발견된 모든 인간 화석은 동굴 속에서 나왔고 수마트라 섬 곳곳에는 동굴이 많았다. 마지막으로 그를 수마트라 섬으로 이끈 매우 실질적인 요인이 하나 있었다. 그 지역이 네덜란드령 동인도 제도의 일부였다는 점이다. 그곳에 가면 같은 나라 사람들이 익숙한 관습을 유지하며 살고 있을 것이었고, 그의 연구 활동에 대해 정부 지원을 받을 수 있을지도 모를 일이었다.

뒤부아는 식민지를 관할하던 사무총장을 만나 후원을 요청했다. 그리고 이 탐험을 뒷받침하는 자신의 논리를 설명하며 잃어버린 연결고리를 찾으면 그것이 네덜란드 과학계에 얼마나 큰 영예가 될 것인지 설명했다. 그러나 사무총장은 확실한 가능성이 없는 모험에 투자할 만한 돈이 없다며 그의 요청을 거절했다.

뒤부아는 자신의 연구뿐만 아니라 가족의 생계까지 책임져야 했다. 어떻게 하면 좋단 말인가? 마침 그에게는 네덜란드 식민지에서 필요로 하는 기술이 하나 있었다. 그는 의사였던 것이다. 그렇게 그는 네덜란드 군에 입대해 8년간 복무하기로 했다.

그가 이 사실을 아내 안나에게 말했을 때 아내는 놀랍게도 그를 지지했지만 그의 가족과 안나의 가족은 그렇지 못했다. 그의 아버지는 아들이 훌륭한 장래를 내던진다고 생각했다.

그러나 그를 멈추게 하는 것은 아무것도 없었다. 그는 가족과 함께 곧 수마트라로 향했다(지도는 그림 3.2 참조).

수마트라

수에즈 운하를 지나는 지름길을 택했는데도 암스테르담에서 파당까지의 항해는 43일이 걸렸다. 1887년 12월 11일에 목적지에 도착한 뒤부아와 그의 식구들은 낯선 수마트라의 풍경과 냄새 속에 정착하기 위해 노력했다. 당시는 우기였고 둘째 아이를 임신 중이던 아내 안나와 외젠은 우기가 무슨 뜻인지 금세 알게 됐다. 매일 비가 퍼붓고 곳곳이 진흙탕이었다. 외젠이 군병원으로 출퇴근하는 동안 안나는 새집을 꾸미느라 바쁘게 움직였다.

그곳의 환경은 뒤부아가 네덜란드에서 겪은 것이나 상상한 것과는 너무나도 달랐다. 그는 콜레라, 말라리아, 티푸스, 결핵, 그 밖에도 이름조차 알 수 없는 각종 질병에 시달리는 환자들을 보고 크게 당황했다. 업무량도 어마어마하게 많아서 그는 도대체 화석을 찾아 야외로 나갈 기회가 생기긴 할지 불안해하는 지경에 이르렀다.

그래서 그는 한동안 동료 장교들에게 자신이 그곳에 간 이유, 즉 잃어버린 연결고리를 찾는 일에 대해 설명하고 자신의 논리를 설명하는 수업을 진행하면서 지냈다. 그러고 나서는 그 강의 내용을 이용해 『네덜란드령 인도 제도의 자연사 저널』Journal of the Natural History of the Netherlands Indies 에 쓸 글의 초안을 작성했다. 이 글은 자신의 연구에 대한 권리 주장 외에도 네덜란드 정부에 자신의 연구를 후원하지 않으면 그 영광이 다른 나라에게 돌아갈지도 모른다는 경고의 의미로 작용했다.

기지 주변 야외에는 그다지 건질 만한 것이 없었기에 그는 동굴이 많고 환자 수가 조금 적은 멀리 떨어진 병원으로 전출을 요청했다. 막 임신 8개월에 접어든 안나는 무거운 몸을 이끌고 다시 새집을 꾸며야 했지만 조금 더 시원한 고지로 이사한 덕분에 파당의 찌는 듯한 더위에서 벗어날 수 있었다. 그녀는 파자캄보의 새집에서 아들을 낳았고, 아이를 받은 것은 당연히 외젠이었다.

화석을 찾아다닐 시간이 더 생기자 운도 따랐다. 리다 아저Lida Adjer라는 동굴에서 코뿔소, 돼지, 사슴, 호저, 여러 홍적세 동물들의 유골을 대량으로 발견한 것이다. 그동안 그가 저널에 실은 글이 식민지 총독의 눈길을 끌었고 총독은 탐험에 필요한 일꾼들을 제공하겠다고 약속하기에 이른다. 뒤부아는 새로 찾은 것들에 대해 총독에게 편지를 썼고, 심지어 고국에 있는 몇몇 동료들도 그의 연구를 지지하며 정부에 후원 요청을 했다.

1889년 3월, 네덜란드 정부는 수마트라의 수많은 동굴을 조사하고 발굴하는 데 필요한 기술자 두 명과 일꾼 오십 명의 후원을 승인한다. 마침내 뒤부아가 제대로 연구에 몰두할 수 있게 된 것이다. 이제 잃어버린 연결고리를 찾는 것은 다만 시간문제에 불과하다고 뒤부아는 생각했다.

그러나 이러한 동굴 중 상당수는 비어 있거나 화석과는 거리가 먼 살아 있는 동물들만 잔뜩 살고 있기가 일쑤였다. 그러던 어느 날, 동굴에 들어가지 않으려는 일꾼들에게 짜증이 난 뒤부아는 스스로 좁은 통로를 기어 안으로 들어갔다. 깊숙이 들어가다 보니 고양이 오줌과 썩은 고기 냄새가 코를 찔렀다. 그곳은 바로 호랑이 굴이었던 것이다. 뒤부아는 재빨리 빠져나가려고 했지만 몸이 끼어버렸고 결국 일꾼들에게 그의 몸을 잡아당기라고 해야 했다.

뒤부아는 이때 받은 충격을 곧 떨쳐냈지만 그곳에서 일어나는 다른 위험은 피해가지 못했다. 말라리아의 발병으로 몸져누웠으며 그 이후로도 여러 차례 말라리아가 닥쳐 그의 연구를 방해했다. 말라리아는 곧 다른 많은 일꾼들도 쓰러뜨렸다. 기술자 두 명 중 한 명이 열병으로 죽었고 일꾼의 반이 너무 아파 일을 계속할 수 없게 됐다. 몰래 도망친 자들도 있었다. 아무런 성과 없이 몇 달이 흘렀고 수마트라에서 2년을 보낸 뒤부아는 라이덴의 국립 자연사박물관 관장에게 아래와 같은 편지를 보냈다.

> 제가 바란 대로 된 일이 하나도 없습니다. 극도의 노력에도 불구하고 제가 상상한 것의 100분의 1도 이루지 못했습니다……. 쓸모 있는 동굴을 몇 개 찾긴 했지만 제가 바라던 수준에는 미치지 못했어요. 이것뿐만이 아닙니다. 간혹 바위 밑이나 대강 만든 오두막 같은 데서 새우잠을 자며 최대 몇 주씩 숲에 머물러야 할 때가 있는데, 처음에는 이러한 피로를 아무리 잘 이겨내더라도 결국에 가서는 그런 고생을 견딜 수 없다는 것을 깨닫게 됐습니다. 세 번째로 열병을 치르면서 죽을 뻔한 위기를 넘기고 이제 집으로 돌아왔어요. 아무래도 그만둬야 할 것 같습니다.[95]

뒤부아는 계획을 수정하기 시작했다. 수마트라 섬보다 자바 섬에 있는 화석이 더 오래됐을 수 있다는 이야기를 한 지질학자로부터 들은 적이 있었다. 게다가 한 해 전 그곳의 얕은 동굴에서 석화된 인간 두개골이 발견됐다. 자바 섬에서 더 좋은 것을 찾을 수 있을지도 몰랐다. 결국 뒤부아는 자바 섬으로 전출을 신청해 허가를 받는다.

자바원인

이제 넷이 된 뒤부아의 가족은 짐을 챙겨 자바로 향했다. 그들은 톨롱아공이라는 마을에 좋은 집을 찾아 정착했다. 군 기지와 거리가 먼 덕분에 뒤부아는 하루 종일 연구에 몰두할 수 있었다. 새로운 조사팀도 꾸려졌는데, 팀을 이끄는 하사관 둘은 수마트라에서 함께 일하던 기술자들보다 훨씬 능력이 뛰어났다.

1890년 6월, 뒤부아는 2년 전 인간의 두개골 화석이 발견된 적 있는 와작에서 발굴을 시작했고 금세 결실을 봤다. 그의 팀은 코뿔소, 돼지, 원숭이, 영양을 비롯해 인간 두개골 조각까지 온갖 종류의 멸종한 포유류의 흔적을 찾았다.

그때 뒤부아는 결정적인 결심을 하게 된다. 언덕에 있는 동굴뿐만 아니라 강둑까지 발굴 범위를 넓히기로 한 것이다. 건기에 수위가 내려간 덕분에 강둑의 침적층이 외부로 노출돼 있었다(그림 5.3). 언덕과 솔로 강둑을 따라 뒤부아와 팀원들은 코뿔소, 돼지, 하마, 두 종류의 코끼리, 덩치가 큰 고양잇과 동물, 하이에나, 악어, 거북이 등 화석이 보기 드물게 많이 매장

그림 5.3 솔로 강 유역 트리닐의 발굴 현장. 제공: 약 1900년, 네덜란드, 라이덴, 국립 자연사박물관

돼 있는 것을 발견한다.

그리고 나서 1890년 11월 24일, 그들은 이가 두 개 붙어 있는 인간의 턱뼈 조각을 발견하게 된다. 상태가 노후했기 때문에 그것이 무엇인지 더 깊이 확인하기는 어려웠지만 다음 해에 계속될 연구에 대한 좋은 징조가 됐다.

한편 뒤부아의 집에서는 베란다에 뼈들이 쌓이고 있었다(그림 5.4). 뒤부아는 화석 각각에 대한 설명과 그것이 발견된 장소에 대해 기록을 남기고 싶었지만 일의 양이 어마어마한데다 계속해서 더 늘어만 가고 있었다. 게다가 그는 아직도 자신이 원하던 것을 찾지 못한 상태였다. 그것이 자바에 있든 다른 곳에 있든 말이다.

자바에서 두 번째 해를 맞으며 솔로 강둑, 트리닐에서 발굴이 시작됐고 1891년 9월에는 일꾼들이 영장류의 세 번째 어금니를 파냈다. 뒤부아는 그

그림 5.4 뒤부아의 베란다에 쌓여 있던 화석 더미. 제공: 네덜란드, 라이덴, 국립 자연사박물관

것이 시왈리크 언덕에서 나온 것과 같은 침팬지의 것이라고 생각했다.

화석 매장량이 풍부했던 트리닐 현장에서는 더 많은 포유류의 화석이 나왔다. 그다음 달, 거북 등 껍데기의 일부라고 여겨지는 뼛조각이 나왔다. 오목하고 깊은 갈색을 띤 이 화석은 당시 집에 있던 뒤부아에게 곧장 보내졌다.

뒤부아의 눈에는 그것이 거북 등 껍데기가 아니라 분명 두개골, 그것도 영장류 두개골의 윗부분이었다. 그것은 침팬지 두개골처럼 눈썹 부분이 튀어나와 있었지만 침팬지 두개골보다 더 큰 두뇌를 감쌀 수 있는 크기였다 (그림 5.5). 뒤부아는 그것이 일종의 유인원으로부터 나온 것이라고 판단했다. 더 자세히 비교하려면 다른 두개골이 필요했기에 그는 침팬지 두개골을 보내달라고 유럽에 요청했다.

뒤부아는 화석을 더 찾고 싶었지만 이미 겨울이 다가오고 있었다. 그는

그림 5.5 트리닐에서 발굴한 두개골 상부. 제공: 네덜란드, 라이덴, 국립 자연사박물관

갖고 있던 두개골을 손질하고 그것과 비교할 다른 두개골들을 확보하면서 겨울을 보냈다.

1892년 5월, 트리닐에서 발굴 작업이 다시 시작됐다. 가장 먼저 우기 동안 현장에 쌓인 침적토를 제거해야 했다. 처음에는 뒤부아도 현장에서 더 많은 시간을 보냈지만 단 두 주 만인 7월 말이 되자 완전히 지쳐버리고 말았다. 그는 일기에 이렇게 썼다. "자바에서 화석을 연구하는 데 이 지옥 같은 곳보다 더 끔찍한 장소는 없다. 건강과 말라리아 문제가 정말 심각하다."96 당시 그는 또 한 번 고열에 시달리고 있었다.

다음 달, 기술자들이 또 한 번 놀라운 발견을 한다. 이번에는 거의 온전한 왼쪽 대퇴골이었다. 이 뼈가 손에 들어왔을 때 뒤부아는 기쁨을 감추지 못했다. 이 뼈의 주인은 나무를 탈 능력이 없었다는 것을 금세 알 수 있었다. 그것은 인간의 것과 매우 흡사했다(그림 5.6).

이제 어금니, 두개골 상부, 그리고 대퇴골이 손에 들어온 것이다. 시간 간격을 두고 발견됐지만 비교적 가까이 모여 있었던 것으로 보면 한 개체

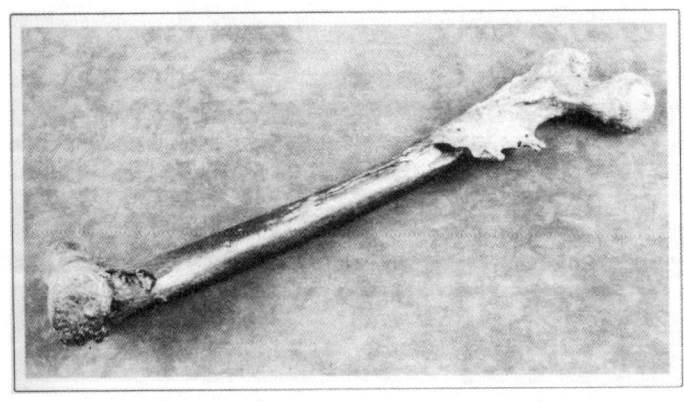

그림 5.6 트리닐에서 발굴한 대퇴골. 제공: 네덜란드, 라이덴, 국립 자연사박물관

에서 나온 것이라고 해도 무방했다. 대퇴골이 결정적이었다. 생김새로 보아 그것은 직립보행하는 유인원, 그러므로 새로운 종으로부터 나온 것이었다. 그는 이것에 안트로포피테쿠스 에렉투스 외젠 뒤부아Anthropopithecus erectus Eugène Dubois, 즉 직립보행하는 침팬지라는 이름을 붙였다.

그러나 그는 곧 자신이 실수를 했다는 것을 알게 된다. 하지만 그것은 매우 신나는 실수였다. 그가 이 두개골의 용적을 처음 예상했을 때 700cc라는 수치를 얻었다. 이것은 침팬지의 410cc보다는 크지만 인간의 용적 1,250cc보다는 훨씬 적은 것이었다. 그러나 그는 자신이 두개골 용적을 잘못 측정했다는 사실을 깨달았다. 다시 계산했을 때 용적은 1,000cc에 가까웠고, 이것은 그 어떤 유인원보다 크고 현대 인간에는 훨씬 가까운 수치였다. 그가 발견한 화석은 유인원도, 인간도 아니었다. 그것은 직립보행을 하는 유인원과 인간의 중간 단계 생물이었다.

그가 해낸 것이다.

일과 부모, 고국을 버리고 동인도 제도에 도착해 수없이 많은 동굴을 찾아 헤매고, 호랑이를 피해 다니고, 말라리아와 싸운 지 5년 만에 잃어버린 고리를 찾아낸 것이다.

그는 화석에 피테칸트로푸스 에렉투스Pithecanthropus erectus, 곧 '직립원인'이라는 새 이름을 붙였다. 이제 세상에 이를 알릴 차례였다.

세상이 반응을 보이다

만약 이것이 할리우드 영화였다면 이야기가 여기에서 끝났을 것이다. 그랬다면 우리는 모두 뒤부아의 대담한 도전에 박수를 보내고 악화된 건강, 고된 연구, 가족의 희생을 극복한 뒤부아가 놀라운 업적을 거둔 것에 기뻐하며 극장을 빠져나가고 있을 것이다. 대단한 명성과 과학계의 찬사가 곧 뒤따를 것이라 확신하면서 말이다.

그러나 그러한 일은 일어나지 않았다. 그의 발견이 고생물학 연구의 잃어버린 고리라는 것을 인정받기 위해 뒤부아와 그가 찾은 화석은 폭풍처럼 밀어닥치는 정밀 검사를 거쳐야 했다. 그중 어떤 것은 공정하고 과학적이었지만 어떤 것은 그렇지 못했다.

뒤부아는 피테칸트로푸스에 설명을 달면서 1893년 한 해의 대부분을 보냈다. 맨 처음 그는 원인猿人 발굴을 포함해 자바에서 자신의 연구에 대해 여러 편의 논문을 쓰리라 생각했다. 하지만 그렇게 하려면 수집한 수천, 수만 개의 화석을 다 정리해야 했다. 그래서 그는 일단 수집한 것 중에서 가장 중요한 것에 집중해야겠다고 마음을 먹었다.

원인에 대해 쓴 39쪽에 달하는 설명에는 대퇴골, 두개골 상부 사진 외에도 다른 유인원 두개골과 비교한 그림이 들어 있었다. 뒤부아는 어금니와 두개골, 대퇴골이 서로 가까운 곳에서 발견된 사실을 강조하면서 이 유골이 모두 같은 개체에서 나왔다고 강력히 주장했다. 또한 두개골을 자세히 검사한 결과 그것은 인간과 유인원의 특징을 모두 갖고 있으며 용적이 크다는 사실을 지적했다.

대퇴골을 증거로 그는 피테칸트로푸스가 인간처럼 똑바로 서서 걸어 다녔으며, 키와 몸집 역시 인간과 거의 비슷하다고 주장했다. 이 모든 것을 종합해 볼 때, 그가 발견한 원인이 바로 유인원과 인간 사이에 있는 존재였다. 그는 이렇게 썼다. "피테칸트로푸스 에렉투스는 진화 이론에 따라 인간과 유인원 사이에 존재했음이 분명한 과도기적 형태다. 그가 바로 인간의 조상이다."[97]

뒤부아는 네덜란드령 동인도의 수도인 바타비아에서 이것을 글로 펴냈고 그것이 유럽에 닿은 것은 1894년 말이 돼서였다.

유럽에서 반응이 나타나기까지는 오래 걸리지 않았다. 그러나 그것은 그가 기대한 것과 달랐다. 여기저기서 비판이 쏟아졌다. 한 독일 해부학자는 의심할 여지도 없이 두개골은 유인원의 것, 대퇴골은 인간의 것이라고 하면서 뒤부아가 찾은 것이라고는 긴팔원숭이 화석과 인간의 긴 역사를 보여주는 또 다른 증거일 뿐이라고 했다. 목소리가 큰 네덜란드의 회의론자 루돌프 피르호 역시 두개골이 긴팔원숭이의 것이라고 결론을 내리면서 피테칸트로푸스를 잃어버린 고리로 인정하기를 거부했다.

다른 시각을 보이는 사람들도 있었다. 영국의 몇몇 과학자들은 두개골이 인간의 것이라고 생각했다. 시왈리크 침팬지를 연구한 한 고생물학자는 저명한 과학지 「네이처Nature」에 논평을 써서 그 두개골이 이상소두(두뇌와 두개골 성장을 막는 병)로 죽은 인간의 것 아니냐는 의견을 제시했다. 또 어떤 이들은 이 유골들이 어떤 원시 인간에서 나온 것이지 과도기적 개체는 아니라고 했다.

물론 뒤부아를 지지하는 사람들도 있었다. 미국인 고생물학자인 O.C. 마쉬Marsh는 뒤부아가 자신의 주장을 증명했다고 생각했다. 에른스트 헤켈도 당연히 뒤부아를 지지했다.

그러나 과학계의 의견 중 대다수는 부정적이었다. 이것은 뒤부아에게 큰 고통이었다. 뒤부아 본인은 지구 반대편에서 거의 원시와 다름없는 상태로 살면서 고생 끝에 겨우 발견을 했는데 유럽의 학자들은 고상한 사무실에 편안히 앉아만 있었던 것 아닌가. 눈으로 본 적도 없는 화석에 대해 비판하고 강의하면서 그것을 직접 발견하고 연구한 유일한 사람의 분석을 믿지 않다니, 뻔뻔스러운 작자들이 분명했다! 뒤부아는 이 고약한 비판이 모두 그들의 질투심 때문이라고 결론을 내렸다. 잃어버린 고리를 발견한 것은 그인데 이제 남들이 그의 정당한 명예를 빼앗아가려는 것이었다.

그는 유럽으로 돌아가 회의론자들을 직접 설득해야겠다고 결심하기에 이른다.

고국에서

뒤부아와 가족들은 거의 8년간 모은 살림살이 중에 어느 것을 배로 실어 보내고 어느 것을 수화물로 가져가며 어느 것을 자바 섬에 두고 가야할지 고심하며 짐을 정리하기 시작했다. 뒤부아에게는 2만 점이 넘는 화석이 담긴 나무 상자가 414개나 있었지만 그에게 중요한 것은 피테칸트로푸스 단 하나뿐이었다. 그는 이 소중한 화석을 나눠 담을 나무 수트케이스를 특별히 제작해 바타비아로 가는 길에, 배를 타고 마르세이유로 가는 길에, 그리고 암스테르담까지 가는 기나긴 기차 여행에 직접 들고 다녔다.

6주나 되는 긴 항해 동안 뒤부아는 전략적으로나 정신적으로 앞으로 닥칠 전투에 대비하고 있었다. 그러나 자연은 그에게 한 가지 시련을 더 줬다. 인도양 한가운데에서 배가 엄청난 폭풍을 만난 것이다. 배의 선장은 배를 버리고 탈출할 것을 대비해 승객들에게 구명선에 오르라고 명령했다.

바로 그 순간, 뒤부아는 피테칸트로푸스를 선실에 남겨둔 것을 떠올렸다. 만약 그것을 잃어버린다면 그간 들인 노력과 고생에도 불구하고 보여줄 것이 아무것도 없어지고, 유럽에서 그를 기다리고 있던 강한 반대 의견에 대항할 것이 없어지는 것이었다. 그는 황급히 선실로 돌아가면서 아내에게 구명선이 내려지거든 자기 대신 아이들을 책임지라고 말한다. 그는 자신의 새 아이인 피테칸트로푸스를 지켜야 했던 것이다.

다행히 폭풍이 지나갔고 가족들이 생이별을 하는 사태도 피할 수 있었다. 8월 초, 마침내 그들이 네덜란드 땅에 발을 딛는다.

뒤부아에게 그것은 금의환향이 아니었다. 자바에 있는 동안 아버지가 돌아가셨기 때문에 그는 긴 탐험의 가치를 아버지에게 떳떳이 입증할 기회도 얻지 못했다. 그렇다고 어머니가 화석이 가득 담긴 상자들을 보고 감탄한 것도 아니었다. 피테칸트로푸스를 본 어머니가 그에게 물었다. "세상에, 저걸 어디다 쓸 거니?" 비판자들도 같은 질문을 했다.

뒤부아는 곧 자신이 발견한 것이 얼마나 중요한지, 그리고 자신의 해석이 얼마나 정확한지 유럽 전체에 보여주기 위한 캠페인을 시작했다. 그는 피테칸트로푸스를 들고 각종 과학 총회를 순회하고 독일과 프랑스, 벨기에, 영국의 주요 학회들을 찾아다녔다.

뒤부아에게 첫 번째 기회가 찾아온 것은 그로부터 몇 주 뒤, 라이덴에서 열린 국제 동물학 회의였다. 거기에는 그의 가장 큰 비판자이자 회의의 의장이던 피르호를 포함해 과학계의 주요 인물이 많이 참석하고 있었다. 뒤부아는 피르호의 확고한 의심과 노골적인 조롱에 맞서려면 최고의 능력을 발휘해야 한다고 생각했다. 그해 초 피르호는 자바 화석에 관한 뒤부아의 해석을 '모든 실질적 경험을 넘어서는 터무니없는 환상'이라고 부르기까지 했다.

뒤부아는 현명하게 개인적 공격은 모두 피하고 대신 그 화석에 대해 제기됐던 과학적 질문들에만 초점을 맞췄다. 그는 자신의 39쪽짜리 설명이 일부 중요한 문제에 대해 적절치 못했음을 인정하면서 설명이 부족한 부분을 채우기 위해 노력했다. 그는 화석이 발견된 곳의 지질학적 구성에 대해 조금 더 깊이 설명했다. 그리고 대퇴골에서 보이는 인간적 특징과 마치 유인원 같은 두개골의 생김새, 그리고 두뇌 용적 면에서 나타나는 과도기적 현상을 강조했다.

피르호의 의심은 확고부동했다. 그러나 다른 과학자들은 뒤부아가 그

자리를 통해 본래 글에 존재했던 일부 오해와 남겨진 질문들에 대해 충분히 설명했음을 인정했다.

무엇보다도 중요한 것은 영향력 있는 과학자들에게 그 유골들을 직접 보여줬다는 점이었다. 덕분에 몇 명이 그의 편으로 넘어왔다. 파리에서 그는 마누브리에Manouvrier 교수를 든든한 지원군으로 얻었다. 그 후 에든버러와 더블린으로 가 몇 명의 지지자를 더 얻긴 했지만 과학자들이 만장일치로 그의 주장을 받아들이지는 못했다.

그 와중에 일부 공식적인 인정을 받고 뒤부아는 기운을 차린다. 영국인류학협회의 명예 특별 회원이 되고, 1896년 파리에서는 업적을 인정받아 프리 브로카Prix Broca 상을 받은 것이다.

오랜 여행에 지친 뒤부아는 빨리 정착해서 연구를 계속할 수 있는 연구기지를 세우고 싶었다. 의회 결의안 덕분에 그는 하를럼의 테일러 박물관에서 고생물학 관장으로 임명된다. 그래서 그의 가족은 다시 한 번 이사를 해야 했지만 그는 자바원인에 대해 계속해서 글을 쓰고 그것을 인정받기 위한 노력을 계속할 수 있었다.

1898년 생물학계에서 가장 걸출한 학자들이 영국 케임브리지에서 열리는 국제 동물학 회의에 참석하기 위해 한자리에 모였다. 그중에는 뒤부아를 지지하는 사람, 비판하는 사람, 아직 편을 정하지 못한 사람들이 모두 포함돼 있었다. 진화학에서 이제 원로의 지위를 누리고 있던 에렌스트 헤켈이 뒤부아보다 먼저 강단에 나서 피테칸트로푸스를 지지하며 피르호와 다른 비판가들이 쌓아올린 완고한 장벽을 무너뜨리기 위해 열변을 토했다. 뒤부아를 '피테칸트로푸스를 발견한 유능한 사람'이라 지칭하며 뒤부아가 '잃어버린 고리로서 피테칸트로푸스의 중요성을 설득력 있게 제시'[98]했다고 매우 강력한 주장을 펼친 헤켈 덕분에 뒤부아는 느긋하게 앉아 회의를 즐길 수 있었다.

헤켈은 특히 피르호를 공격의 대상으로 삼아 현재 여러 전문가들이 그의 의견에 동의하지 않는다는 사실을 조목조목 나열하고, 피르호가 네안데르탈인과 피테칸트로푸스가 '병으로 인해 생겨난 산물'이라고 주장한 점을 강조했다. 영리하다고 소문난 병리학자 피르호가 "모든 유기적 변종들이 질병에 의해 생겨났다."라는 말도 안 되는 주장을 하는 실수를 범한 것이었다. 헤켈은 "피르호는 30년 이상 다윈 이론에 반대했고, 인간이 유인원으로부터 내려온 것이 아니라고 주장하는 것이 과학자로서 자신의 특별한 의무라 여긴다. 그리고 훌륭한 판단력을 지닌 각종 전문가들이 반대하는 것에도 전혀 개의치 않는 사람이라는 사실을 기억해야 한다."라고 말을 이었다.

헤켈의 지지가 큰 도움이 되긴 했지만 뒤부아의 캠페인은 아직 끝난 것이 아니었다. 뒤부아는 피테칸트로푸스에 대한 다른 사람들의 의견을 바꾸기 위해 계속 노력했다. 그는 동물의 몸집 대비 두뇌의 비율을 비교해 자신의 주장을 증명하는 새로운 방법을 개발했다. 그는 대부분의 포유류에 몸집 대비 두뇌의 일반적인 비율이 있다는 것을 알아냈다. 이러한 자료를 통해 그는 스스로에게 물었다. "부피가 1,000cc 가까이 되는 두뇌를 가진 유인원은 얼마나 클까?" 연구 결과에 따르면 그 유인원은 거의 226킬로그램 이상 돼야 했다. 그러나 피테칸트로푸스 대퇴골의 치수를 보면 대략 72킬로그램 정도의 무게를 감당할 수 있을 것으로 보였다. 그 두뇌는 유인원의 것이라고 하기에는 너무 컸고 현대의 72킬로그램 정도 인간의 것이라고 하기에는 작았다. 뇌의 크기에 있어 둘의 중간에 해당하는 피테칸트로푸스는 뒤부아가 지난 5년간 주장한 것과 같이 유인원과 인간 사이에 있는 것이 분명했다.

호모 에렉투스

뒤부아가 아내 안나와 딸 마리를 데리고 동인도 제도로 향하는 배에 오른 지 10년 넘게 지났다. 수마트라와 자바 섬에서 화석을 찾아 수년간 탐험하고, 다시 몇 년간 각종 비판과 논쟁에 시달린 뒤부아는 그 후유증에 시달릴 수밖에 없었다. 그는 이제 논쟁에 지쳤고 육체적으로도 피로에 찌들었다. 게다가 이제 자기가 찾은 화석에 대해 할 수 있는 말은 다 했다고 느꼈다. 이제 화석에 대해 예전과 같은 흥미가 사라진 것이다. 새 세기가 다가오고 있는 시점에서 그는 피테칸트로푸스가 인간 역사에서 갖는 위치와 자신이 고인류학 역사에서 갖는 지위에 대해 모든 사람은 아니어도 많은 사람들을 설득했다는 사실만으로 만족해야 했다.

그러나 뒤부아조차도 자신의 업적이 얼마나 중요한 것인지 아직 잘 모르고 있었다. 그 후 수십 년간 많은 사람들이 그의 발자취를 따라 고대 인간을 찾으러 아시아로 향했다. 그러나 그들 중 대부분은 고대 인류의 화석 중 그 어떤 것도 찾지 못했고, 이는 곧 뒤부아의 발견이 얼마나 드문 것인지 보여주는 증거가 됐다. 트리닐 현장에서 계속된 네덜란드와 프러시아의 발굴 작업도 아무런 결실을 맺지 못했다. 후에 미국 자연사박물관의 주도로 중국과 몽골에서 10년간 진행됐던 지상 탐험 역사상 가장 규모가 큰 발굴 작업에서도 인간의 화석은 전혀 발견되지 않았다(하지만 이 발굴 작업은 전혀 기대하지 못한 방면에서 엄청난 성공을 거둔다. 7장을 참고하기 바란다).

아시아에서 고대 인류의 또 다른 증거를 찾기 까지는 거의 40년이라는 시간이 걸렸다. 1929년~1930년에 중국의 동굴에서 '북경원인'(시난트로푸스 페키넨시스Sinanthropus pekinensis라는 이름이 붙는다)이 발견되고 1930년대 후반에는 마침내 자바 섬에서 피테칸트로푸스의 두개골이 더 발견된다. 1950년, 이 두 화석은 하나의 종으로 합쳐져 인간과 같은 속屬으로 인정받으며 호모 에렉투스Homo erectus라 재명명된다. 트리닐2로 알려진 뒤부아의 두개골 상부는 이제 새로운 종 확립의 본래 증거이자 호모 에렉투스의 전형적인 표본이 된 것이다.

뒤부아는 자신이 견뎌야 했던 온갖 논쟁과 싸움이 앞으로 고대 인류 화석이 발견될 때마다, 그것을 인간 역사에 끼워 넣으려는 시도가 있을 때마다 거의 모든 사람이 거쳐야 하는 과정이었다는 사실을 알지 못했다. 뒤부아의 발견이 과학계에 미친 영향이 한 가지 더 있다. 피테칸트로푸스의 오랜 연대와 다른 여러 이유를 고려해 볼 때 인간의 기원이 다윈의 생각처럼 아프리카에 있는 것이 아니라 아시아에 있다는 데에 대부분의 인류학자들이 의견을 같이했다는 것이다. 그래서 1920년대 남아프리카에서 발견된 인류의 화석은 일단 무시됐다. 그러나 1960년대 초, 더 오래된 호모 에렉투스 화석과 다른 원시인류 화석이 아프리카에서 발견되면서 인간 기원에 관한 연구는 다시 아시아에서 아프리카로 이동하게 된다(11장 참조). 또한 지난 세기 위대한 화석 사냥꾼들은 상상조차 할 수 없었던 새로운 과학 기법들이 도입돼 '질문 중의 질문'을 푸는 데 쓰이게 된다(12장과 13장 참조).

그림 6.1 전설적 인물의 모임. 1910년 2월 10일, 워싱턴 D.C. 스미소니언 학회 앞 거리에서 (왼쪽부터)찰스 월코트, 윌버 라이트, 알렉산더 그레이엄 벨, 오빌 라이트가 차를 기다리고 있다. 제공: 스미소니언 학회 문서 보관소 (SIA 82-3350)

6장

말을 타고 빅뱅까지

우리는 우리가 반복적으로 하는 행동의 결과다.
그러므로 위대한 업적은 하나의 행위가 아니라 습관이다.

— 아리스토텔레스

1910년 2월 10일 워싱턴 D.C.에서 중절모와 고급 옷을 차려 입은 남자 세 명이 미끈한 '말 없는 마차'를 타기 위해 길 모퉁이로 걸어가고 있다. 사진을 찍기 위해 잠시 멈춰선 이들은 후에 자신의 발명품과 함께 전설로 남게 되는 세 명의 발명가였다. 그들의 이름은 윌버 라이트, 오빌 라이트, 그리고 알렉산더 그레이엄 벨이었다(그림 6.1).

이 유명 인사들과 차까지 동행하고 있던 사람은 찰스 둘리틀 월코트 Charles Doolittle Walcott로 그의 업적과 이름은 후세에 조금 덜 알려져 있다. 그날 이렇게 유명한 사람들과 어깨를 나란히 하고 걷는 것이 월코트의 인생에서 최고의 순간이 아니었을까 생각하는 사람도 있을 것이다.

그러나 그것은 그의 최고의 순간과 한참 거리가 멀었다.

그보다 6개월 전, 말을 타고 캐나다 로키 산맥에서 버지스 고개를 지나가는 동안, 거의 예순이 된 이 베테랑 지질학자는 그때까지 발견된 것 중 가장 오래되고 가장 중요한 화석을 발견하게 된다. 버지스 혈암에서 나온 이 놀랍고도 기이한 생물은 가장 위대하면서도 다윈에게는 가장 골치가 아픈, 지질학 미스터리 중 하나를 상징한다. 그것은 바로 약 5억 년 전 화석 역사상 덩치가 크고 구조가 복잡한 동물들이 아무런 예고 없이 등장한 것을 일컫는 캄브리아기의 폭발이었다.

월코트가 그날 유명 인사들을 만난 것을 아무렇지도 않게 여길 이유가 또 하나 있었다. 그는 나라 안의 온갖 엘리트 인사들과 어울리는 데 매우 익숙했던 것이다. 비록 고등학교를 마치지 않았고 어떤 학위도 받지 못했지만 그는 미국 지질학 연구소장, 스미소니언 학회 서기관, 워싱턴 카네기 학회 창립자, 국립 과학 학술원 원장을 지냈다. 1910년 2월 당시 이미 네 명의 대통령과 알고 지내면서 그들에게 자문을 해주었으며, 그 후로도 세 명의 대통령을 도와 일하게 된다. 맥킨리 대통령을 설득해 국립 보호림을 만든 것도, 루즈벨트 대통령과 머리를 맞대고 국립 기념물과 공원에 쓰일 땅을 선정한 것도 바로 그였다. 이 모든 일을 하면서도 그는 북미의 넓은 땅을 탐험하고, 지질학에서 한두 가지 놀라운 발견을 하기까지 했다.

그의 놀라운 이야기와 신분 상승은 모두 그가 캐나다 산 정상에서 찾아낸 위대한 발견과 맥락을 같이 한다. 그것은 바로 삼엽충이었다.

캄브리아기 속에서 자라다

1850년에 태어난 찰스 월코트는 뉴욕의 유티카에서 자랐다. 두 살에 아버지를 여의고 남북전쟁 중에 사춘기를 맞은 그는 매우 일찍 철이 들었다. 전쟁 때문에 집을 떠난 어른들이 많았기 때문에 어린 월코트는 쉽사리 일자리를 얻을 수 있었다.

그는 맨 처음 트렌튼 폭포 근처 윌리엄 러스트의 농장에서 여름 잡일꾼으로 일을 시작했다. 러스트 농장의 주요 수입원은 낙농업이었지만 그 지역 다른 농장과 마찬가지로 작은 석회암 채석장을 운영하며 과외로 돈을 벌고 있었다. 그 지역은 트렌튼 석회암으로 유명했는데 건축 재료로 쓰이던 이 석회암에는 화석이 매우 풍부하게 매장돼 있었다. 나이아가라 폭포보다 작긴 했지만 트렌튼 폭포 역시 뉴욕 사람들이 즐겨 찾는 관광지였으며 그곳에 매장된 화석은 19세기 초에 일종의 수집 열풍을 일으켰다.

월코트는 일찌감치 화석 수집을 시작했다. 채석은 매우 힘든 일이었지만 덕분에 수집할 수 있는 화석의 양이 많았다. 그는 곧 어느 석회층에 화석이, 특히 껍질밖에 없는 꽈리조개 화석보다 가격이 높게 나갔던 삼엽충이 가장 풍부한지 금세 알게 됐다.

17세의 나이에 상당한 수집품을 갖춘 그는 뉴욕 북부에서 긴 겨울을 보내는 동안 지질학과 고생물학에 대해 열심히 공부했다. 그는 암석층에 따라 화석이 어떻게 달라지는지, 화석에 따라 지질학적 시대가 어떻게 구분되는지 알게 됐다. 어느 날 그는 트렌튼과 트렌튼 폭포 중간에 난 길에서 사암 한 덩어리를 발견한다. 그 속에 묻힌 화석을 모두 꺼내보니 그중에는 그가 아주 잘 알고 있던 트렌튼 석회암에서 발견되는 화석의 종류가 하나도 없었다. 지층에서 사암층을 더 뒤져본 결과 그는 새롭게 발견한 삼엽충이 트렌튼 지층의 시대보다 앞서 있으며 그 화석들은 지금까지 그가 수집한 것들보다 더 오래된 것이라는 사실을 깨달았다.

월코트는 그것이 캄브리아기, 곧 지금까지 화석이 발견된 것 중에 가장 초기의 지질학 시대에 만들어진 것이라고 결론을 내렸다. 라틴어에서 고래whale를 뜻하는 캄브리아Cambria에서 나온 이 단어는 1830년대 애덤 세드윅 목사가 몇 차례 발굴 작업 후에 만든 말이었다. 세드윅 목사가 주도한 탐사 중에는 1831년 여름, 어린 조수인 찰스 다윈과 함께 북부 웨일즈로 향한 것도 포함돼 있었다(2장 참조).

그 순간 월코트는 캄브리아 지층에 대한 연구를 계속하기로 마음을 먹었다. 다만 전형적인 방식을 따르지는 않을 셈이었다. 그는 일하고, 월급을 받고, 화석을 찾는 것이 학교에 다니는 것보다 훨씬 마음에 들었다. 러스트 농장에 더 머물러야 할 이유는 한 가지 더 있었다. 농장주 러스트의 딸 루라를 마음에 두고 있었던 것이다. 1870년 봄, 러스트 농장에 정직원으로 근무하고 있던 스무 살의 월코트는 그해 루라와 약혼을 하게 된다.

월코트는 트렌튼 폭포와 유티카 지역, 뉴욕 일대를 돌아다니며 가능한 한 자주 삼엽충을 찾으러 다녔다. 그리고 여기저기의 다른 수집가들과 화석을 교환하기 시작했다. 그는 또한 책도 계속해서 읽었는데 그중에는 헉슬리의 『자연 속 인간의 위치에 대한 증거』와 다윈의 『인간의 후손』이 있었다.

화석과 지질학에 자신감이 넘쳤던 그는 병든 소를 돌보고, 헛간을 페인트칠하고, 건초를 묶고, 새 신부와 집을 꾸미는 와중에도 수시로 고생물학과 동물학계 인물들과 연락을 했다. 그는 자신이 수집한 것을 원하는 시장이 있다는 사실을 알게 됐다. 뉴욕 주립 박물관, 예일 대학의 고생물학자 O.C. 마쉬, 하버드 대학의 유명한 동물학자 루이 아가시 같은 사람들이 그의 화석에 관심을 보였다. 월코트는 아가시에게 자신의 수집품이 "트렌튼 일대에서 가장 훌륭하다고 알려졌다."99면서 바다나리, 꽈리조개, 불가사리, 산호뿐만 아니라 수많은 속屬의 삼엽충 화석 325점이 포함돼 있다고 했다(그림 6.2). 그가 부른 값은 3,500달러였다. 이것은 당시 보통 사람의 몇 년치 연봉에 해당하는 금액이었다.

아가시는 아무런 이의 없이 값을 지불했고 월코트는 이것을 하버드 대학까지 운반했다. 아가시는 상냥하게 월코트를 대접하며 이 젊은 아마추어를

그림 6.2 삼엽충. 월코트가 트렌튼 석회암 지대에서 수집해 루이 아가시와 하버드 자연사박물관에 판 삼엽충 화석. 제공: 하버드 대학 비교 동물학 박물관

동료 박물학자로 받아들였다. 몇 달 후 아가시가 숨을 거두었을 때 월코트는 미망인이 된 그의 아내에게 아래와 같은 편지를 보냈다.

> 저는 아가시 교수님을 제가 믿고 따를 수 있는 본보기로 생각했습니다. 저는 아버지라는 존재를 모르고 자랐습니다. 제 친구들 대부분은 제가 지질학에 관심을 보이는 것을 매우 못마땅해 했지요. 아가시 교수님께서 저를 받아들여 주시기 전까지 저는 언제나 제가 가고 싶은 길을 가기 위해 투쟁해야만 했습니다. 교수님은 자연사를 계속 연구할 수 있는 열정과 결의를 제게 가르쳐주셨습니다. 저는 아직 스물셋밖에 되지 않았지만 앞으로 남은 일생을 이 한 목표에 바칠 것입니다.[100]

월코트는 다시 수집 활동을 시작하면서 여러 권의 일기와 공책을 각종 삼엽충 그림과 설명으로 가득 채웠다. 1875년 그는 「신시내티 계간 과학 저널Cincinnati Quarterly Journal of Science」에 자신의 첫 번째 과학 논문을 올려 삼엽충의 새로운 종을 설명했다. 그다음에도 계속해서 다른 짧은 보고서를 썼는데 이 글들은 뒤로 갈수록 점차 기술적으로 자세해지고 지적으로 변했다. 그러나 아내 루라의 건강이 점차 악화돼 마침내 1876년 숨을 거두자 이러한 성공은 빛을 잃었다.

슬픔에 잠겨 어찌할 바를 모르고 있던 월코트는 어느 날 알바니 주립 박물관의 지질학 관장 제임스 홀James Hall로부터 조수직을 제안 받는다. 그리하여 그는 트렌튼 폭포의 아담한 농장을 떠나 더 큰 모험을 향해 나아가게 된다.

중앙 계단 아래로

알바니에서의 훈련은 3년이 조금 안 되는 비교적 짧은 기간이었지만 월코트에게는 귀중한 발판이었다. 홀은 성미가 급하고 지나치게 의욕적이며 대하기 까다로운 사람으로 부하 직원들에게 기대치가 높았다. 그러나 월코트에 대해서라면 걱정할 필요가 없었다. 월코트가 아내를 잃은 슬픔을 극복하기 위해 연구에 완전히 뛰어들었기 때문이었다. 그곳에서 월코트가 배운 것은 고생물학 그 이상이었다. 홀은 박물관에서 얼마 떨어지지 않은 곳에 있던 주 의회 정치인들을 잘 알고 있었고 박물관 역시 그들의 후원에 의존하고 있었다. 중요한 사람들이 박물관을 보러 올 때마다 월코트는 자신의 상사인 홀의 체면을 세워줬고 이 덕분에 월코트 역시 보답을 받게 된다. 홀이 새롭게 출범하는 미국 지질학 측량국USGS의 한 자리에 월코트를 추천했던 것이다.

1879년 7월 21일, 당시 29세였던 월코트는 USGS의 단 스무 명 되는 직원 중 하나인 지질학 조수로 임명된다. 그는 당시 알려진 것이 거의 없었던 그랜드 캐니언과 주변 지역을 측량해서 지도로 제작하는 팀에 속하게 된다. 그때는 외팔이 존 웨슬리 파웰 소령과 그의 일행이 콜로라도 강의 빠른 물살을 이겨내고 그랜드 캐니언을 따라 달린 지 10년밖에 되지 않은 때였다.

유타 남부 열차의 화물칸에 올라 유타까지 5일 동안 기차를 타고 간 월코트는 마침내 역마차를 타고 190킬로미터를 달려 유타 주 비버에 이른다. 그는 마지막 역마차 길을 '지금껏 경험해본 것 중 가장 지루하고 마음에 안 들었던 여정'[101]이라고 했다.

그가 받은 임무는 그랜드 캐니언의 콜로라도 강부터 유타 남부, 높이 약 2,500미터의 핑크 클리프에 이르기까지 거의 끊기지 않고 연결돼 있는 기다란 지질층을 지도로 만드는 것이었다. 절벽과 비탈, 그랜드 캐니언의 가장자리부터 가장 높은 꼭대기로 이어지는 단구를 월코트의 새 상사 클라렌스 더튼은 '중앙 계단'이라고 불렀다. 최대 600미터까지 올라가는 절벽이나 비탈은 계단의 수직면이었고, 24킬로미터씩 연결되는 긴 고원은 계단의 발판인 셈이었다.

월코트가 할 일은 핑크 클리프 꼭대기에서 시작해 강에 닿을 때까지 이 계단을 타고 내려가며 측정하는 것이었다. 그런 다음에는 각 층에 매장된 화석을 검사해 각 지층이 무엇인지 알아내는 것이었다.

월코트는 노새를 타고 비버에서 출발해 하루에 16~24킬로미터씩 전진했다. 얼마 후 그는 네 마리의 동물과 요리사 한 명만 데리고 움직였다. USGS는 각 지질학자들이 자발적으로 자신의 업무를 완수하도록 맡겨두고 있었다. 시간에 쫓기긴 했지만 월코트는 자신이 맡은 바를 충분히 수행할 수 있었다. 주변의 풍경은 그에게 도움이 됐다.

화이트 클리프 정상에서 보는 풍경도 아름답지만 해발 3,000미터
에 이르는 핑크 클리프 정상에서 보는 풍경은 그야말로 오래도록
기억에 남을 것이다. 남쪽으로는 콜로라도의 거대한 유역이 눈앞에
펼쳐진다. 화이트 클리프와 버밀리온 클리프는 수없이 많은 협곡
에 의해 다양한 형태로 단층애斷層崖를 이룬다…… 화이트 클리프
위 평지에서 솟아오른 핑크 클리프의 단구가 아침 햇살을 받으면,
마치 길게 늘어선 용광로에서 불이 활활 타오르는 것처럼 분홍빛
암석들이 밝게 빛난다.[102]

일을 시작한 지 두 달 후, 그는 이런 기록을 남긴다. "지금까지 여정은 매우 즐거웠다. 궁핍하고 어려운 점도 많지만 여러 면에서 내게 중요한 교육의 기회가 될 것이다."[103]

월코트를 위한 교육이라? 그것은 월코트의 동료 지질학자들에게 더 큰 교육이 될 게 분명했다. 3개월 동안 휴대용 수준水準 측량기와 긴 쇠사슬, 고도계 하나만 가지고 월코트는 너비 128킬로미터, 높이 4킬로미터에 이르는 구역을 측량했다. 이것은 그야말로 전례가 없는 놀라운 일이었다. 핑크 클리프(지금은 브라이스 캐니언이라 불림)의 시신세 암석에서 시작해 아래로 내려가면서 그는 백악기, 쥐라기, 트라이아스기, 페름기, 데본기 등 주요 지질학 연대에 해당하는 화석을 거의 다 발견하고 콜로라도 강에서는 캄브리아기를 대표하는 삼엽충을 몇 점 더 찾았다. 날이 추워지고 눈이 내리기 시작하자 월코트는 일을 접고 노새에 짐을 실은 뒤 2,500점이 넘는 화석을 문명 세계로 실어 보냈다. 기차를 타러 가는 데만도 6일이나 걸리는 고된 여정이었다.

그의 상사들이 보인 반응은 놀라움 그 이상이었다. 그들은 그의 월급을

두 배로 인상하고 곧 그를 다시 서부로 보냈다. 월코트는 네바다와 유레카 광산 지역으로 가서 고생물학에 몰두했다. 그런 다음 1882년의 늦여름, 이제 새롭게 측량국의 국장이 된 존 웨슬리 파웰이 월코트를 그랜드 캐니언으로 다시 불러들였다.

1879년의 조사 덕분에 캐니언의 윗부분은 꽤 잘 파악이 됐지만 깊은 곳은 아직 그렇지 못했다. 견실한 지질학자인 파웰은 자신이 수년 전 나무 보트를 타고 물살에 휩쓸려 협곡 속을 지나면서 봤던 웅장한 지층에 대해 조금 더 자세히 알고 싶었다. 그래서 그는 협곡 가장자리부터 아래의 콜로라도 강까지 이어지는 길을 내는 것이 좋겠다고 생각했다. 그렇게 하면 월코트를 비롯한 다른 연구원들이 겨울에도 가장자리보다 따뜻한 협곡 안쪽에서 일을 계속할 수 있을 것이었다. 적어도 그것이 그의 계획이었다.

월코트와 몇 명의 일행이 네바다에서 유타의 커냅으로 향했다. 기차와 마차로 8일이나 걸리는 여정이었다. 그런 다음 그들은 그랜드 캐니언을 향해 천천히 남쪽으로 내려갔다. 월코트는 하우스 록 스프링에서 파웰 소령을 만나기로 했지만 디프테리아를 심하게 앓아 몸져눕게 됐다. 오두막에서 휴식을 취하고 있던 월코트는 테레빈유 한 병을 발견하고 그것이 부어오른 목구멍을 뚫어줄 것이라고 생각했다. 테레빈유를 한 모금 삼키자 입과 목이 타는 듯 아팠지만 곧 그것이 효과를 발휘했다. 협곡에 길을 내는 일을 돕기에는 아직 몸이 성치 못했지만 결국 협곡 아래로 내려가 일을 시작할 때에 맞춰 그는 몸을 회복하게 된다. 이때 시작한 일은 그때부터 72일간 계속됐다.

화석 수집 보조와 요리사, 노새 마부를 둔 월코트는 캄브리아기 지층인 톤토 그룹Tonto Group을 자세히 연구하기 시작했다. 그러고는 점점 더 아래를 향해 내려가면서 곧 지질시대의 과거로 돌아가게 된다(그림 6.3). 협곡 안에서 이동하기는 꽤 까다로웠다. 강둑이 끊긴 곳이 많았기 때문이었다. 월코트와 팀원들은 한 계곡에서 다음 계곡으로 이어진 협곡 벽과 절벽 면, 산등성이를 따라가며 스스로 길을 내야 했다. 한 발만 잘못 디뎌도 사람이나 노새가 수십 미터 아래로 떨어질 수 있는 위험천만한 길이었다. 그들은 아주 천천히 조심스럽게 이동했다. 파웰의 기대와 달리 협곡 내부에도 혹독한 겨울이 닥쳤다. 이제 사람들은 바람과 눈에 맞서 싸우고 모닥불에 얼음덩이를 녹여 동물들에게 먹여야 했다. 결국 오랫동안 협곡 깊은 곳에 살면서 끝없는 일에 시달리던 화석 수집 보조 한 명이 우울증에 걸렸고, 월코트는 이 사람이 빨리 건강을 회복하기를 기원하며 내보내야 했다. 2개월이 넘게 지난 후 아직 남아 있던 팀원과 동물들은 동상에 걸린 발로 길을 따라 협곡 밖으로 나왔고 협곡 가장자리의 야영장에 닿을 수 있었다.

그 힘든 여건에서도 월코트는 약 4킬로미터 정도 거리의 조사를 마쳤다. 1879년에 해낸 것과 합치면 범위가 장장 7.6킬로미터나 되는 층위 조사였다. 이것은 아마도 한 명의 지질학자가 측정한 것 중 세상에서 가장 규모가 컸을 것이다. 그러나 첫 번째 조사와 달리 이번 탐사에서 발견된 화석은 거의 없었다. 캄브리아기 톤토 그룹 아래로는 지층이 텅 비어 있는 것을 의아하게 여긴 월코트의 상사가 영국의 한 학자에게 아래와 같은 편지를 보냈다.

> 지난 여름 협곡으로 길을 내서 젊은 고생물학자이자 뛰어난 화석 사냥꾼인 월코트가 그 안으로 들어갔다네. 그리고 의심할 여지도 없이 캄브리아기 것이 분명한 동물의 흔적을 많이 찾아냈지. 그런데 그 아래에 있는 층은 도대체 무엇이었을까? 그 아래의 지층은 높이가 4킬로미터가량이나 됐지만 어디에서도 화석을 찾을 수 없었네. 이후에도 여기서 화석을 찾으려는 사람이 있다면 애석한 일이 아닐 수 없네.[104]

그림 6.3 그랜드 캐니언. 넌코윕에서 내려다본 콜로라도 강 전경. 월코트는 이렇게 가파른 계곡과 협곡을 조사하고 이동해야 했다. 제공: 마이크 퀸, 미국 국립공원 관리공단

캄브리아기 아래 지층에서 화석을 전혀 찾을 수 없는 것은 단지 이 협곡의 미스터리가 아니라 지구 전체의 문제였다. 이것은 다윈을 혼란에 빠뜨리고 그의 머릿속을 괴롭힌 미스터리였다. 월코트도 처음에는 깨닫지 못했지만 사실 그는 이 문제를 해결할 수 있는 귀중한 몇 가지 단서를 이미 갖고 있었다.

다윈의 딜레마

다윈은 캄브리아기 이전으로는 화석이 없다는 사실을 잘 알고 있었고 자신의 책 『종의 기원』에서 '지질학적 기록의 불완전성'을 다루면서 솔직하게 이 문제를 거론했다.

> 훨씬 심각한 문제가 하나 있다. 동물계界 주요 문門의 수많은 종들이 화석이 매장된 최하층에서 갑자기 등장한 것 같다고 언급한 바 있었다. 만약 이 이론이 옳다면 가장 오래된 실루리아기나 캄브리아기 지층이 생기기 전 아주 오랜 어떤 기간이 존재했다는 사실을 부인할 수 없다. 이 기간은 아마도 캄브리아기부터 현재에 이르는 기간을 모두 합친 것만큼, 아니면 그것보다 훨씬 긴 기간일 것이다. 그리고 그 오랜 세월 동안 세상은 살아 있는 생물로 넘쳐났을 것이다. 그런데 도대체 왜 그 최초 시기에 속하는 화석이 매장된 지층을 찾을 수 없는지, 솔직히 나도 만족스러운 대답을 내놓을 수 없다.[105]

다윈은 마지막에 이렇게 덧붙였다.

"우리가 이 세상에 대해 정확히 알고 있는 것은 전체 중 극히 작은 일부분에 지나지 않는다는 사실을 명심해야 한다."

다윈을 비롯해 진화론 지지자들을 괴롭혔던 문제는 바로 삼엽충과 다른 생물들이 마치 폭발하듯 갑작스럽게 캄브리아기에 등장했다는 것이었다. 그것은 마치 캄브리아기의 폭발이 바로 생명의 시작을 의미하고, 구조가 복잡한 동물들이 그에 앞서 단순한 형태를 띠는 과정도 없이 단기간에 갑자기 나타난 것과 같았다. 물론 이러한 형태의 화석은 진화론자들에게 큰 혼란이었다. 이것은 다윈도 인정한 바와 같이 생물이 단순한 형태의 조상으로부터 점진적으로 발달한다는 진화 이론에 맞지 않기 때문에 그냥 놔두었다가 다윈의 이론에 반박하는 '타당한 논증으로 이용'106될 수 있었다.

월코트가 그랜드 캐니언에서 확인한 것처럼 다윈도 각종 조개류와 삼엽충 화석이 풍부한 캄브리아기 최하단의 지층 아래에는 생명이 존재하지 않는 것처럼 보이는 넓은 암석층이 존재한다는 사실을 알고 있었다. 공식 보고서에서 월코트는 '물결 무늬와 갈라진 진흙층이 여러 단계를 이루고 있지만 갈조류나 연체동물, 환형동물의 흔적은 찾아볼 수 없는'107 4킬로미터 깊이의 지층에 대해 설명했다.

그는 흥미로울 것이라고는 없는 다른 화석을 오직 몇 점 찾아냈을 뿐이라고 보고했다. "작은 디시노이드 껍질과 히올리테스 트리앙굴라리스와 같은 종인 익족류 표본 두어 개, 대략 스트로마토포라로 보이는 것 몇 점이 아니었다면 두 달 반 동안의 조사에 아무런 결과도 얻지 못했을 것이다."108 조사할 때마다 수없이 많은 화석을 찾아내는 데 익숙했던 월코트가 실망감을 금치 못한 것은 이해할 만하다.

월코트는 처음에 몇 개 안 되는 이 화석들이 캄브리아기에 속한다고 했고 그것이 "당시 바다에 살던 모든 생명체를 대표한다고 볼 수는 없다."109고 주장했다.

다행히 월코트의 말은 틀렸다. 그가 가봤던 북미의 다른 지역에서는 캄브리아기 지층 밑에 캄브리아기 지층과 확연히 다른 소위 시원대始原代 암석이 있었다. 그러나 그랜드 캐니언의 캄브리아기 최하 지층에서 그가 찾은 것은 전형적인 침전 암석이었다. 처음에 그는 생김새로 보아 이 깊은 암석층 역시 캄브리아기의 것이라고 생각했다. 그러나 그의 생각이 틀렸다. 몇년 뒤 그는 그 아래로 펼쳐진 거대한 침적암층이 캄브리아기 전 오랜 세월에 걸쳐 만들어진 것을 깨닫는다. 그것은 캄브리아기보다 앞서는, 선先캄브리아기가 틀림없었다. 그 층에서 찾은 몇 개 안 되는 화석은 선캄브리아기의 생명을 증명하는 명백한 첫 번째 증거였다. 생명은 캄브리아기에 난데없이 나타난 것이 아니었던 셈이다.

그가 맨 처음 별 관심을 보이지 않았던 '스트로마토포라'는 오늘날 '스트로마톨라이트'라 불린다. 이것은 단세포의 청록색 세균(시아노 박테리아)에 의해 생기는 층이 있는 원뿔 혹은 구 모양의 구조물이다. 이 작은 '디시노이드' 화석 또한 분명 선캄브리아기의 생명체인 것이 증명됐다. 이것들은 추아 그룹Chuar Group이라는 암석층 속에서 발견됐고, 월코트는 이를 완족류 같은 생물의 눌린 흔적이라 보며 추아리아 서큘라리스Chuaria circularis라는 이름을 붙였다. 이것이 완족류는 아니었지만 월코트는 세포질이 보존된 최초의 선캄브리아기 유기체를 찾았다고 인정받게 된다.

선캄브리아기의 커다란 공백이 드디어 메워지는 순간이었다. 오늘날 우리는 이 시대가 30억 년 전으로 거슬러 올라가며, 다윈이 생각했던 바와 같이 캄브리아기부터 오늘날까지의 기간을 합친 것(5억 4,300만 년)보다 훨씬 더 길다는 것을 알게 됐다.

스노우 슈즈 찰리

월코트가 그랜드 캐니언으로 다시 돌아가기까지는 매우 오랜 시간이 걸렸다. 아직도 지질학에 대해 배워야 할 것, 연구해야 할 것이 매우 많았기에 그다음 10년간 월코트는 전적으로 캄브리아기에 초점을 두고 북아메리카 곳곳을 돌아다녔다. 버몬트, 텍사스, 유타, 뉴욕, 매사추세츠, 캐나다와 버몬트 국경 지역, 노스캐롤라이나, 테네시, 퀘벡, 콜로라도, 버지니아, 앨라배마, 펜실베이니아, 메릴랜드, 뉴저지, 몬태나, 아이다호 등 가지 않은 곳이 없었다.

그러나 그 와중에도 그는 헬레나 스티븐스를 만나 1888년 결혼에 성공한다. 그들은 굉장한 신혼여행을 즐겼는데 월코트의 전기를 쓴 엘리스 요켈슨의 말을 빌리면 그것은 '현장 조사'[110]라고도 불렸다. 신혼부부는 몬트리올에 잠시 들렀다 버몬트로 향했는데 그곳에서 월코트는 헬레나에게 현장 지질학의 맛을 보여준다. 그리고 나서 뉴펀들랜드로 가 삼엽충을 함께 수집한다. 단 3주 동안 그들은 큰 배럴 통 10개와 상자 두 개를 채울 만한 화석을 모으고, 6주 후에 영국으로 가서 캄브리아기의 '탄생지'와도 같은 웨일즈에서 몇 주를 보낸다. 이 오랜 지질탐사이자 신혼여행은 지질학뿐만 아니라 그들의 가족에게 있어서도 크나큰 성공이었다고 할 수 있다. 이듬해 5월 첫아들이 태어난 것이다.

현장 경험이 풍부한 월코트는 USGS에 없어서는 안 될 소중한 존재였기에 USGS의 상급자들은 곧 여러 임무를 수행하고 지도하는 데 월코트의 조언을 구하기 시작했다. 1892년 월코트는 모든 고생물학 연구 책임자로 임명되고 그다음 해인 1893년에는 지질학과 고생물학을 모두 책임지는 자리로 승진했다. 이 시기에 파웰 국장과 의회는 서부의 수자원 정책과 USGS의 관리 문제로 마찰을 빚게 되고, 이로 인해 월코트가 워싱턴으로 가서 의원들에게 측량국의 업무와 우선순위에 대해 설명할 기회가 생겼다. 월코트는 언제나 직선적이고 솔직한 답변을 내놓았고, 수많은 분야와 문제에 대해 놀라운 관리와 이해 능력을 보여준 그를 의원들은 점점 믿고 존중하게 됐다.

1894년 봄, 파웰이 국장 자리에서 물러나고 당시 대통령이었던 그로버 클리블랜드Grover Cleveland가 그를 USGS의 새 국장으로 임명하자 상원에서도 이를 즉각적으로 승인했다. 곧 월코트는 USGS가 건실히 돌아가도록 만들었고 의회의 후원을 다시 얻는다. 이제 40대 중반, 세 아이의 아버지가 된 그에게 직장에서의 높은 지위는 어렵게 얻은 그의 경력의 정점이자 힘든 현장 연구와 방랑의 끝이었다.

그러나 월코트는 이제 막 시작했을 뿐이었다. USGS가 국가 천연자원의 탐구와 관리에 밀접히 관련돼 있었기에 그는 워싱턴에서 과학계와 정계의 주요 인물이 됐다. 그는 곧 국립 과학 학술원장으로 임명됐고 국립박물관(후에 스미소니언 박물관이 됨)의 부서기관 대리가 됐다. 그는 각종 연방 기관과 의회, 심지어 백악관에 이르기까지 정치인들을 은근슬쩍 주무르는 데 매우 능숙했다. 임기 막바지라는 이유로 국립 보호림을 설정하는 데 꾸물거리고 있던 클리블랜드 대통령과 문제가 생기자 중재에 나선 것도 월코트였다. 그는 이 사안에서 중요한 역할을 맡고 있던 상원의원(우연히도 월코트의 이웃이었다)에게 접근해 새로운 법안을 작성하고, 내무부 장관과 매킨리 대통령에게 로비를 했다. 그 상원의원이 법안을 상정했고 결국 보호림을 지킬 수 있게 됐다.

월코트는 수많은 단체를 위해 자신의 정치적 재능을 부지런히 발휘했다. 한번은 국립박물관에서 새 건물이 절실히 필요했는데 새 건물을 구입하기 위한 예산을 얻으려면 하원의장의 지지가 필요한 상황이었다. 의장이 펜실베이니아 대로를 따라 종종 산책을 한다는 사실을 알고 있던 월코트는 마차를 끌고 그에게 다가가 근처 공원으로 잠시 함께 산책을 가지 않겠냐고 묻곤 했다. 월코트는 예산에 관해서는 단 한 마디도 꺼내지 않았지만 의장은 그가 원하는 것이 무엇인지 감을 잡았고 결국 이렇게 말했다. "월코트 씨, 측량국과 국립박물관 둘 중 하나만 새 건물을 가져갈 수 있소. 둘 다 가질 수는 없소." 그래서 월코트는 박물관을 택했다.111

워싱턴 카네기 학회를 세우기 위해 앤드류 카네기Andrew Carnegie가 법인 설립 허가를 신청했다가 거부당했을 때도 월코트가 다시 길을 열어줬고 결국 이 훌륭한 연구 단체의 공동 창립자가 됐다. 원하는 일을 부드럽고 조용히 처리하는 그의 방식 덕분에 그는 '스노우 슈즈 찰리'라는 별명을 얻었다. 그의 교묘한 움직임이 뒤에 아무런 흔적을 남기지 않았기 때문이었다.

이러한 그의 능력이야말로 민감한 사안들에 대해 여러 대통령이 원하던 것이었다. 테오도어 루즈벨트 대통령이 정부 중점 사안으로 각종 관개와 댐, 제방 같은 수자원 프로젝트를 시작했을 때 그는 '여러 시험을 거쳐 능력이 입증된 사람'112, 즉 월코트의 관리하에 그 일을 하고 싶어 했다. 이해 관계에 있던 일부 주에서 이 수자원 프로젝트를 가져가고 싶어 했을 때 월코트가 성공적으로 이를 저지하자 그에 대한 루즈벨트의 믿음은 점점 커져만 갔다. 얼마 되지 않아 루즈벨트는 월코트에게 더 많은 임무를 맡겼고, 그중에는 과학과 관련된 모든 정부 분과를 재정비하는 일도 포함돼 있었다. 그러나 이 두 사람의 열정이 가장 강하게 맺어진 것은 자연 보호에 관한 일이었고, 각종 숲과 강, 공원, 정치에 관련해 회의가 있을 때마다 월코트는 자주 백악관에 불려 들어가곤 했다.

서부의 광대한 목재, 광물, 에너지 자원에 대한 연구와 뒤를 이은 개발은 매우 곤란한 문제를 야기했다. 서부의 땅과 야생동물들이 받을 피해를 어떻게 막을 것인가? 미국에는 아직 과학이나 자연적 가치가 있는 지역은 물론이고, 선사시대 유물이나 북미 인디언의 암굴 주거 흔적, 공동묘지, 동굴, 고분 등을 보호할 법률이 마련돼 있지 않다는 데 의견이 모여 1906년 고대 유물 보호 법령이 탄생했다. 이 법령을 통해 대통령은 보호가 필요하다고 판단되는 토지는 어디든 국립 유물이나 국립공원으로 따로 떼어 보호할 수 있는 권한이 생겼다. 이 법령은 후에 국립공원 관리공단의 창설로 이어진다. 그리고 루즈벨트가 가장 처음 국립 기념물 중 한 군데로 선정한 것이 바로 그랜드 캐니언이었다(1908).

1907년 57세가 된 월코트는 USGS의 지도자로서 13년의 세월을 보냈다. 그러나 아직은 은퇴를 생각할 때가 아니었고 일의 속도를 늦출 그 어떤 기미도 보이지 않았다. USGS에 근무하는 내내 월코트는 자신의 책임하에 있던 다른 많은 일을 하면서도 정기적으로, 특히 여름마다 워싱턴으로 나가 현장 연구를 할 시간을 마련했다. 그는 각각 몬태나, 유타, 네바다로 여러 차례 탐험을 나갔다. 아이들이 조금 자란 후에는 아이들까지 함께하는 온 가족의 행사가 됐다. 서부의 맑은 공기와 모닥불, 말 달리기, 그리고 삼엽충 화석 수집만큼 월코트에게 생기를 불어넣어 주는 것은 없었다. 워싱턴에 있을 때에도 그는 사무실 옆에 방을 하나 따로 두고 계속해서 화석 연구를 진행했다.

사람들 대부분, 특히 육체적으로 힘든 일을 하는 사람이 일을 그만둘 때가 됐어도 월코트는 여전히 건재하며 새로운 도전을 찾아 나섰다. 1906년 후반, 스미소니언 학회 서기관이 숨을 거둬 그 자리가 비자 학회에서는 월코트가 그 자리를 맡기 바랐다. 루즈벨트는 그가 USGS에서 나가는 것을 마음에 들어 하지 않았지만 결국 마음을 바꿨고, 이제 학회는 '인정받는 과학자일 뿐 아니라 관리 능력도 뛰어난 사람'[113]을 갖게 됐다.

루즈벨트 대통령은 월코트의 서기관 임명 기념으로 백악관에서 만찬을 열었다.

빅뱅, 대폭발

새로운 일도 그의 업무 습관을 바꾸지는 못했다. 여름마다 현장 탐사가 계속됐고 스미소니언의 직원들은 곧 새 서기관이 삼엽충과 다른 화석들을 연구하는 아침 10시부터 오후 2시까지는 그를 방해해선 안 된다는 것을 알게 됐다.

그의 새로운 일이 루즈벨트 대통령과의 친밀한 사이를 방해하지도 않았다. 월코트는 여러 가지 자문, 특히 환경 보존에 관한 문제에 대해 대통령의 자문에 응하기 위해 계속해서 백악관에 드나들었고, 그 보답으로 루즈벨트는 스미소니언의 열렬한 후원자가 됐다. 1908년 대통령은 자신이 세우고 있던 위대한 계획을 월코트에게 알려줬다. 1909년 3월 임기가 끝나자마자 아들 커밋과 함께 아프리카를 횡단하는 긴 사파리 여행을 가기로 한 것이었다. 루즈벨트는 월코트에게 쓴 편지에 이렇게 말했다. "이거야말로 우리 국립박물관에 덩치가 큰 야생동물은 물론이고 아프리카의 조금 더 작은 동물과 새들을 갖출 수 있는 최고의 기회라고 생각하네. 그리고 객관적으로 보더라도 이 기회는 그냥 넘겨선 안 된다고 믿네."[114] 월코트도 이에 동의했다. 그러나 문제는 다른 데 있었다. 대통령과 그 아들의 여행 비용은 마련이 된 반면, 박제사와 표본 운송 비용은 감당할 수 없었던 것이다. 그 비용은 스미소니언에서도 댈 수 없었다. 그래서 '스노우 슈즈 찰리'가 작전에 들어갔다. 월코트는 스미소니언 직원들에도 알리지 않고 혼자서 개인 후원자들로부터 4만 달러라는 거액을 모았다. 이것은 당시 기준으로 상당한 거액이었다.

이 탐험을 성공적으로 이끌겠다고 결심한 루즈벨트는 아프리카의 야생동물에 대한 책을 일주일에 다섯 권씩 읽었고, 나중에는 지구상의 그 어떤 박물학자보다도 해박한 경지에 이르렀다. 그러한 준비는 결국 큰 결실을 맺었다. 몸바사에서 카툼으로 향하는 사파리를 통해 거의 1만 2,000점에 달하는 각종 포유류, 조류, 파충류, 양서류 표본을 수집해서 국립박물관에 전달한 것이다. 게다가 이 표본들의 품질은 유럽의 많은 박물관들이 소장한 것을 넘어서는 수준이었다. 루즈벨트의 귀국을 환영하기 위해 뉴욕 항에서 출발한 여러 척의 배에는 월코트도 타고 있었다.

그러나 그해 큰 성공을 거두고 돌아온 것은 루즈벨트뿐만이 아니었다. 월코트도 지난 두 해 여름마다 그랬듯 여름 후반을 캐나다 로키 산맥에서 보냈다. 아내 헬레나, 열세 살 된 아들 스튜어트를 동반한 월코트는 기차를 타고 캐나다 앨버타 주로 향했다가 남서부의 브리티시컬럼비아 주로 이동했다. 거기서부터는 말을 타고 요호 계곡으로 올라갔다. 풍경은 숨이 막힐 듯 아름다웠지만 수시로 불어닥치는 뇌우와 돌풍을 동반한 폭설, 진눈깨비 때문에 몸을 피할 곳을 찾아 숨어야 할 때도 많았다.

1909년 8월의 마지막 날, 그들은 버지스 고개로 올라가 말에서 내려 화석 채집을 시작했다. 눈사태로 떨어져 내린 혈암 덩어리 몇 개를 조사하다가 그들은 고스란히 보존된 갑각류 화석을 많이 발견하게 된다. 그렇게 상태가 좋은 표본은 이전에 보지 못했을뿐더러 처음 보는 종이었다(그림 6.4). 그들은 화석을 말에 잔뜩 실어 야영장으로 돌아왔다. 다행히도 좋은 날씨가 하루 더 이어졌고 발굴 현장으로 다시 돌아가자 똑같이 보존 상태가 좋고 아름다운 해면동물을 더 발견하게 된다. 이 화석들의 훌륭한 상태에 감탄하던 월코트는 그 암석덩이들이 어디에서 떨어져 내린 것인지 찾기 위해 비탈을 타고 위로 올라갔다. 거기에서 화석이 매장된 넓적한 석판들을 더 발견하긴 했지만 악천후에 부서져 떨어진 암석들의 원래 자리가 어디인지 찾을 수는 없었다. 월코트는 본능적으로 무언가 놀라운 것이 숨겨져 있다는 것을 눈치챘지만 내년을 기약하며 돌아올 수밖에 없었다.

다음 해 여름인 1910년 7월, 이번에는 월코트와 헬레나, 두 아들 스튜어트와 시드니, 짐꾼 잭 기디가 다시 한 번 기세 좋게 요호 계곡을 올랐다. 앞장서가던 잭과 스튜어트가 버지스 고개 근처에 있던 야영장이 아직 120센티미터 깊이의 눈에 파묻혀 있다고 알렸고 그들은 눈이 녹을 때까지 3주를 기다려야 했다. 일단 눈이 녹고 나자 그들은 단 한시도 낭비하지 않고 야영장 위쪽으로 360미터가량 올라가 화석 수집을 시작했다. 곧 월코트가 '레이스 게'라고 불렀던 2센티미터 길이의 갑각류를 상당량 발견했다. 나중에 그는 동료의 이름을 따 그것을 '마렐라Marrella'라고 불렀다(그림 6.5 참조). 삼엽충도 많이 발굴됐지만 월코트가 '잡동사니'라고 부른 것들도 많았다. 잡동사니란 전문가인 월코트의 눈으로조차 식별할 수 없었던 기타 생물들을 싸잡아 부르던 말이었다.

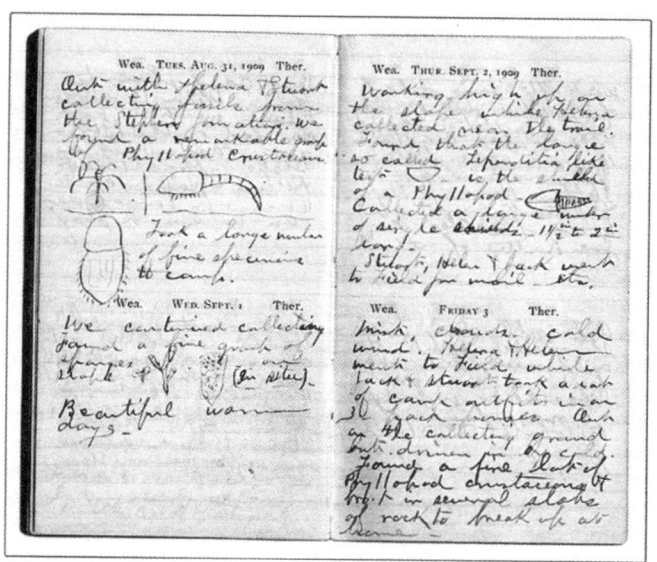

그림 6.4 유레카! 버지스 혈암 화석을 찾던 날을 둘러싼 현장 조사 일지. 8월 31일 자 일기에는 갑각류 두 마리, 삼엽충 한 마리가, 9월 1일 자에는 해면동물이 그려져 있다. 제공: 스미소니언 학회 문서 보관소

그들은 화석이 매장된 층을 찾아 모든 석회암과 혈암층을 샅샅이 뒤졌다. 그리고 마침내 두께 2미터, 너비 60미터가량의 암맥을 찾아냈다. 곧이어 본격적인 작업이 시작됐다. 그들은 30일 동안 계속해서 그 혈암을 쪼고 부수며 숨겨진 화석을 찾았다. 월코트는 어린 시절 러스트의 농장에서 일하며 다이너마이트 사용법을 배운 적이 있었다. 이 기술은 버지스 고개에서 큰 암석들을 제거하는 데 아주 유용하게 쓰였다. 그와 아들들이 폭발로 부서진 돌덩이를 비탈 아래 산길로 굴린 다음 말에 실어 야영장으로 가지고 내려가면, 그곳에서 기다리고 있던 헬레나의 주도로 혈암을 쪼개고, 화석이 든 돌덩이를 작게 다듬은 후 포장해 야영장으로부터 900미터 아래에 있던 필드 기차역으로 옮기는 작업이 계속됐다. 작업은 날씨 조건에 따라 움직였다. 화창한 날에는 돌을 쪼개고 나르는 일이, 폭풍이 치는 날에는 야영장에서 혈암을 더 잘게 자르고 속에 든 화석을 캐내는 일이 계속됐다.

그렇게 한 달이 지난 후 월코트는 기진맥진했지만 의기양양한 마음은 감출 수 없었다. 그는 스미소니언의 한 동료에게 다음과 같은 편지를 보냈다. "이번에 수집한 것들은 정말 대단하네. 내가 생각한 것보다 더 훌륭하고 새로운 것들이 많아."[115]

그가 발견한 것은 그때까지 보거나 상상한 것보다 훨씬 더 다양한 캄브리아기 생물의 생생한 증거였다. 버지스 혈암에는 다른 캄브리아기 지층에서 발견할 수 있는 삼엽충과 꽈리조개 이상의 것이 매장돼 있었다. 이 암석은 또한 품질이 좋아서 껍질이나 단단한 외부 골격이 없는 몸체가 부드러운 동물을 잘 보존할 수 있었고, 이는 곧 환형동물, 프리아풀리드, 로보포디안, 심지어 척색동물까지 동물계에서 또 다른 주요 문門의 발견을 뜻했다 (그림 6.5 참조). 삼엽충 덕분에 이미 캄브리아기 생물로 확실히 자리 잡은 절지동물이 가장 많이 매장돼 있었지만, 매우 다양한 형태가 발견됐다는 점에서 더욱 놀라웠다. 월코트는 이들 생물에 다채로운 이름을 붙였다. 예를 들어 절지동물 중 하나는 그것을 찾은 열네 살 아들의 이름을 따 시드니아 인엑스펙탄스Sidneyia inexpentans(시드니의 발견이라는 뜻)라 불렀다(그림 6.5).

여기에서 발견된 동물의 매우 다양한 형태는 놀랍기도 했지만 동시에 혼란스러웠다. 월코트는 눈이 다섯 개 달린 오파비니아Opabinia나 크기가 가장 큰 아노말로카리스Anomalocaris처럼 괴이한 생물들에게 이름을 붙이고 그것을 분류하는 데 최선을 다해 기존의 강綱 중에서 새로운 절지동물 목目이나 과科로 정하기도 했다. 그 후 계속된 연구를 통해 이 생물들이 살아 있는 절지동물 강과 관련돼 있는지 혹은 전혀 다른 것인지 밝혀졌다. 위와지아 같은 일부 다른 버지스 화석들은 오늘날까지도 정확히 분류되지 않고 있다.

정확한 분류는 잠시 제쳐두더라도 이러한 화석의 중요성은 다양한 곳에

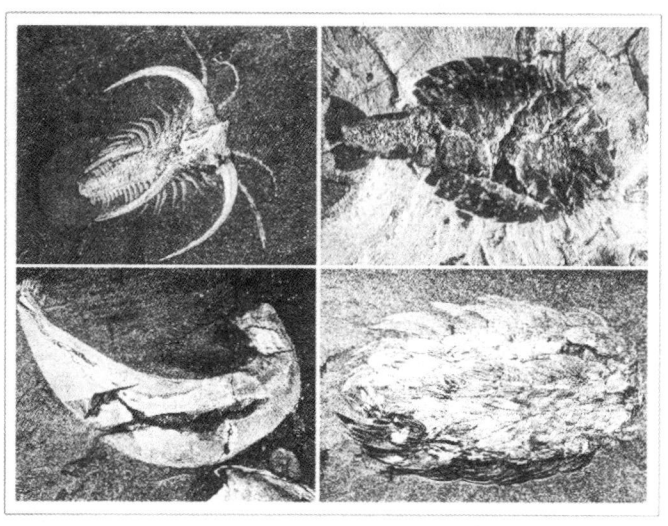

그림 6.5 버지스 혈암에서 찾은 다양한 생물들. 위: 마렐라는 갑각류, 시드니아는 몸집이 큰 절지동물이다. 아래: 오토이아는 또 다른 문인 프리아풀리드 중 몸체가 연한 것이고, 마지막에 나온 위와지아는 아직 정확한 분류가 이뤄지지 않고 있다. 제공: 스미소니언 학회

서 나타났다. 버지스 혈암은 캄브리아기의 대양에서 생명체가 폭발적으로 증가한 현상을 처음으로 우리에게 보여줬다. 그와 비슷한 것이 이전에 발견된 적 없었으며 그와 견줄 만한 현장 역시 지금까지 거의 없었다. 몸체가 부드러운 동물들 중 상당수는 버지스 혈암이 그 화석의 최초 등장일 뿐만 아니라 그 당시 유일한 증거였다. 이는 가장 근대적인 동물문(門)의 역사가 적어도 캄브리아기까지 거슬러 올라간다는 뜻이었다. 캄브리아기에 최초로 등장하는 문이 매우 많았기 때문에 후에 과학자들은 이 기간을 동물 진화의 '빅뱅'이라고 부르게 된다.

이 놀라운 화석들은 100년에 걸쳐 고생물학자와 지질학자, 생물학자들에게 많은 질문을 안겼다. 그중에서도 가장 중요한 것들은 다음과 같다. 무엇이 캄브리아기의 폭발을 야기했는가? 왜, 그리고 어떻게 생명체는 오랜 세월 동안 대체로 작고 단순한 구조를 띠다가 갑작스럽게 크고 복잡한 구조를 갖게 됐는가?

월코트의 발견 후 100년이 지난 오늘날, 우리는 확실히 더 많은 것을 알아내긴 했지만 캄브리아기의 폭발에 대해 원하는 만큼 많은 것을 안 것은 분명 아니다. 우리가 가장 확실히 알아낸 사실은 이 '폭발'의 시기다. 연대 측정 방식만큼은 당시 월코트의 시대에서 쓸 수 있던 방식에서 완전히 진보했기 때문이다. 그는 그 화석들이 1,500만 년에서 2,000만 년 정도 된 것이라고 생각했다. 그러나 오늘날 우리는 캄브리아기가 약 5억 4,300만 년 전에 시작됐고 버지스 화석들은 5억 500만 년 정도 됐음을 알고 있다.

이후 매우 다양한 개체를 포함한 더 오래된 캄브리아기 지층도 발견됐다. 하나는 그린란드(발견자 시리우스 패셋Sirius Passet, 약 5억 1,800만 년 전)였고 가장 최근에는 중국(발견자 첸지양, 약 5억 2,000만 년 전)에서도 발견됐다. 해면동물과 해파리 같은 자포동물은 선캄브리아기까지 역사가 거슬러 올라가는 반면,

몸체가 투명한 다른 동물 화석은 캄브리아기 이전에는 거의 발견되지 않고 있다. 이것으로 보아 후자의 동물들은 약 5억 3,000만 년 전에 나타나기 시작했고 따라서 캄브리아기의 폭발은 버지스 동물들이 땅속에 묻혀 화석이 되기 전 약 2,000만~2,500만 년 동안 진행되고 있었던 것이다.

다 합쳐 봤을 때 캄브리아기가 펼쳐지는 데는 대략 4,000만~5,000만 년이 걸렸을 것이다. 그렇게 긴 세월을 '폭발'이라 부르기 어려운 것 아니냐고 보는 사람도 있을지 모른다. 그러나 그보다 앞서 존재했던 시대와 비교해 볼 때, 캄브리아기는 생명의 극적이고도 급작스러운 변화의 시작을 의미한다. 나의 동료이자 하버드 대학 고생물학자인 앤디 놀Andy Knoll은 이렇게 강조한 바 있다. "이 5,000만 년은 30억 년이 넘는 생물학적 역사의 모습을 바꿔놓았다."116

그렇다면 이 폭발을 야기한 것은 무엇이었을까? 선캄브리아기 후반에 대양에서 산소 농도가 극적으로 높아진 현상이 발생한 적 있었다. 몸집이 큰 동물들은 몸속 세포 깊숙이 산소들을 골고루 보내야 할 필요가 있기 때문에 바닷속 산소 농도가 급증한 것이 몸집이 큰 생물들의 등장을 가능케 한 것이 아니냐는 의견을 지지하는 과학자들이 있다. 그리고 나서 이 동물들이 포식 동물과 먹잇감이 되는 동물 사이에 폭발적인 생태학적 경쟁을 일으켜 갑자기 바닷속에 별의별 생물들이 빠른 속도로 생겨났다는 것이다.

그가 남긴 것

처음 버지스 화석을 발견한 1910년 이후 월코트는 몇 차례 더 버지스를 찾았으며 일흔다섯 살이 된 1925년까지 매년 캐나다 로키 산맥에도 갔다. 마음이 울적할 때면 그가 매우 사랑했던 로키 산맥과 고된 발굴 작업이 종종 위안을 주곤 했기 때문이다. 1911년 현장 조사를 나가기 직전 아내 헬레나가 기차 사고로 목숨을 잃는 일이 발생한 데 이어, 1913년에는 장남 찰스가 숨을 거두었고 1917년에는 스튜어트가 세상을 떠났다. 그는 제1차 세계대전에서 첫 번째로 목숨을 잃은 미국인 조종사였다. 월코트는 당시 대통령 우드로 윌슨Woodrow Wilson에게 편지를 써 이렇게 슬픈 때에는 "한결같고 체계적인 일이 사람을 구원한다."117고 했다. 그는 이 말을 그대로 지키기라도 하듯 총 6만 5,000점이 넘는 버지스 화석 표본을 스미소니언에 가져다줬다. 이것들은 현재 국보로 지정돼 있다.

총 20년의 운영 기간 동안 월코트가 국립박물관의 다른 전시품이나 다른 임무를 소홀히 한 것도 아니었다. 그는 디트로이트의 사업가 찰스 프리어를 설득해 스미소니언에 그 유명한 동아시아 예술품 프리어 갤러리Freer Gallery of East Asian Art를 만드는 데 일조했으며, '지식의 증가와 확산'을 촉진한다는 학회의 서기관 헌장에 따라 미국 항공기술 발달에도 높은 관심을 보였다. 1910년 2월의 어느 날 라이트 형제에게 훈장을 수여한 것(그림 6.1 참조)도 서기관으로서 그의 역할 중 하나였다. 그는 나중에 의회와 군, 윌슨 대통령을 한 자리에 모아 1915년 미국항공자문위원회National Advisory Committee for Aeronautics, NACA를 설립하는 데 중추적인 역할을 했을 뿐만 아니라 관리위원회의 의장을 역임하기도 했다. 그로부터 43년 뒤인 1958년, 구소련의 스푸트니크 위성 발사 이후 이를 따라잡으려는 노력의 일환으로 NACA는 NASA로 변모해 우주를 탐험하는 과업을 맡게 된다.

그랜드 캐니언의 깊은 계곡 속부터 캐나다 로키 산맥 꼭대기까지, 선캄브리아기의 미생물 흔적부터 빅뱅의 동물들까지, 미국 서부의 개방부터 우주 개발 경쟁에 이르기까지, 트렌튼 폭포부터 백악관까지, 스노우 슈즈 찰리는 대단한 발자취를 남겼다.

그림 6.6 버지스 혈암 발굴. 자신이 세운 발굴 현장에 서 있는 월코트. 제공: 스미소니언 학회

그림 7.1 탐험가 로이 채프먼 앤드류스Roy Chapman Andrews가 몽골 고비 사막의 황무지에서 찾은 솔개 둥지에 다가가고 있다. 현장 조사를 나갈 때마다 쓰던 산림경비대 모자와 허리에 찬 권총이 그의 트레이드마크였다. 제공: 제임스 섀클포드, 미국 자연사박물관

7장

용이 알을 낳는 곳

꿈은 이루어진다. 그러한 가능성이 없다면
자연은 우리가 꿈을 갖게 하지 않았을 것이다.

— 존 업다이크John Updike

    1800년대 후반 위스콘신 벨로이트, 록 강둑에 자리 잡은 작은 공업단지에서 자라던 소년 로이 채프먼 앤드류스는 날씨가 어떻든 시간만 나면 밖에 나가 뛰어놀았다. 혹시라도 집에 있어야 하는 날이면 어머니에게 로빈슨 크루소를 읽고 또 읽어달라고 졸랐다. 이미 달달 외우고 있었는데도 말이다. 어린 로이는 언젠가 무인도에서 혼자 사는 것을 꿈꿨다.
    여덟 살이 된 소년은 자연을 사랑했다. 그는 쌍안경과 공책, 조류 도감을 들고 숲을 누볐다. 시카고에 있는 필드 자연사박물관에 갔다가 감동을 받은 소년은 다락방에 자신만의 박물관을 만들어 각종 식물과 암석, 화석, 박제동물 등에 세심하게 이름을 달아 전시해뒀다.
    그의 부모는 아들의 이러한 열정을 더욱 북돋워줬다. 로이가 아홉 살 생일을 맞던 날, 아버지가 그에게 싱글배럴 산탄총을 선물로 줬다. 로이는 새로 받은 선물을 가지고 거위 사냥을 나갔고, 습지 가장자리에 거위가 몇 마리 떠 있는 것을 봤다. 진흙탕에 납작 엎드려 조금씩 다가간 소년은 새들을 향해 총을 발사했다. 그러자 그중 세 마리가 피시식 바람 빠지는 소리를 내며 천천히 쭈그러들었다. 누군가 미끼로 세워놓은 가짜 새들에 총을 쏘아 잔뜩 구멍을 낸 것이다!

미끼의 주인 프레드 펜턴이 덤불 뒤에 숨어 있다가 화가 잔뜩 나 펄쩍 뛰어나왔다. 로이는 잔뜩 겁을 먹고 울면서 집으로 도망쳤다. 그러나 이야기를 들은 로이의 아버지는 배를 잡고 껄껄 웃었다. 알고 보니 아버지는 펜턴을 싫어했다. 아버지는 '다음번에는 그 새들을 몽땅 쏴버릴 수 있게'[118] 더블배럴 산탄총을 사주겠다고 약속을 했고 로이는 그 주가 지나기 전에 새로운 무기를 갖게 됐다.

로이는 야영과 낚시, 사냥을 좋아했고 종종 혼자서 다니기도 했다. 어느 날 로이는 야영을 나갔다가 저녁으로 빵과 베이컨을 먹고 커다란 나무 밑에 쭈그려 잠이 들었다. 잠을 자던 중, 무언가 머릿속에서 꿈틀거리는 것을 느낀 로이는 잠결에 무심코 손으로 그것을 더듬었고, 순간 차갑고 미끈한 것이 그의 손목과 팔을 감쌌다. 로이는 깜짝 놀라 마구 소리를 지르며 벌떡 일어나 그것을 털어냈다. 다행히 독이 없는 뱀이었지만 이 사건은 그 후로도 몇 주에 걸쳐 머리에서 떠나지 않으며 그를 괴롭혔고, 결국 평생 계속되는 뱀 공포증으로 이어졌다.

계속해서 들짐승을 사냥하다보니 로이는 박제에 관심을 갖게 됐다. 책을 통해 동물을 판에 고정시키는 방법을 배운 그는 곧 주변에 사는 다른 사냥꾼들에게 돈을 받고 각종 새와 사슴을 박제하는 일을 시작하게 된다. 가을 사냥철만 되면 일이 끊이지 않았던 덕에 크리스마스에는 언제나 용돈이 풍족했고, 나중에는 주변 명문 학교인 벨로이트 대학 등록금에 보탤 수 있었다.

로이는 박제 일에는 열심이었지만 모범적인 학생이라고 할 수는 없었다. 그는 과학 말고 다른 과목에는 관심이 없었고 특히 수학 점수는 형편없었다. 하지만 리처드 버튼, 존 스페크, 데이비드 리빙스턴, 헨리 스탠리 같은 위대한 아프리카 탐험가들의 이야기와 위스콘신 야외로 수차례 나간 여행은 탐험과 자연사에 대한 그의 관심에 한층 불을 붙였다.

그렇다고 로이가 대학에서 시간 낭비만 한 것은 아니었다. 전문 과학자들을 만났던 것이다. 그는 어느 날 벨로이트에 강의를 하러 미국 자연사박물관에서 나온 한 지질학자를 붙잡고 자연사에 대한 자신의 열정을 이야기하면서 자기가 박제한 동물 머리를 보러 동네 선술집에 들르라고 그를 설득했다. 로이의 박제를 보고 감탄한 지질학자는 박물관장에게 편지를 써 일자리를 부탁해보는 것이 어떠냐고 말했다.

박물학자 겸 탐험가가 되기를 간절히 바랐던 로이의 머릿속에는 다른 어떤 직업도 떠오른 적이 없었다. 로이는 벨로이트로부터 140킬로미터 떨어진 시카고보다 더 먼 곳에는 가본 적이 없었지만, 대학을 졸업하던 날 뉴욕으로 가 자연사박물관에서 일자리를 찾겠다고 부모한테 이야기했다.

고래에서 시작되다

뉴욕에 도착한 다음 날, 로이는 박물관장인 범퍼스 박사를 만나기 위해 박물관으로 향했다. 다소 긴장해서 박물관장의 질문에 대답을 마친 그에게 안타깝게도 현재 채용을 하고 있지 않다는 대답이 돌아왔다. 로이는 크게 실망했지만 모험가 기질이 발동해 불쑥 말했다.

"일자리를 찾는 것이 아닙니다. 그냥 여기에서 일을 하고 싶을 뿐이에요. 바닥 청소하는 사람은 필요하겠지요? 제가 그 일을 할 수 없을까요?"[119]

"대학 졸업장까지 있는 사람이 바닥 청소를 하겠다는 말인가?"

놀란 관장이 반문했다.

"아무 바닥이나 닦겠다는 게 아닙니다. 박물관 바닥은 달라요."

로이의 활력 넘치는 대답이 마음에 든 범퍼스 관장은 그를 고용했고 함께 점심 식사를 하러 나갔다. 그때 범퍼스 관장이 몰랐던 것이 있었다. 나중에 로이가 그 박물관에서 가장 유명한 직원이 돼 결국에는 박물관장 자리를 차지하게 될 것이라는 사실 말이다.

박제부에 들어간 로이는 처음 정해진 대로 아침마다 바닥을 닦으며 하루를 시작했지만 곧 흥미로운 업무를 맡게 된다. 그에게 첫 번째 기회가 찾아온 것은 실물 크기의 고래 모형을 제작하고 있던 과학자의 조수로 발령받은 때였다. 그 일을 함께 맡은 친구 한 명과 로이는 그물망과 풀 먹인 종이를 쓰는 것이 좋겠다고 결론을 내렸다.

로이는 고래를 본 적이 없었다. 운 좋게도 그로부터 얼마 지나지 않아 고래 시체가 파도에 밀려 롱아일랜드 해변에 올라오는 일이 벌어지고, 로이와 친구는 고래 뼈를 박물관으로 싣고 오라는 임무를 받는다. 고래의 엄청난 살집과 기름을 제거하고 뼈대만 추려내는 것은 그야말로 엄청난 일이었다. 그 와중에 시체는 점점 썩어 모래 속으로 조금씩 파묻히고 밀려오는 물살이 사정없이 고래를 쳐댔다. 흠뻑 젖어 몸이 온통 얼고 기진맥진했지만 그들은 끈질기게 그 일에 매달려 며칠 만에 고래 뼈를 박물관으로 실어올 수 있었다. 이 새 직원이 마음에 든 범퍼스 관장은 유력 박물학자부터 1900년대 초 재벌 중 한 명인 앤드류 카네기에 이르기까지 박물관을 찾는 주요 인사들에게 그를 소개했다.

고래 덕분에 로이는 최초의 진짜 탐험을 나갈 수 있었다. 고래의 습성에 대해 알려진 바가 거의 없었기 때문에 로이는 관장을 설득해 밴쿠버 연안에서 조업을 하는 포경선에 오르게 된다. 계속되는 뱃멀미에 시달리면서도 로이는 가까이에서 고래를 관찰할 수 있었는데 그중에는 고래가 새끼 낳는 광경 또한 포함돼 있었다. 첫 번째 고래 관찰에 성공한 그는 그 이후 8년간 세계 여러 곳, 특히 멀리 동쪽의 일본, 한국, 중국까지 다니며 고래를 더욱 자세히 연구했다. 이 현장 연구 기간 동안 그는 동양에 대한 애정과 함께 박물학자로서의 명성을 더욱 높였다. 예를 들어 그는 한때 멸종됐던 것으로 알려진 수염고래를 '재발견'했다. 무엇보다도 값진 것은 수많은 곳을 탐험하고 종종 옆길로 빠져 여행을 한 덕분에 탐험에 대한 더 큰 욕구와 자신감을 높일 모험을 하게 될 기회가 많이 생겼다는 점이었다.

한번은 필리핀을 떠나는 배를 기다리다 일정이 몇 주 지연된 적이 있었다. 그 틈을 타 그는 두 명의 필리핀 조수와 함께 증기선을 타고 무인도로 향했다. 야자수가 우거지고 산호초로 둘러싸인 지상 천국에서 로이는 자신이 언제나 꿈꾸던 로빈슨 크루소의 경험을 할 수 있었다. 하지만 그 경험은 지나치게 현실적이었다. 5일치 식량만 남겨두고 떠난 배가 프로펠러 고장으로 2주가 지나서야 그를 태우러 돌아왔기 때문이었다.

식량이 모두 떨어진 후에도 로이는 걱정하지 않았다. 웅덩이에서 물살을 헤치며 물고기와 게를 잡고, 별을 보고 잠드는 생활에 그는 매우 행복해했다. 그는 새를 잡기 위해 덫을 놓으며 마치 표류자처럼 살았다. 마침내 배가 나타났을 때에 그의 마음은 무거웠다. 다시는 '자신만의' 외딴 섬에서 살았던 이때처럼 행복해지지 못할 것 같았기 때문이었다.

그러나 걱정할 필요는 없었다. 앞으로도 대단한 모험이 그를 기다리고 있었으니 말이다.

아시아를 꿈꾸다

고래 뒤를 쫓아 전 세계를 돌아다닌 지 8년, 로이는 뭍으로 돌아가고 싶었다. 하지만 무언가 놀라운 발견을 할 기회는 어디에 있단 말인가?

로이는 아시아, 특히 중국에 홀딱 빠져 있었다. 북경(지금의 베이징)에 발을 들여놓는 순간, 그는 사람들이 걸치고 있는 알록달록한 옷과 돌로 만든 벽, 총구멍이 뚫린 흙벽, 마치 역사를 이야기하는 듯한 동상과 사랑에 빠졌다. 특히 만리장성을 본 그는 감탄을 금치 못했다. 처음으로 그것을 보러 가는 길, 그는 일부러 고개를 숙이고 성벽까지 걸어갔다. 고개를 들어 그것을 봤을 때 그 장대함을 한눈에 보고 싶어서였다.

"드디어 언덕을 너머 깊은 계곡으로, 깎아지른 듯한 꼭대기를 향해 내 눈으로 볼 수 없는 곳까지 마치 자고 있는 회색 뱀처럼 성벽이 펼쳐져 있었다. 중국의 만리장성만큼 나를 뒤흔들어 놓은 광경은 지구상에 없었다. 언젠가 반드시 돌아와 다시 보고야 말리라."[120]

만리장성은 몽고족과 다른 외세의 침략으로부터 중국 북부를 막기 위해 세워졌다. 로이는 그 뒤에 펼쳐진 거대한 지역을 탐험하기 위해 그곳의 성문들을 여러 차례 드나들었다.

아시아를 탐험할 기회를 찾던 로이는 새로운 박물관장 헨리 페어필드 오스본Henry Fairfield Osborn의 연구 철학 덕분에 기회를 잡았다. 유명한 고생물학자였던 오스본은 미국 서부에서 펼쳐진 화석 탐사를 이끌며 찾은 공룡 화석에 티라노사우루스 렉스Tyrannosaurus rex라는 이름을 붙인 장본인이기도 했다. 그는 아시아가 고대 인류의 발상지일 뿐만 아니라 현재 유럽과 아메리카 대륙에 서식하고 있는 동물 중 상당수의 기원이 있는 곳이라고 믿었다. 이러한 가설을 테스트하려면 중앙아시아의 동식물과 화석에 대해 당시 알려진 것보다 더 많은 정보가 필요했다. 값비싼 탐험을 시도하는 데 자신의 상사가 아끼는 가설을 증명하는 것보다 더 나은 구실이 어디 있겠는가? 로이는 필요한 과학적 자료를 모으기 위한 탐험을 제안했고 물론 오스본은 이에 찬성할 수밖에 없었다.

   1916년 로이는 중국 남동부의 윈난성으로 최초의 수집 여행을 나선다. 그는 수집가가 단 한 번도 들른 적이 없는 여러 지역을 돌아다니며 잘 보존된 2,100점의 포유류와 1,000점의 조류, 그리고 수많은 어류와 파충류 표본을 가지고 돌아왔다.

   그가 윈난성에 있는 동안 미국이 제1차 세계대전에 참전했다. 해군 정보 기관에 있는 친구를 통해 로이는 동물학 표본 수집가로 가장하고 스파이로서 임무를 받게 된다. 이 덕분에 로이는 전쟁이 벌어지는 동안 중국, 만주, 몽골부터 멀리 시베리아까지 다니며 아시아에 머무르게 된다. 로이는 '새로운 나라, 새로운 관습, 새로운 사람을 매일 만날 수 있는 자신의 일'을 즐겼다. 그는 각국의 정치적 상황과 군사적 문제에 대해서도 첩보 보고서를 작성했지만 무엇보다 중요한 것은 이러한 여행 덕분에 미래에 탐험하기 좋고 가능성 있는 지역들을 미리 봐둘 수 있다는 점이었다.

   그는 몽골과 고비 사막의 매력에 사로잡혔다. 그곳으로 가는 첫 번째 여정에는 자동차를 이용했다. 당시 자동차는 낙타보다 훨씬 편안하고 빠르며 새롭고 진귀한 교통수단이었다. 칼간에 있는 만리장성을 지난 그는 몽골의 수도인 우르가로 향했다. 로이는 다채로운 협곡과 산, 계곡과 드넓은 평원에 감탄하며 아래와 같은 글을 남겼다.

> 몽골에서 받은 느낌은 그 어디에 가서도 다시 느낄 수 없을 것이다. 암갈색으로 물들어 드넓게 펼쳐진 자갈밭과 만나는 희미한 지평선, 과거 칭기즈칸의 사나운 전사들이 달렸던 고대의 길, 고비 사막의 모래 속을 헤치고 나온 당당한 낙타들과 자동차 사이의 대조는 믿을 수 없을 만큼 훌륭하다. 이 모든 것이 마음속 깊은 곳

까지 나를 흥분시킨다. 내가 있을 곳을 찾았다. 알기 위해, 그리고 사랑하기 위해 태어난 곳 말이다.121

전쟁이 끝난 직후인 1919년 봄, 로이는 박물관의 첫 번째 탐험을 떠나기 위해 몽골과 고비 사막으로 향했다. 완전히 미지의 국가로 가는 것이긴 했지만 탐험의 목적은 동물학 표본 수집으로 엄격히 정해져 있었다. 로이는 박물관을 위해 최선을 다했고 1,500점의 포유류 표본을 수집했다. 그러고 나서 그는 또 다른 탐험 계획을 하나 세웠는데 그것은 이전에는 감히 상상도 하지 못했던 종류의 것이었다.

장대한 계획

로이는 오스본 관장을 만나 자신의 장대한 계획을 설명하기 위해 뉴욕으로 갔다. 오스본은 로이가 무언가 중요한 일을 설명하리라는 것을 미리 눈치채고 마음속에 있던 말을 모두 털어놓게 했다.

"관장님의 이론을 증명하려면 중부아시아 고원의 과거 전체, 즉 지질학과 화석, 과거 기후, 식물 등을 모두 재구성해봐야 합니다. 그곳에 살고 있는 포유류와 조류, 어류, 파충류, 곤충, 식물을 모두 수집하고 아직 미개척 상태로 남아 있는 고비 사막 일부 지역의 지도를 만들어야 합니다. 아주 철저히 하지 않으면 안 됩니다. 아마 미국 영토가 아닌 곳에서 이뤄지는 사상 최대의 육지 탐험이 될 것입니다."

로이는 탐험대 이동과 각종 물자 운송에 대해 미리 계획을 짰다. 자신의 자동차 운전 경험이 필수적으로 쓰일 것이었다. 그는 낙타를 이용하면 하루에 20킬로미터밖에 이동할 수 없지만 자동차를 사용하면 160킬로미터씩 이동할 수 있다고 오스본에게 설명하고 자동차 행렬에 보급선처럼 이용할 수 있는 낙타 대열을 준비했다. 겨울에 미리 식량과 장비를 실은 낙타를 보내 놓으면 여름에 사막 한가운데에서 낙타와 자동차 행렬이 만날 수 있을 것이었다.

오스본이 로이에게 각종 질문을 퍼부었지만 그중에 로이가 미리 예상해 상세한 답변을 준비해두지 않은 것은 하나도 없었다. 무엇보다도 로이는 지질학, 고생물학, 포유동물학 등 여러 분야의 최고 전문가들을 탐험에 데려가는 것이 얼마나 중요한지 오스본을 설득했다.

오스본은 결국 로이의 설득에 홀딱 넘어가고 말았다.

"로이, 이 일은 반드시 실행해야 하네. 계획이 과학적으로도 흠이 없어 보이는군. 게다가 감동적이기까지 해. 단 하나 문제는 비용이군."[123]

로이는 총 5년 예정인 이 탐험에 25만 달러가 필요하다고 생각했다. 이것은 현재 가치로 환산하면 1,000만 달러쯤 된다. 하지만 그는 비용 조달에 대한 계획도 이미 세워놓고 있었다. 그는 여러 재계 인물들과 어울리고 있었고, 이러한 탐험이 그들에게 사회적 지위를 안겨다 줄 수 있다면 충분히 후원금을 낼 것이라고 믿었다.

벨로이트에서 온 신참 박제사의 생각이 다시 한 번 옳았음이 증명됐다.

그는 맨 처음 은행가 J.P. 모건Morgan을 찾아갔다. 로이가 지도를 펼치고 설명을 시작하자 모건은 넋을 잃고 귀를 기울였다. 로이는 단 15분 만에 자신의 계획 전체를 설명했다. 그가 말을 끝내고 가쁜 숨을 몰아쉬고 있을 때 모건이 입을 열었다. "대단한 계획이네, 대단한 계획이야. 자네에게 돈을 걸어보겠네. 좋아, 1만 5,000달러를 내줄 테니 나가서 나머지 자금을 얻어보게나."[124]

모건은 동료 은행가가 있는 체이스 국립 은행으로 로이를 보냈고 로이는 그곳에서 1만 달러를 확보했다. 존 D. 록펠러John D. Rockfeller를 포함해 뉴욕의 다른 상류층 인사들도 그 뒤를 따랐다. 로이는 월스트리트에서 벌어지는 자신의 모험을 즐겼다. 철강, 석유, 철도, 은행 및 다른 산업의 거인들과 도박을 즐겼던 것이다.

이 탐험 소식은 곧 여러 신문사와 일반 대중들의 관심을 사로잡았다. 로이는 탐험에 참가하고 싶어 하는 사람들로부터 수천 통의 편지를 받았는데 그중에는 10대 소년들로부터 온 것도 많았다. 그러나 그는 이미 팀원을 매우 세심히 골라놓은 상태였다.

팀에는 로이의 부관이었던 고생물학자 월터 그레인저Walter Granger, 선임 지질학자 찰스 버키Charles Berkey, 파충류학자 클리포드 포프Clifford Pope, 자동차 운송 책임자 베이어드 콜게이트Bayard Colgate, 지질학자 프레더릭 모리스Frederick Morris, 사진사 J.B. 섀클포드Shackelford가 있었다(그림 7.2 참조). 탐험대 선정은 매우 훌륭했다. 그들은 놀랄 만큼 서로 잘 어울렸으며 현장에 나가서

그림 7.2 1922년 몽골 차곤 노르에 모인 탐험대. 둘째 줄 왼쪽부터 모리스, 콜게이트, 그레인저, 배드마자포프, 앤드류스, 버키, 라슨, 섀클포드. 맨 윗줄: 중국인 기술자 및 야영장 일꾼들. 맨 아랫줄: 몽골 통역 및 낙타 몰이꾼들. 출처: 로이 채프먼 앤드류스(1932), 『중앙아시아의 새로운 정복』 미국 자연사박물관

는 각자의 강점으로 서로를 보완했다.

자금이 확보되고 참가자가 정해지자 이제 남은 것은 탐험 준비였다. 로이는 자신의 경험을 충분히 살려 장비를 고르고 식량을 챙기며 전반적인 준비 작업을 진행했다. 일단 사막에 가면 고기 외에는 먹을 것이 없으리라는 것을 잘 알고 있었기에 그는 말린 과일과 양파, 토마토, 당근, 비트, 시금치 같은 말린 채소를 미국에서 준비했다. 그 외에 필요한 것들은 중국에 파견돼 있던 미 함대에서 제공받았다. 그들은 몽고식 텐트와 동물 가죽과 털로 만든 침낭도 구했다. 그곳의 유목민들이야말로 사막 날씨에 대처하는 방법을 가장 잘 알고 있었기 때문이었다. 그는 탐험에 쓸 자동차 역시 직접 골랐다. 닷지 브라더스 자동차 세 대와 풀턴 1톤 트럭 두 대였다. 뉴욕의 스탠더드 정유사에서 석유 3,000갤런과 기름 50갤런을 후원했다. 준비가 끝나자 총 18톤이나 되는 장비와 각종 물품이 북경으로 운송됐으며 그것을 운반하는 데에는 낙타가 일흔다섯 마리나 필요했다. 곧이어 북경에 탐험 본부가 세워지고 짐을 실은 낙타 행렬이 사막으로 먼저 출발했다. 그리고 마침내 1922년 4월 21일, 다섯 대의 자동차에 나누어 탄 탐험대가 칼간에서 출발해 만리장성을 지나 그 뒤로 펼쳐진 거대한 땅덩이에 발을 내디었다(그림 7.3).

불확실한 것이 너무나도 많았다. 그중에서도 가장 큰 문제는 정말 화석을 찾을 수 있겠느냐는 것이었다. 오스본이 앞서 지적하고 로이도 알고 있었듯이 중앙아시아 고원에서 발견된 유일한 화석은 1890년대 후반 러시아인이 찾은 치아 하나뿐이었다. 몇몇 사람들은 이 탐험이 무의미하다고 조롱했다. 그런 사람들은 사막이 모래와 자갈뿐인 황무지라며 태평양 한가운데에서 화석을 찾는 것이 더 나을 것이라고 했다. 로이는 버키나 모리스처럼 뛰어난 지질학자들을 '지층이 모래로 모두 덮인'[125] 나라에서 썩히는 것

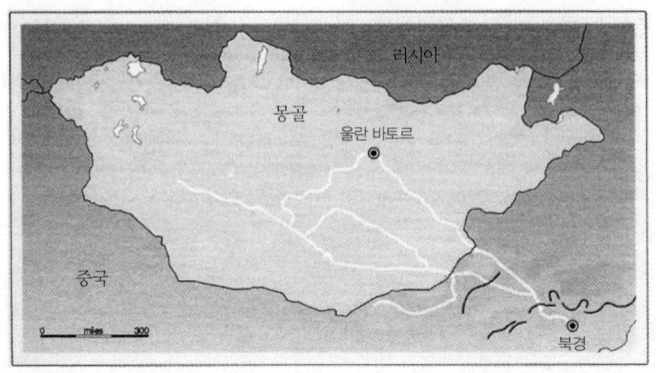

그림 7.3 중앙아시아 탐험 지도. 흰 선은 1921년부터 1930년 사이에 진행된 탐험의 다양한 루트를 의미한다. 리앤 올즈 그림. 지도 참조: L. 렉서, R. 클라인 (1995), 『125년의 탐험과 발견』. 공동 제공: 해리 N. 에이브럼스, 미국 자연사박물관

은 범죄 행위나 다름없다는 말까지 들었다.

그러나 로이의 팀원들은 그러한 회의론자들이 틀렸다는 것을 증명했다. 세상에, 그렇게나 틀릴 수가 없었다.

이렌 다바수

자동차 행렬이 고비 사막을 향해 빠른 속도로 이동했다. 야영장을 세웠다가 접는 일도 순조롭게 진행됐다. 일단 야영할 장소를 택하고 나면 30분 사이에 텐트가 세워지고 모닥불이 지펴졌다. 그러고 나면 각 팀원들이 각자의 일을 시작했다. 자동차 담당자는 차에 기름을 채우고 혹시 느슨한 나사는 없는지, 타이어는 멀쩡한지 철저히 확인했다. 지질학자는 그날 조사한 것을 공책에 옮겼다. 사진사는 필름을 채우고 그날 찍은 사진을 기록했다. 박제사는 식량으로 쓸 동물을 잡기 위해 덫을 놓았다. 그리고 근처에 암석이 돌출됐거나 노출된 것이 있으면 고생물학자는 화석이 있는지 잠시 돌아보곤 했다.

탐험이 시작되고 나흘째 되던 날, 로이와 팀원들이 이렌 다바수에 야영장을 세우는 동안 버키와 모리스, 그레인저가 몇 킬로미터 떨어진 곳에서 화석을 찾아보고 있었다. 로이가 모래 언덕 너머 아름다운 일몰을 바라보고 있을 때, 그레인저와 다른 지질학자들이 야영장으로 헐레벌떡 뛰어 들어왔다. 주머니에서 화석 몇 개를 끄집어내는 그레인저의 눈이 빛나고 있었다. "로이, 우리가 해냈어요. 화석이 있어요! 단 한 시간 만에 20킬로그램이 넘는 화석을 찾았습니다!"[126]

찾아낸 이빨 중 일부는 코뿔소 것이 분명했지만 다른 포유류 잔해는 확실치 않았다. 그러나 그것은 중요하지 않았다. 모든 사람들은 기쁨에 들떠 다음 날 해가 뜨자마자 화석을 찾으러 가고 싶어 발이 근질거릴 정도였다.

다음 날 아침, 버키가 양손에 화석을 가득 쥐고 아침 식사를 하러 왔다. 그들은 화석이 상당량 매장된 지층 바로 위에서 야영을 한 것이었다. 그중에 그레인저를 당황시킨 다리뼈가 하나 있었다. 그것은 포유류의 것이 아니었다. 그는 버키가 그 뼈를 찾아낸 곳으로 가서 암석 속에 완벽한 상태로 보존돼 있던 또 다른 뼈 한 점을 찾았다. 그것은 바로 공룡의 뼈였다. 버키가 감탄했다. "우리는 파충류 시대 후반인 백악기 지층 위에 서 있는 걸세. 히말라야 산맥 북쪽으로 아시아에서 최초로 발견된 백악기 지층과 공룡 말이야."

로이의 낙관론이 명중하는 순간이었다. 그들은 포유류와 공룡 화석이 풍부한 지층 위에 서 있었다. 이렌 다바수에서 더 조사할 것이 많지만 그들은 축하할 시간도, 더 발굴할 시간도 없었다. 예정대로 낙타 행렬과 만나려면 560킬로미터 이상 더 전진해야 했다.

몽골인 메린이 이끄는 낙타 행렬은 4월 28일 자동차 행렬과 만나기로 돼 있었다. 약속한 지점에 가까이 다가가자 멀리서 나부끼는 미국 국기가 보였다. 출발한 지 38일 만에 약속한 시간보다 정확히 한 시간 앞서 약속 장소에 낙타 행렬이 당도한 것이었다. 거대한 암석들 사이에 한 줄을 이루고 길게 늘어서 있는 낙타 행렬의 모습은 그야말로 장관이었다(그림 7.4).

사막을 가로지르는 동안 탐험대는 계속해서 끈질긴 적과 싸워야 했다. 바로 모래 폭풍이었다. 로이는 모래 폭풍의 엄청난 힘과 그것이 가져오는 혼란에 대해 이렇게 적었다.

> 천천히 공기가 진동하는 것을 느끼기 시작한다. 그것은 계속해서 울부짖는 소리를 내고, 그 울음소리는 시시각각 커진다. 그 순간 나는 무슨 일인지 깨닫는다. 끔찍한 모래 폭풍이 다가오고 있는 것이다. 마치 화산 분화구처럼 얕은 침적 분지에서 연기 같은 것이 피어오른다. 노란 '바람 악마들'이 소용돌이치며 올라와 땅덩이 전체를 휩싸고 돈다. 북쪽으로 불길한 암갈색 모래 언덕이 놀랄 만한 속도로 다가온다. 야영장을 향해 황급히 돌아가기 시작했지만 거

그림 7.4 탐험 행렬. 1925년 플레이밍 클리프에 도착한 낙타 행렬. 출처: 로이 채프먼 앤드류스(1932), 『중앙아시아의 새로운 정복, 1921~1930』 미국 자연사박물관

의 순식간에 수천의 악마들이 날카로운 소리를 지르며 모래와 자갈로 내 얼굴을 때려댄다. 숨 쉬기는 힘들고 앞을 보는 것은 완전히 불가능하다.[127]

더 이상 견딜 수 없다고 생각할 때까지 이런 바람이 열흘간 계속됐다. 하지만 일단 폭풍이 지나간 후 그들은 다시 환상적인 모래 언덕과 자주색 산 위로 비치는 붉은 일몰, 땅위로 불쑥 불쑥 솟아오른 화석을 다시 즐길 수 있었다.

섀클포드는 화석을 찾아내는 데 일가견이 있었다. 어느 날, 사막의 호수 가장자리를 지나던 그는 비바람에 씻겨 둑에서 삐져나온 거대한 다리뼈 하나에 걸려 거의 넘어질 뻔했다. 몇몇 몽골인들에게 '사람 몸만큼 큰 뼈' 이야기를 들은 적이 있었는데 그 증거가 바로 눈앞에 있었다. 그것은 발루키테리움Baluchitherium(1913년 이것이 발견된 파키스탄의 지역 이름 발루키스타를 딴 '발루키스타의 짐승'이라는 뜻)의 앞다리 상박골이었다. 로이와 그레인저는 나중에 몸집이 어마어마하게 큰 동물의 두개골을 찾았다. 그것은 지금까지 존재했던 것 중에 가장 큰 육지 동물로 키가 5미터에 몸길이가 8미터, 몸무게가 15톤에 달했다.

그레인저도 다른 화석들을 찾느라 바빴다. 그는 어느 날 단 하루 동안 다양한 육식동물, 설치동물, 식충동물의 턱뼈와 두개골 175점을 찾았다. 그리고 그 근처에서 작은 부리를 가진 공룡의 온전한 유골을 발견했다.

사막에서 진행된 탐사 환경은 매우 나빴지만 한편으로 이러한 화석이 몽골의 외딴 곳에 있는 것은 다행이었다. 당시 중국에서는 이러한 뼈를 용의 것이라 믿었고 용은 성스러움의 상징으로 여겨졌다. 그래서 실제로는 멸종한 포유류와 공룡의 뼈인 이 '용뼈'를 최소 2,000년 동안 사람들이 잘게 부숴 가루로 만든 후 민간요법에 썼던 것이다. 고비의 이러한 발굴 현장이 문명사회와 조금이라도 가까웠더라면 화석은 이미 모두 사라지고 없었을 것이다.

9월 1일, 이제는 고비 사막을 떠나야 할 때였다. 날씨가 바뀌고 엄청나게 많은 철새 무리가 북쪽의 툰드라 지역에서 남쪽을 향해 이동하기 시작했다. 보유한 물이 점점 줄어들고 있었고 로이는 탐험대가 눈보라에 갇혀 오도 가도 못할 지경이 될까 걱정이 됐다.

우물을 찾아 멈춰선 곳에서 섀클포드는 잠시 산책을 나갔다가 어느덧 거대한 붉은 사암 분지에 이르렀다. 비탈을 타고 내려간 그는 조그만 암석 꼭대기에 하얀 화석 유골이 기대어 서 있는 것을 발견하게 된다. 마치 누군가 찾아와 뽑아주길 기다리는 것처럼 말이다. 언뜻 낯설었던 그 화석은 뿔이 달린 공룡의 두개골로 밝혀졌고 후에 로이의 이름을 따 프로토세라톱스 앤드류시$_{Protoceratops\ andrewsi}$라 명명된다(그림 7.5). 섀클포드는 이 밖에도 다른 화석을 봤다고 보고했고 탐험대는 그곳에서 야영을 하기로 결정한다.

다음 날 그들은 이 아름다운 황무지가 '온통 하얀 화석으로 뒤덮여 있고 그 모두는 이전에 전혀 알지 못했던 새로운 생물'[128]이라는 것을 발견하지만 다음을 기약하며 발길을 돌려야만 했다. 늦은 오후 마치 불처럼 타오르던 암석에 영감을 받아 로이는 마지막으로 그 장소에 '플레이밍 클리프', 곧 불타는 절벽이란 이름을 붙이고 탐험대는 북경으로 향한다.

탐험의 성과는 그들이 바랐던 것보다 몇 곱절 컸다. 그들은 몸집이 작은 공룡의 완전한 유골뿐만 아니라 몸집이 큰 것들의 유골 일부, 코끼리와 비슷하게 생긴 마스토돈, 설치류, 육식동물, 사슴, 거대한 타조, 코뿔소의 두개골 외에도 백악기에 살던 모기, 나비, 물고기 등을 발견했다. 섀클포드는 고비 사막에서의 삶을 촬영하는 데 길이 6,000미터에 달하는 분량의 필름

그림 7.5 플레이밍 클리프에 모습을 드러낸 프로토세라톱스 앤드류시. 출처: 로이 채프먼 앤드류스 (1932), 『중앙아시아의 새로운 정복』 미국 자연사박물관

을 사용했다. 그들이 발견한 표본 중 거의 대부분이 당시 과학계에 새로운 것이었다. 오스본 교수가 축하 인사를 건넸다. "여러분은 지구 상 모든 생명의 역사에 새로운 장을 썼습니다."[129]

그러나 대원들은 자신들이 찾은 것은 빙산의 일각에 불과하다는 것을 잘 알고 있었다. 그들은 이듬해 2차 탐험을 준비했고 이윽고 플레이밍 클리프로 다시 돌아갔다.

용이 알을 낳는 곳

1차 탐험 후 정확히 1년 뒤, 탐험대는 다시 한 번 북경을 떠나 고비로 향했다. 이렌 다바수에 야영장을 세우고 난 로이는 운전사 한 명과 함께 보급품을 가지러 칼간으로 돌아가다가 큰일을 당할 뻔했다.

일주일 전 러시아 차량이 강도를 만난 적이 있는 깊은 계곡을 향해 가고 있을 때였다. 미리 이 사실을 알고 있던 로이는 잔뜩 긴장하고 있었다. 그 순간 말을 타고 장총을 든 한 사내가 나타났고, 로이는 가지고 있던 리볼버 권총을 꺼내 위협사격을 했다. 그러나 그 앞에 역시 무장을 한 다른 네 사내가 말을 타고 있는 것이 보였다. 차를 돌리기에는 길이 너무 좁았다. 로이는 순간적으로 기지를 발휘해 가속 페달을 밟아 그 사내들이 타고 있는 말들에게 겁을 줘서 쫓아버리기로 했다. 계획은 성공이었다. 깜짝 놀란 말들이 펄쩍 뛰어 달아나자 그 산적들은 말에 매달려 있느라 바빴고 로이는 그 뒤로 총을 몇 방 더 쐈다. 나중에 그의 말을 빌리면 그것은 '아주 신나는 일'[130]이었다.

탐험대는 자신들이 10개월 전 남겨둔 흔적을 따라 다시 플레이밍 클리프로 향했다. 오후에 야영장을 세운 후 화석을 찾아 각자 흩어진 대원들은 해가 떨어지자 각자 하나 이상의 공룡 두개골을 안고 모여들었다.

야영 둘째 날, 탐험대에 새로 합류한 조지 올슨(George Olsen)이 점심시간에 돌아오더니 화석 알을 발견한 것 같다고 했다(그림 7.6). 이 말을 들은 다른 대원들이 그를 심하게 놀려댔지만 그들 역시 궁금증이 샘솟는 것은 어찌할 수 없었고 결국 그의 말이 사실인지 알아보겠다며 그를 따라 알이 있다는 곳으로 향했다.

> 그때 우리의 의심이 단 한순간에 날아가 버렸다. 그것들은 알이 틀림없었다. 그중 세 개는 겉으로 드러나 있었는데 옆에 있던 사암의 튀어나온 옆면에서 깨져나온 것이 분명했다…….
> 우리는 눈을 믿을 수 없었다. 지질학적으로 발생할 수 있는 모든 가능한 현상들을 총동원해 그것이 알의 모습을 한 암석 같은 것이라고 믿어보려 했지만 그것이 정말 알이라는 데에는 전혀 의심의 여지가 없었다. 그것은 공룡의 알이 틀림없었다. 물론 공룡이 알을 낳는다고 알려진 적은 없었다. 수백 개의 공룡 두개골과 유골이 세

계 각지에서 발견됐지만 공룡의 알이 눈에 띈 적은 단 한 번도 없었다.[131]

공룡의 알이라니! 후에 로이는 이렇게 말했다. "우리의 생각이나 상상과 이렇게 거리가 먼 발견은 처음이었다."[132]

그곳에서 발견된 것은 알뿐만이 아니었다. 모두가 주변을 기어 다니고 있는 동안 올슨이 바로 옆, 삐죽 튀어나온 암석 위에 있던 돌덩이를 하나 치웠다. 놀랍게도 그 암석 아래, 알에서 단 10센티미터 떨어진 곳에 몸집이 작은 공룡 유골이 발견됐다.[133] 그 공룡은 당시 과학계가 처음 보는 종류의 것이었다. 후에 오스본 교수는 그것이 알을 훔쳐가려던 중이었을 것이라고 추측하며 그 새로운 종을 오비랩터Oviraptor(알 도둑)라 이름 붙였다.

며칠 후, 한데 모여 있던 알 다섯 개가 더 발견됐고 그다음에는 아홉 개가 추가로 나왔다. 그중 두 개는 반으로 쪼개져 있었는데 속에 든 공룡 새

그림 7.6 최초 발견된 공룡알 둥지. 1923년 플레이밍 클리프에서 조지 올슨 발견. 출처: 로이 채프먼 앤드류스(1932), 『중앙아시아의 새로운 정복』, 미국 자연사박물관

7장_용이 알을 낳는 곳 191

끼의 골격이 그대로 눈에 보일 정도였다. 그해 총 스물다섯 개의 알이 발견
됐고 그 후로도 몇 년간 알은 계속해서 발굴됐다(그림 7.7).

그러나 이것은 보물찾기의 끝이 아니었다. 대원들은 반경 약 5킬로미터
내에서 공룡 두개골 일흔다섯 개를 찾아냈다. 하지만 발굴량이 그렇게 많
다 보니 문제점도 있었다. 발견된 표본은 밀가루 반죽을 흠뻑 묻힌 천으로
감싸 포장했는데, 3주 만에 가지고 온 밀가루를 거의 다 써버린 것이었다.
로이는 대원들에게 의견을 물었다. 표본 찾는 것을 중지할 것인가, 아니면
밀가루를 그냥 다 써버릴 것인가? 대원들은 만장일치로 "먹을 밀가루도 작
업용으로 쓰자."[134]라는 데 의견을 모았고 덕분에 이제 대원들이 먹을 것이
라고는 차와 고기뿐이었다.

문제는 그것뿐만이 아니었다. 표본을 싸는 데 쓸 천도 떨어져 버린 것이
다. 그래서 그들은 가지고 있는 것으로 대체할 방법을 찾아야 했다. 가장
먼저 텐트 가장자리에 달린 덮개들이 잘려져 나갔다. 그것이 다 떨어지고

그림 7.7 또 다른 공룡 둥지. 장총을 가까이 두고 앉은 앤드류스가 오른쪽에, 올슨이 왼쪽에 보인다. 그
들 사이에 길쭉한 모양의 알들이 놓여 있다. 출처: 로이 채프먼 앤드류스(1932), 『중앙아시아의 새로운 정
복』 미국 자연사박물관

난 후에는 대원들이 쓰던 수건과 행주 차례였다. 그것마저 다 없어지고 난 후에는 대원들의 옷을 쓰기 시작했다. 양말, 바지, 셔츠, 속옷, 심지어 로이의 파자마도 표본을 싸는 데 들어갔다. 그들이 가져온 공룡 중에는 오스본이 새로운 종이라고 확인한 것들이 있었는데 발톱이 크고 민첩한 육식공룡 벨로시랩터Velociraptor와 티라노사우루스 렉스와 비슷한 타보사우루스Tarborsaurus가 이에 속했다.

플레이밍 클리프에서 발굴한 것들은 60개의 보급품 상자와 석유통을 가득 채웠고 무게는 5톤에 달했다. 아직 몰랐지만 그 속에는 아주 작은 보석이 하나 숨겨져 있었다. 공룡알과 함께 백악기 지층에서 발견한 직경 3센티미터도 되지 않는 아주 작은 두개골이었다. 그레인저는 그것을 '정체를 알 수 없는 파충류'135라고 이름을 붙였는데 박물관으로 가져온 후 풀어서 조사해보니 그것은 파충류가 아니라 분명 포유류였다. 그것은 오늘날까지 발견된 백악기 포유류 표본 중 가장 형태가 온전한 것으로서 백악기에 공룡 외에 포유류도 존재했다는 명백한 증거였다. 그러나 표본 하나로는 초기 포유류의 삶이 어떠한지 아주 작은 일부분밖에 알 수 없었고, 그래서 더 많은 포유류 표본을 찾는 것이 다음 탐험의 가장 중요한 목표가 됐다.

초기 포유류의 흔적을 찾아서

1925년, 플레이밍 클리프에 세 번째로 발을 딛었을 때 로이는 박물관의 고생물학 관장인 W. D. 매튜가 그레인저에게 보내는 편지를 가지고 있었다. 편지에서 매튜는 그 작은 포유류 두개골이 얼마나 중요한 것인지 설명하면서 "다른 두개골을 찾는 데 최선을 다해달라."136고 부탁했다.

로이와 함께 그 편지에 관해 잠시 이야기를 나누던 그레인저가 "흠, 매튜의 명령이네요. 얼른 일을 시작하는 게 좋겠어요."137 하는 말과 함께 일어나 플레이밍 클리프로 향하더니 한 시간 만에 포유류 두개골을 하나 찾아 가지고 야영장으로 돌아왔다. 나중에도 그는 여러 조수들과 함께 뜨겁게 내리쬐는 햇볕 아래서 수천 개의 사암 덩어리들을 일일이 조사하며 며칠씩 작업을 했다. 그것은 매우 지루하고 힘든 일이었지만 덕분에 두개골을 일곱 점 더 찾았고 그중 대부분은 아래턱뼈도 달려 있었다. 그레인저는 이 화석들을 자신의 짐가방에 담아 소중히 보관했다.

탐험이 끝나자 로이는 이 보물들을 뉴욕으로 가져가 매튜 박사에게 보여줬다. 그 후 계속된 분석을 통해 그것이 서로 다른 두 과(科)의 식충동물(그림 7.8)이라는 것을 알게 됐고, 일부는 포유류 진화에 있어 최초의 '잃어버린 고리'가 됐다. 이 화석들을 통해 소위 공룡의 시대가 끝나기 전 포유류가 이미 주머니가 달린 종류와 태반이 있는 종류로 분리됐음이 밝혀졌다. 플레이밍 클리프에서는 이 밖에도 초기 포유류 중 하나이자 주요 포유류 중 유일하게 완전히 멸종되고 없는 '다(多)결절' 포유류 화석도 발견됐다.

로이는 이 화석들이 전체 탐험에서 가장 귀중한 발견이라 믿었고 그레인저의 집중적인 발굴을 일컬어 "아마도 고생물학 역사 전체에서 가장 귀중한 일주일"[138]이라고 했다.

뱀 소동

플레이밍 클리프를 떠나 동쪽으로 향한 탐험대는 이번에는 완전히 크기가 다르고 지질학적으로 조금 더 뒤에 나타난 포유류 화석을 대량 발견하게 된다. 그들이 찾은 두 개의 거대 포유류 화석 중에는 코뿔소와 비슷한 동물의 커다란 두개골이 있었는데 이것은 이전에 아메리카 대륙에서만 발견된 바 있었다. 새로 야영장을 세운 곳에서는 한 지층에서만 스물일곱 개나 되는 포유류 턱뼈가 발견됐고 그 밑의 지층에서도 이보다 더 많은 양이 발굴됐다. 이것들 중에는 모습이 이상하고 날카로운 발톱이 달린 동물과 함께 로피오돈(맥과 비슷한 동물)이라 불리는 발굽이 작은 동물도 여럿 포함돼 있었다. 로이는 이 지역에 한때 공룡들이 우글거렸듯이 포유동물 역시 엄청난 수가 살고 있었던 것이 분명하다고 결론을 내렸다.

그러나 불행하게도 그 지역에 우글거리는 것은 포유류 화석뿐만이 아니었다. 그 지역은 각종 독사로 들끓고 있었던 것이다. 낮 동안 세 마리의 뱀이 야영장 근처에서 발견됐고 대원들도 작업 도중 각자 한 번씩은 뱀을 목격했다.

그것만 해도 로이에게는 충분히 겁나는 일이었다. 그런데 어느 날 밤, 기온이 섭씨 0도 가까이 떨어지자 뱀들이 온기를 찾아 야영장으로 몰려들기 시작했다. 한밤중에 난리법석이 났다. 자동차 기술자 중 한 명이 밤중에 잠에서 깨어 자기가 자고 있던 텐트 입구 주변에 뱀 한 마리가 도사리고 있는 것을 봤다. 이에 놀라 텐트 주변을 살피던 그는 자기가 누워 있던 간이침대 다리마다 뱀이 돌돌 감겨 있고 또 한 마리가 석유통 아래 숨어 있는 것을 찾아냈다. 이번에는 지질학자 중 한 명인 모리스가 멀리서 소리쳤다. "맙소사, 내 텐트가 뱀 투성이야!"139

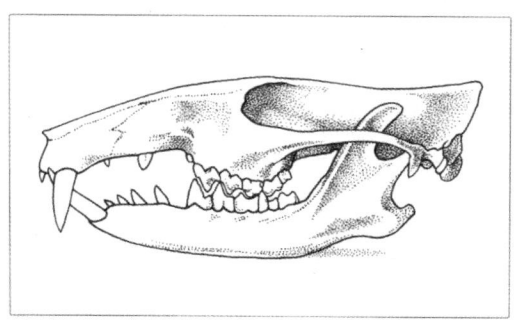

그림 7.8 초기 포유류 두개골. 공룡과 함께 백악기에 살았던 오늘날 쥐와 비슷한 잘람달레스테스 Zalamdalestes의 두개골. 길이 약 5센티미터. 리앤 올즈 그림

몽골인들은 좀처럼 뱀을 죽이려 들지 않았다. 야영장이 한 사원 근처의 신성한 장소에 있었기 때문이었다. 미국인들만 총 마흔일곱 마리의 뱀을 잡았다. 모든 사람이 안절부절 못했다. 로이는 밧줄 조각만 보고도 펄쩍 뛰었고, 그레인저는 파이프 닦는 막대기를 보고 화들짝 놀라 냅다 내리쳤다. 뱀에 물린 사람은 없었지만 독사에게 포위돼 이틀을 보내고 난 뒤 탐험대는 마침내 짐을 싸 '독사 캠프'를 떠나 북경으로 향했다.

행운의 별

1925년 탐험대가 플레이밍 클리프를 떠났을 때 로이는 자신들이 원하던 것을 얼마 안 되는 면적의 땅에서 찾았다는 것을 깨달았다. 그것은 고비 사막 전체를 뒤져 나오리라 생각했던 것보다도 훨씬 많았다. 최초의 공룡알부터 수백 점이나 되는 새 공룡의 두개골과 유골, 여덟 점의 백악기 포유류 두개골에 이르기까지. 이제 마지막으로(그것이 정말 마지막이었다) 아름다운 붉은 색 암석들을 바라보며 그는 다시는 탐험 행렬이 '길고 긴 사막을 뚫고 이 몽골의 선사시대 보물의 땅'140으로 못 오게 될지도 모른다는 사실에 아쉬움을 감추지 못했다.

계속되는 전쟁과 외국인에 대한 적대심 때문에 1926년, 1927년, 1929년의 탐험은 실현되지 못했고, 로이와 대원들은 1928년과 1930년에 고비 사막의 다른 지역으로 두 번 더 탐험을 했지만 결국 정치적 격동으로 인해 추가적인 현장 탐사는 완전히 막을 내리게 됐다.

본래 탐험의 목적대로 고대 인간의 흔적을 찾지는 못했지만 그들이 발견한 것은 그 이후에 수많은 과학자들이 몇 년씩 바쁘게 연구를 하도록 만들고도 남았다. 고비 사막에서 발견된 포유류와 공룡 화석은 오늘날까지도 집중적인 연구 대상이 되고 있다.

그리고 로이는 매우 유명해졌다. 공룡알 화석 덕분에 그는 「타임」의 표지를 장식했고, 뉴욕을 본거지로 한 유명한 재계 인사들의 후원을 받아 탐험이 성사됐기 때문에 그의 업적은 여러 지면에 널리 알려지게 됐다. 로이가 강의를 할 때마다 수많은 사람들이 몰려들었으며 그가 쓴 글과 책들은 큰 인기를 모았다. 또한 로이는 피어리, 스코트, 섀클턴, 아문젠, 버드 같은 탐험가들만이 받았던 훈장을 비롯해 많은 상을 받으며 공로를 인정받았다. 그리고 1935년에는 한때 자신이 열심히 바닥 청소를 하던 박물관의 관장으로 임명되는 영예를 얻었다.

뉴욕에서 로이와 그의 아내는 최상류층과 어깨를 나란히 하며 윌리엄 비비 같은 동료 탐험가나 비행사 찰스 린드버그와 아멜리아 에어하트, 여러 영화배우들과 어울렸다. 로이 자신도 이미 영화배우나 다름없었다. 트레이드마크인 산림경비대 모자를 쓰고 리볼버 권총을 찬 모습으로 수시로 뉴스와 영화, 신문에 오르내린 덕분에 새로운 탐험가 겸 과학자의 이미지로 마치 영화배우 같은 명성을 누리고 있었던 것이다. 뱀을 두려워하는 특징이 당시 막 등장했던 영화의 주인공 인디애나 존스와 비슷해 보이지 않는가? 어쩌면 그것이 우연의 일치가 아니었을 수도 있다. 인디애나 존스 캐릭터를 만든 영화감독 조지 루카스는 1940년대와 1950년대 인기를 모았던 B급 영화들에 등장하는 인물에서 영감을 얻었다고 했는데, 사실 이 영화들은 로이와 그의 모험들에 영향을 받았기 때문이다.

자서전 『행운의 별 아래Under a Lucky Star: A Lifetime of Adventure』에서 로이는 어릴 때 "항상 탐험가가 돼서 자연사박물관에서 일하며 야외에서 살기를 바랐다."고 회상했다. 글의 마지막은 이러했다. "꿈을 이룬 것이 얼마나 행운이었는지 모른다. 내게 있어 모험은 항상 모퉁이만 돌면 나타나는 가까운 곳에 있었다. 그리고 세상에는 모퉁이가 얼마나 많은지 모른다."[141]

그림 8.1 이탈리아 구비오 근처 석회암 노출 지대에 서 있는 루이 앨버레즈와 월터 앨버레즈 부자. 월터 앨버레즈(오른쪽)가 백악기와 신생대 제3기의 경계(K/T 경계)에서 백악기 석회암 끝을 손으로 잡고 있다. 제공: 버클리 국립 연구소 에렌스트 올랜도 로렌스

8장

중생대가 막을 내린 날

지식의 시작은 우리가 이해하지 못하는 무언가의 발견이다.
— 프랭크 허버트, 소설 『사구Dune』의 저자

기원전 2세기와 1세기 사이, 에트루리아인들이 세운 구비오의 고대 마을 움브리아, 몬테 잉기노 언덕에는 그 영예로운 역사를 고스란히 보여주는 여러 건축물들이 원형을 그대로 간직하고 있다. 로마 원형 경기장과 집정관이 살던 관저, 다양한 교회와 분수는 로마와 중세, 르네상스 시대를 보여주는 눈부신 기념물이다. 이곳은 수많은 관광객을 끌어들이는 이탈리아의 주요 관광지 중 하나다.

그러나 1970년대 초, 미국의 젊은 지질학자인 월터 앨버레즈Walter Alvarez를 구비오로 이끈 것은 이러한 고대 건축물이 아니라 도시의 성벽 외곽에 자리한 암석층 속에 묻힌, 훨씬 더 오래된 자연사의 흔적이었다. 구비오에서 조금만 벗어나면 모든 지질학자들의 꿈이 펼쳐져 있었다. 그것은 지구에서 볼 수 있는 것 중 가장 규모가 크고 연속적인 석회암층이다(그림 8.1). 그 지

8장_중생대가 막을 내린 날 199

역 산허리와 협곡을 따라 펼쳐진 아름다운 분홍색 암석 노출면에 붙여진 이름은 스칼리아 로사Scaglia rossa였다. '비늘' 혹은 '박편'이라는 의미의 스칼리아는 쉽게 잘라지는 특성 덕분에 로마시대 극장 같은 건축물을 짓는 데 이용됐다. 그리고 로사는 분홍색을 의미한다. 이 거대한 암석은 여러 층으로 나뉘어 있는데 전체 길이는 400미터에 달했다. 한때 고대 대양의 해저에 묻혀 있던 이 암석은 지구 역사 중 약 5,000만 년을 나타내고 있다.

월코트가 그랜드 캐니언에서 그랬듯, 오랫동안 지질학자들은 암석의 시대를 구분하는 데 화석을 이용해왔다. 월터 역시 이러한 방식을 따라 구비오 근처 지층을 연구했다. 그는 석회암 지대 여러 곳에서 단세포 원생생물의 한 종류로 현미경을 통해서만 볼 수 있을 정도로 작은 유공충 화석을 발견했다. 그런데 이상하게도 두 석회암층을 갈라놓은 두께 1센티미터의 얇은 진흙층에서는 아무런 화석이 나오지 않았다. 게다가 진흙층 아래, 더 오래된 층에서 발견되는 유공충 화석은 진흙층 위인 연대가 짧은 층에서 나오는 화석보다 훨씬 컸다(그림 8.2). 구비오 주변 어디를 봐도 그 얇은 진흙층이 존재했고 그 위와 아래에 분포된 유공충의 모습은 한결같이 서로 달랐다.

월터는 곰곰이 생각하기 시작했다. 도대체 유공충이 그렇게 바뀌게 된 원인이 무엇일까? 얼마나 빠른 속도로 그러한 변화가 일어났을까? 유공충이 전혀 없는 그 얇은 층은 얼마나 긴 시기를 뜻할까?

흔하디흔한 미생물, 또는 층 높이가 400미터나 되는 암석층 속 두께가 1센티미터밖에 되지 않는 진흙층에 관한 이런 의문은 별 것 아닌 것처럼 보일 수도 있다. 그러나 이 덕분에 월터는 생명체의 역사 중에서 가장 중요했던 날 중 하나인, 실로 지축을 뒤흔들 만한 발견을 하게 된다.

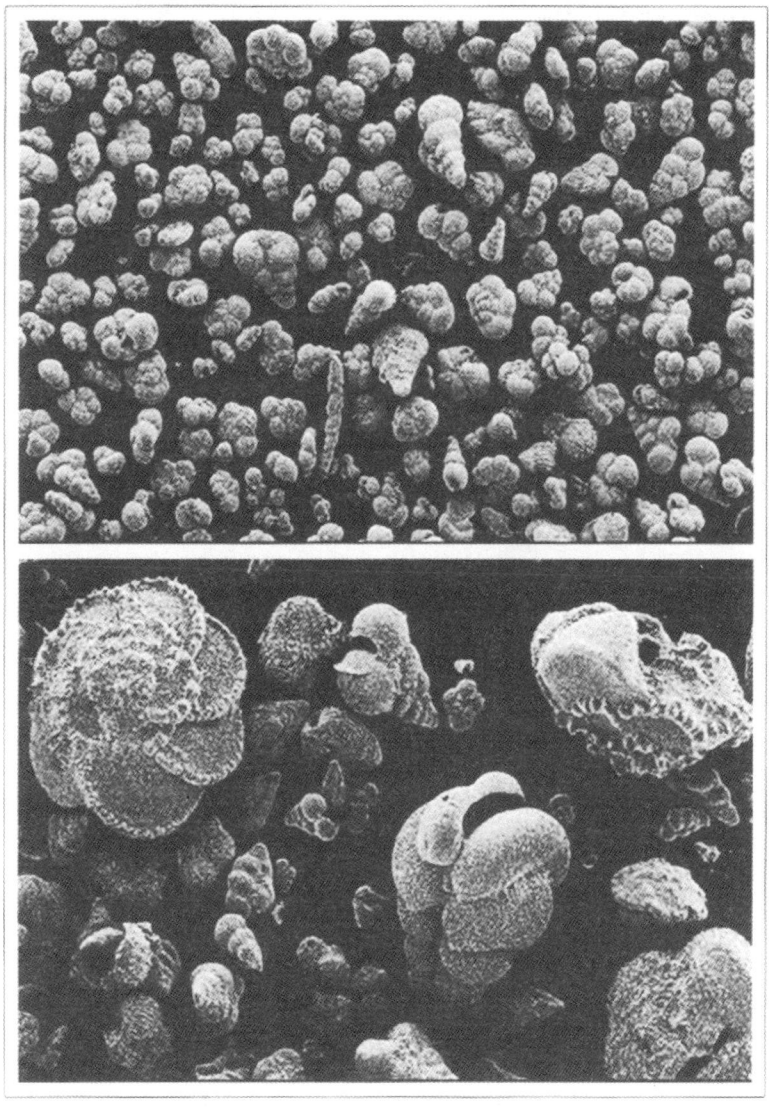

그림 8.2 신생대 제3기의 유공충(위)과 백악기 유공충(아래). 월터 앨버레즈는 백악기의 끝과 제3기의 시작 사이에 발생한 유공충의 급격하고도 극적인 크기 변화에 호기심을 가졌다. 이 표본은 구비오가 아니라 다른 곳에서 채취한 것이다. 제공: 스미소니언 자연사박물관 브라이언 휴버

K/T 경계층

구비오 지층이 중생대 백악기와 신생대 제3기에 걸쳐 있다는 것은 화석의 분포와 다른 지질학적 데이터를 통해 이미 학계에 알려져 있었다. 이러한 지질학적 명칭은 지구 역사에 있어 주요 간격에 대한 지질학자들의 생각과 각 시대를 대표하는 여러 특징들로부터 나왔다. 분류상 지구의 역사는 크게 세 시대로 나뉜다. 고생대Paleozoic(고대 생물, 최초의 동물), 중생대 Cenozoic(중간 생물, 공룡의 시대), 신생대Cenozoic(새로운 생명, 포유류의 시대)가 바로 그것이다(그림 8.3). 특징적인 백악질 퇴적층의 이름을 따 백악기라 불리는 시

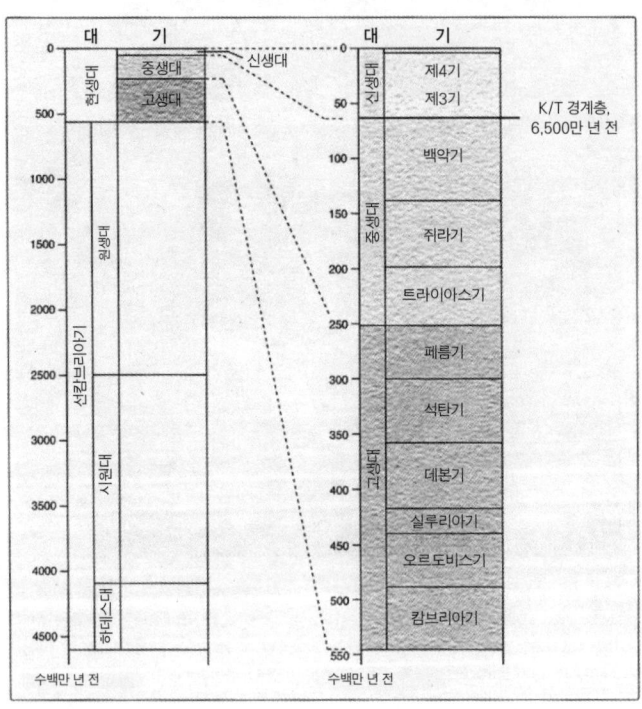

그림 8.3 지질학적 시대 분류. 리앤 올즈 그림

기는 중생대의 세 기 중 마지막이다. 신생대의 시작인 제3기는 백악기가 끝나던 6,500만 년 전에 시작돼 제4기가 시작되던 160만~180만 년 전에 끝났다.

월터와 동료 빌 로리Bill Lowrie는 몇 년에 걸쳐 구비오 지층을 연구하며 위의 제3기와 아래의 백악기 지층으로부터 샘플을 추출했다. 맨 처음 그들의 관심은 지질학적 역사를 파헤치는 데 있었다. 암석에 눈에 띄는 결을 만드는 지구의 자기장 반전 현상과 암석 속 유공충 화석을 상호 비교하는 것이 전략이었다. 특정 층에 있는 유공충의 특징을 분석하고 백악기와 제3기 지층 사이 경계층을 이용해 그것이 어느 지층에 속하는지 알아냈는데, 유공충 화석의 크기가 급격하게 줄어드는 부위마다 그 경계가 항상 존재하고 있었다. 그 경계의 아래가 백악기, 그 위가 제3기였으며 그 사이에는 언제나 얇은 진흙층이 있었다(그림 8.4). 이 경계는 K/T 경계층(전통적으로 K는 백악기를, T는 제3기를 뜻한다)이라 불렸다.

그림 8.4 구비오의 K/T 경계층. 더 연대가 오래되고 화석이 풍부하게 매장된 백악기의 흰색 석회암층(아래)과 어두운 색의 제3기 석회암층(위)이 얇은 진흙층(동전으로 표시됨)으로 분리돼 있다. 이것은 백악기 막바지에 바닷속 생물의 급격한 변화를 보여주고 있다. 제공: 베를린 자연사박물관 프랭크 쇼니언

또 다른 지질학자인 알 피셔Al Fischer가 K/T 경계층이 역사상 가장 유명한 공룡의 멸종과 거의 비슷한 시기라는 점을 지적하자 월터는 유공충과 K/T 경계층에 대해 더 깊은 관심을 갖게 됐다.

당시 월터는 지질학 연구에 있어 비교적 새내기라고 할 수 있었다. 박사 학위를 받은 뒤 그는 국제적 정유 회사의 탐사팀과 함께 리비아에 근무하다가 카다피 정권에 의해 리비아에서 모든 미국인이 추방당할 때에야 본국으로 돌아왔다. 자기장 반전에 관한 연구는 잘 진행됐지만 그는 구비오 유공충의 급격한 변화와 K/T 경계층이야말로 더 큰 미스터리라는 것을 깨달았다.

월터의 첫 번째 의문은 "그 얇은 진흙층이 생기는 데 얼마나 걸렸을까?"였다. 이에 대한 답을 찾으려면 약간의 도움이 필요했다. 아이들이 과학 숙제를 할 때 부모의 도움을 받는 것은 흔한 일이다. 그런데 그 '아이'가 30대 후반의 나이라면? 물론 월터의 아버지 같은 경우라면 이야기가 달라진다.

원자폭탄에서 우주선線까지

월터의 아버지 루이스 앨버레즈Luis Alvarez는 지질학이나 고생물학에 대해서는 아는 것이 별로 없었지만 물리학이라면 사정이 달랐다. 핵물리학의 탄생과 성장의 중심에 있던 그는 1936년 시카고 대학에서 물리학 박사 학위를 받은 후, U.C. 버클리에서 1939년 사이클로트론의 발명으로 노벨 물리학상을 받은 어니스트 로렌스Ernest Lawrence 박사 밑에서 연구에 몰두하고 있었다.

제2차 세계대전이 터져 루이스의 연구가 잠시 중단됐다. 전쟁 발발 후 얼마 지나지 않아 그는 시야가 좋지 않아도 비행기가 착륙할 수 있게 돕는 레이더 시스템 개발에 합류했다. 그는 지상관제 진입 시스템의 개발로 항공학에서 최고의 영예인 콜리어 트로피를 받았다.

전쟁이 한창 진행 중일 때 그는 원자폭탄을 개발하기 위해 국가 기밀로 만들어진 맨해튼 프로젝트에 뽑혔고 제자인 로렌스 존스턴과 함께 원자폭탄 기폭장치를 만들게 된다. 맨해튼 프로젝트의 국장이었던 로버트 오펜하이머는 그다음 그에게 원자폭탄 폭발로 인해 발생하는 에너지를 측정하는 연구의 책임을 맡긴다. 루이스는 최초 두 번의 원자폭탄 발사를 목격한 몇 안 되는 사람 중 하나였다. 그는 뉴멕시코 사막에서 이뤄졌던 최초의 원자폭탄 발사 실험에 입회하고 그 후 얼마 지나지 않아 일본 히로시마에 원자폭탄이 투하될 때에도 그곳에서 폭발을 관찰했다.

전쟁이 끝나고 루이스는 물리학 연구로 돌아갔다. 그는 방사선의 궤적을 관측하는 실험 장치인 액화수소 거품 상자를 개발해 1968년 소립자 물리학 분야에서 노벨 물리학상을 받는다.

이것만 해도 학자로서 화려한 경력의 정점이라고 할 수 있다. 그런데 몇 년 후 아들인 월터가 버클리로 와서 지질학부에 합류하게 된다. 이 덕분에 아버지와 아들은 종종 과학에 대해 이야기할 기회가 생겼다. 어느 날, 월터가 아버지에게 작은 구비오 K/T 경계층 암석의 단면을 건네며 그 속에 숨겨진 미스터리에 대해 이야기했다. 당시 60대 후반에 있던 루이스는 곧 그 미스터리에 빠졌고 둘은 함께 K/T 경계층 주변에서 일어난 퇴적 속도를 측정할 방법을 찾기 위해 머리를 맞댔다. 그렇게 하려면 일종의 원자시계가 필요했다.

방사능과 방사성 물질의 자연 붕괴에 관한 한 세계 최고의 전문가였던 루이스는 맨 처음 K/T 지층 안에 남아 있는 베릴륨-10의 양을 측정하는 것이 어떠냐고 제안했다. 이 동위원소는 공기 중의 우주선線작용에 의해 끊임없이 발생하므로, 퇴적물이 쌓이는 데 걸리는 시간이 길수록 더 많은 양의 베릴륨-10이 지층 속에 남아 있을 터였다. 루이스는 이러한 측정법을 잘 알고 있는 물리학자를 월터에게 소개해줬다.

그런데 월터가 막 측정을 시작하려고 할 때 베릴륨-10의 반감기가 잘못 알려져 있음이 발견됐다. 실제 반감기는 원래 알려진 것보다 훨씬 더 짧았고, 그렇다면 6,500만 년이나 지난 오늘날 그 지층에 남아 있을 베릴륨-10은 거의 없을 것이 분명했다.

그때 루이스가 또 다른 아이디어를 냈다.

우주 먼지

루이스는 유성에는 지구 지각보다 1만 배는 많은 플라티나 족族의 원소들(플라티나, 로듐, 팔라듐, 오스뮴, 이리듐, 류테늄)이 들어 있다는 사실을 떠올렸다. 그는 우주 먼지들이 보통 일정한 속도로 지구에 떨어진다고 추정했다. 따라서 암석 샘플에 함유돼 있는 우주 먼지(플라티나 원소)의 양을 측정한다면 그 층이 형성되는 데 얼마나 오래 걸렸는지 계산할 수 있을 것이었다.

이 원소들의 양은 그리 많지 않겠지만 어쨌든 측정은 가능했다. 월터는 그 진흙층이 수천 년에 걸쳐 쌓였다면 검출 가능한 양의 플라티나 원소들이 함유돼 있을 것이라고 생각했다. 그러나 만약 그것보다 빠른 속도로 퇴적이 이뤄졌다면 이러한 원소는 전혀 발견되지 않을 것이었다.

루이스는 플라티나보다 이리듐이 측정하기 가장 좋다고 생각했다. 그것이 검출하기 조금 더 쉬웠기 때문이다. 그는 또한 검출과 측정을 도울 사람도 알고 있었다. 버클리 방사능 연구소의 두 핵화학자 프랭크 아사로와 헬렌 미첼이 그들이었다.

월터는 곧 구비오 K/T 경계층에서 추출한 샘플들을 아사로에게 보냈지만 그 후 몇 달간 아무런 답변도 돌아오지 않았다. 아사로의 분석 기법은 그 속도가 느렸고, 장비가 작동하지 않을 때가 잦았으며, 그에게는 다른 프로젝트도 많았기 때문이었다.

9개월이 지나 월터는 아버지로부터 한 통의 전화를 받는다. 아사로가 결과를 얻어낸 것이었다. 그들의 이리듐 예상 농도는 10억 분의 0.1이었으나 아사로가 얻은 결과는 10억 분의 3이나 됐다. 예상치보다 30배나 높은 것은 물론, 그 암석의 다른 지층에서 발견된 것보다 훨씬 높은 수치였다.

그렇게 얇은 층에 그렇게 많은 이리듐이 함유돼 있는 까닭은 과연 무엇일까?

더 확실한 결론을 내리기 전에 구비오에서만 그렇게 높은 이리듐 농도가 나오는 것인지, 아니면 세계 다른 곳에서도 그러한 현상이 일어나는지 확실히 해둘 필요가 있었다. 월터는 다른 곳에도 노출된 K/T 경계층이 있는지 알아보기 시작했고 덴마크 코펜하겐 남쪽, 스테운스 클린트라는 곳에서 그러한 지층을 발견했다. 그는 그것을 보자마자 그 진흙층이 쌓일 때 '덴마크 바다 밑바닥에서 무언가 안 좋은 일이 일어났음'[142]을 알아챘다. 그 절벽의 보이는 면은 거의 전체가 하얀 백악질로 덮여 있었고 온갖 종류의 화석으로 가득했다. 그러나 진흙으로 된 얇은 K/T 경계층만은 시커멓고 유황 냄새가 진동했으며, 화석이라고는 어류밖에 없었다. 월터는 이 '어류 진흙층'이 퇴적됐을 당시 바다에는 산소가 절대적으로 부족해 모든 생물이 죽어버린 공동묘지와 같았을 것이라고 추정했다. 그는 샘플을 수집해 그것을 다시 프랭크 아사로에게 보냈다.

덴마크에서 발견한 어류 진흙층 속 이리듐 농도는 같은 암석의 다른 층보다 160배나 높았다.

무언가 매우 특이하고 나쁜 일이 K/T 경계층에서 일어난 것이 분명했다. 유공충, 진흙층, 이리듐, 그리고 공룡들, 이 모두가 하나 같이 이를 가

리키고 있었다. 그러나 과연 무엇을 의미한단 말인가?

그것은 우주로부터 왔다

앨버레즈 부자는 이리듐이 지구 밖에서 왔다고 즉각적으로 결론을 내렸다. 맨 처음에는 지구에 엄청난 원소 비를 내릴 수 있는 초신성이 원인일 수 있다고 생각했다. 이러한 생각은 고생물학과 천체물리학계에서 이미 여러 차례 고려된 바 있었다.

루이스는 별이 폭발하면 무거운 원소들이 만들어지는 것을 알고 있었고 만약 이러한 생각이 옳다면 진흙층에 다른 원소들도 많이 검출돼야 했다. 여기에서 가장 주목해야 할 동위원소는 플루토늄 244였다. 이 원소는 반감기가 7,500만 년이므로 진흙층에는 남아 있으되 다른 층에서는 자연 붕괴되고 없어야 했다. 그런데 엄밀한 시험 끝에 플루토늄 농도가 전혀 높지 않은 것이 밝혀졌다. 실망스러운 일이었지만 최소한 한 가지 가설은 제외됐다.

루이스는 전 세계적으로 생물을 죽게 만든 원인의 시나리오를 계속해서 생각했다. 태양계가 기체 덩어리를 통과했거나, 태양이 신성으로 변했거나, 그것도 아니면 이리듐이 목성으로부터 왔을 수 있다는 가설을 계속해서 제기했다. 그러나 이러한 가설 중 어느 것도 들어맞지 않았다. 그때 버클리 대학에 있던 천문학자 크리스 매키가 소행성과 지구가 충돌했을지도 모른다는 가설을 제기했다. 맨 처음 루이스는 그것이 해일을 일으켰을 것이라고 생각하면서 해일이 아무리 크다 해도 각각 몬태나와 몽골에 있는 공룡을 모조리 휩쓸어버릴 수는 없을 것이라고 했다.

그때 그는 1883년 크라카토아 섬에서 일어난 엄청난 화산 폭발을 떠올렸다. 그 지질학적 대변동에 대해서는 많은 기록이 남아 있었다. 엄청난 수의 돌덩이가 대기 중으로 몇 킬로미터씩 솟구쳐 올랐고, 아주 작은 먼지 입자가 지구 전체를 둘러쌌으며, 그것들이 2년 이상 공기 중에 떠돌아 다녔다. 그는 또한 원자폭탄 실험을 통해 방사능 물질이 남반구와 북반구 사이에서 빠른 속도로 섞인다는 것을 알고 있었다. 어쩌면 큰 충격에서 나온 엄청난 양의 먼지가 몇 년씩 낮을 밤으로 바꾸며 지구의 온도를 내리고 광합성을 멈춰버릴 수도 있지 않았을까?

만약 그렇다면 지구에 충돌한 소행성이 얼마나 커야 할까?

진흙층과 콘드라이트 운석, 그리고 지구 표면의 이리듐 농도를 측정한 결과 루이스는 그 소행성의 크기가 3,000억 톤 정도 돼야 할 것이라고 계산했다. 거기에서 그 소행성의 직경이 6~14킬로미터에 이를 것이라는 결론을 얻었다.

지구 직경이 1만 3,000킬로미터라는 것을 감안할 때 6~14킬로미터는 그리 대단해 보이지 않을 수도 있다. 그러나 그 충격에서 발생하는 에너지를 한번 생각해보라. 그 정도 크기의 소행성이라면 초당 25킬로미터, 즉 시간당 9만 킬로미터의 속도로 대기권에 진입할 것이다. 그러고는 대기권에 직경 10킬로미터의 구멍을 내며 지구 표면과 충돌해 10^8메가톤의 에너지를 발생할 것이다(지금까지 폭발했던 것 중 가장 큰 원자폭탄은 약 1메가톤에 해당하는 에너지를 냈으니 이 소행성은 그보다 100억 배나 더 강력했다는 뜻). 그 정도 에너지가 발생했다면 운석으로 인해 생긴 구멍은 직경이 약 200킬로미터, 깊이가 40킬로미터 정도 됐을 것이고 대기 중에 어마어마한 양의 물질을 내뿜었을 것이다.

이제 무엇이 공룡들을 죽였는지 그들만의 시나리오가 탄생한 것이다.

지상 지옥 시나리오

단 1초 만에 대기권을 통과한 소행성은 순식간에 공기를 태양 표면 온도보다 몇 배는 높게 달궜다. 충돌의 순간, 소행성이 증발하면서 거대한 불덩어리를 공기 중으로 쏘아 올리고, 암석 입자들이 달까지 거리의 반에 해당하는 높이로 솟구쳐 올랐다. 기반암을 통해 거대한 충격파가 지나갔다가 표면으로 올라와 다시 원점으로 향하며, 엄청난 열에 녹아내린 암석덩이가 대기권 가장자리와 그 너머로 날아갔다. 그러고 나서 충격을 받은 석회 기반암으로부터 두 번째 불덩이가 폭발했다. 폭발 지점으로부터 반지름 수백 킬로미터 안에 있던 모든 생명체가 순식간에 사라졌다. 저 멀리, 우주로 날아갔던 물질들이 마치 무수한 유성처럼 빠른 속도로 지구로 다시 떨어지면서 대기권의 온도가 올라가고 여러 대륙을 거쳐 숲에 불이 난다. 폭발 지점과 가까운 곳부터 해일, 산사태, 지진이 다시 땅덩이를 헤집어놓는다.

그보다 먼 다른 지역에서 죽음은 조금 더 천천히 찾아왔을 것이다.

공기 중의 각종 파편과 그을음이 햇빛을 가리고, 아마 어둠이 몇 달 이상 계속됐을 것이다. 이것이 광합성을 멈춰 맨 밑바닥부터 먹이 사슬을 정지시켰을 것이다. 얼마 지나지 않아 먹이 사슬의 위에 있는 동물들도 굴복하고 말았다. K/T 경계층이 의미하는 것은 단순히 공룡 시대의 끝이 아니었다. 그것은 또한 쥐라기, 백악기 오징어류인 벨름나이트와 암모나이트, 수많은 바닷속 파충류의 마지막이었다. 그때 모든 바다 생물속屬의 절반과 모든 바다 생물종의 80~90퍼센트 정도가 멸종했을 것이라고 고생물학자들은 추정한다. 육지에서도 몸무게 25킬로그램이 넘는 동물들은 하나도 살아남지 못했다.

그것이 바로 중생대의 최후였다.

구멍은 어디에

루이스와 월터, 프랭크 아사로, 헬렌 미첼은 구비오 유공충과 이리듐 농도, 소행성 이론, 멸종 이론, 이 모두를 한데 합친 논문을 써 1980년 6월,

「사이언스Science」에 실었다. 그것은 과학의 여러 분야를 아우르는 놀랍고도 대담한 통합적 가설이었으며 그 규모로 따지면 아마도 당해낼 근대 과학 저술이 없을 것이다.

그들은 과학계에서 아직 이 이론을 받아들일 준비가 돼 있지 않을 것이라며 걱정했다. 그들은 자신의 주장을 뒷받침하기 위해 가능한 많은 실험을 했으며, 결과물을 이중 확인하는 의미에서 뉴질랜드의 K/T 경계층에서 이리듐 분석을 한 번 더 했다. 여기에서 나온 샘플은 20배나 높은 이리듐 농도를 보이며 이러한 현상이 전 세계적으로 나타나는 것임을 다시 한 번 확인시켜줬다.

그들의 걱정은 현실로 나타났다. 근대 지질학이 시작된 이후 지난 150년 간 점진적 변화의 힘에 모든 연구의 초점이 맞춰져 있었다. 성경에 나오는 각종 재앙 이야기 대신 지질학이라는 과학이 그 자리를 차지했던 것이다. 그런데 다시 지구 대재앙과 같은 가설이 등장하다니. 이것은 단순히 혼란을 가중시키는 것이 아니라 아예 비과학적이라고 생각하는 사람들이 많았다. 이 소행성 논문이 등장하기 전까지만 해도 공룡의 멸종은 기후나 먹이사슬에 점진적 변화가 일어나고 공룡이 이에 적응하지 못했기 때문이라는 가설이 대세였다.

어떤 지질학자들은 대놓고 이 대재앙 가설을 비웃었다. 당시 가장 높은 곳에서 발견된 공룡 화석도 K/T 경계층보다 3미터나 아래에 있었다는 사실을 지적하며 이 소행성 이론을 받아들이지 않는 지질학자도 있었다. 이것이 사실이라면 소행성이 충돌했을 때 공룡은 이미 사라지고 없어야 하는 것 아닌가? 그러나 공룡 화석이라는 것이 그리 흔하게 발견되는 것이 아니기 때문에 경계층 바로 직전까지 공룡 화석이 즐비하기를 기대해서는 안 된다고 주장하는 고생물학자들도 물론 있었다. 이런 학자들은 오히려 양이 풍부한 유공충이나 다른 화석들이 좋은 증거가 된다며 유공충과 암모나이트 화석이 K/T 경계층 바로 아래까지 나타나는 것을 지적하기도 했다.

물론 설명과 증거가 필요한 또 다른 큰 문제가 있었다. 이 가설이 모두 사실이라고 친다면 도대체 소행성이 지구에 충돌했다는 증거가 과연 어디에 있는가? 소행성이 떨어졌을 때 생긴 구멍이 어딘가 있어야 하는 것 아닌가? 반대자와 지지자 모두에게 이것이야말로 이론에서 가장 취약한 부분이었다. 그래서 충돌 지점이 있다는 가정하에 그것을 찾기 위한 노력이 시작됐다.

당시 지구에서 크기가 100킬로미터 이상 되는 운석 구멍은 단 세 개밖에 알려져 있지 않았다. 그러나 그중에 연대가 얼추 맞는 것은 하나도 없었다. 만약 소행성이 대양 속으로 떨어졌다면? 대양은 지구 표면의 3분의 2 이상을 덮고 있기 때문에 이렇게 됐을 확률이 매우 높았고 그렇다면 충돌 지점을 찾으려는 사람에게 큰 불행이 아닐 수 없었다. 당시 깊은 대양 속은 자세히 알려져 있지 않았고, 제3기 이전의 대양 바닥 중 상당 부분은 지구 지각의 꾸준한 이동으로 인해 땅속 깊은 곳에 묻혀버렸기 때문이었다.

소행성 이론이 제기된 후 10년간 수많은 단서와 흔적을 따라 조사, 연구가 진행됐지만 거의 모두 막다른 골목을 만나 실패로 돌아갔다. 실패 횟수가 점점 쌓이면서 월터는 운석이 떨어진 곳이 정말 바닷속이 아니었을까, 하는 생각을 품기 시작했다.

가망이 있어 보이는 단서가 텍사스의 한 강바닥에서 나타난 것이 바로 그때였다. 브라조스 강이 멕시코 만으로 흘러들어가는 곳, 모래가 많은 강바닥이 정확히 K/T 경계층에 있었다. 해일로 인한 퇴적물 패턴에 익숙했던 지질학자들이 그곳을 자세히 조사했을 때, 그것이야말로 거대한 해일, 높이가 50에서 100미터에 이르는 규모의 해일만이 만들 수 있는 흔적이라는 것을 발견했다.

수많은 과학자들이 소행성 충돌 지점을 찾기 위해 노력했다. 그중에서도 특히 끈질긴 사람이 있었는데 그는 애리조나 대학교의 대학원생인 앨런 힐더브랜드Alan Hildebrand였다. 그는 거대 해일로 인해 브라조스 강에 만들어진 흔적이 충돌 지점에 대한 결정적인 단서라고 결론을 내렸다. 충돌 지점이 이와 가까운 멕시코 만이나 카리브 해에 있다는 것이다. 후보가 될 만한 운석 구멍을 찾아 지도를 뒤지던 중 그는 콜롬비아 북쪽 해저 면에 거대한 둥근 모양이 있는 것을 발견했다. 또한 멕시코의 유카탄 반도 해안에 땅덩이 밀도 차이가 있는 곳을 중심으로 둥근 모양의 중력 이상이 나타난다는 것도 알게 됐다.

힐더브랜드는 자신이 단서를 제대로 따라가고 있는지 확인하기 위해 다른 현상이 있는지 찾아봤다. 거대 충돌이 있는 곳에 나타나는 두 가지 고유 특징이 있다. 그중 하나가 바로 엄청난 온도와 압력하에서 생성되는 텍타이트라는 유리질의 아주 작은 구체(그림 8.5)고 다른 하나는 '충격을 받은' 초소형 석영 알갱이다. 힐더브랜드는 아이티의 조사 현장에서 백악기 후기에 형성된 암석 중 텍타이트가 발견됐다는 사실에 주목했다. 이 같은 보고를 한 실험실을 방문했을 때 그는 그 물질이 충격으로 인한 텍타이트라는 것을 확인하고 곧장 아이티로 가 그곳 지층에 여태껏 발견된 것 중 가장 큰 텍타이트와 '충격을 받은' 석영 알갱이가 함유돼 있는 것을 확인했다. 그래서 그와 그의 지도 교수인 윌리엄 보인턴은 소행성 충돌 지점이 아이티로부터 반경 1,000킬로미터 거리 안에 있다는 결론을 내렸다.

힐더브랜드와 보인턴은 연례 회의에서 이러한 결과를 발표하고 얼마 지나지 않아 「휴스턴 크로니클」 신문의 기자인 카를로스 바이어스에게 연락을 받았다. 바이어스는 그들이 찾던 충돌 지점을 주립 정유 회사인 페멕스PEMEX

에 근무하던 지질학자들이 이미 오래전에 발견했을지도 모른다는 사실을 알려줬다. 과거 두 과학자 글렌 펜필드와 안토니오 카마르고가 유카탄 반도에서 일어나던 둥근 모양의 중력 이상 현상을 연구하던 중 이것을 발견

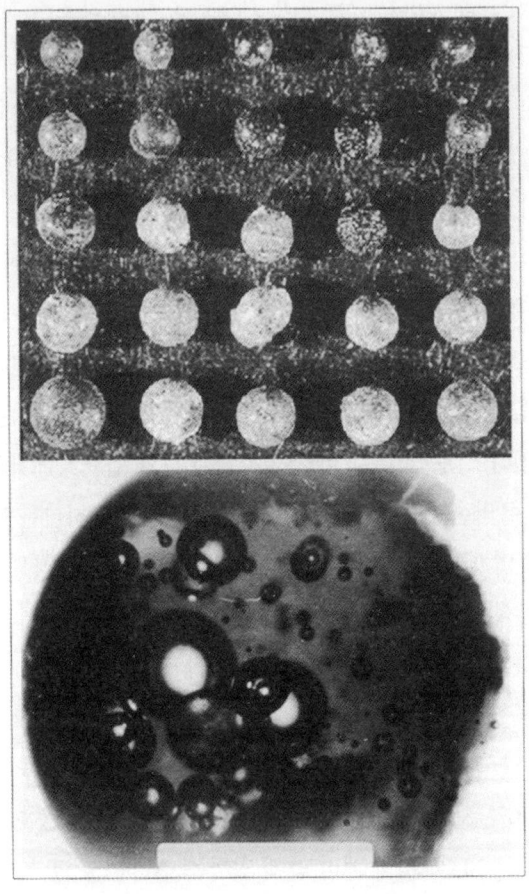

그림 8.5 텍타이트. 와이오밍 도기 크리크에서 발견된 텍타이트(위)와 아이티의 벨로크에서 발견된 텍타이트(아래). 이 유리질의 초소형 구체는 충돌로 인해 엄청난 열이 발생할 때 형성돼 거대한 지역에 걸쳐 뿌려진다. 아래 그림에서 구체 속에 기포가 있는 것을 볼 수 있다. 입자가 대기권 밖으로 튀어나갔을 때 진공의 공간에서 형성됐음을 알려준다. 제공: 위 사진 앨런 힐더브랜드, 캐나다 지질학 연구회. 아래 그림 J. 스미트 『지구행성과학 연간 평론』(1999) 27: 75~113 인용

했고, 페멕스 측에서 회사 소유인 정보를 외부로 유출하는 것을 금지했지만 1981년 한 연례 회의에서 이 같은 사실을 발표한 적이 있었던 것이다. 그때는 앨버레즈가 소행성 이론을 제시한 지 불과 1년밖에 지나지 않은 때였고 펜필드는 이러한 사실에 대해 월터 앨버레즈에게 편지를 쓴 적도 있었다.

그리하여 1991년에는 힐더브랜드, 보인턴, 펜필드, 카마르고, 그리고 다른 동료 과학자들이 팀을 이뤄 유카탄 반도의 치크줄룹이라는 마을 아래로 800미터 떨어진 곳에 자리 잡은 직경 180킬로미터 크기(앨버레즈팀이 예상한 것과 거의 들어맞는 크기다)의 운석 구멍이 그토록 오랫동안 찾던 K/T 충돌 흔적이라고 공식적으로 발표했다(그림 8.6).

치크줄룹이 '결정적 증거'가 맞는지 확인하기 위해 거쳐야 할 검사가 여전히 많았다. 첫 번째 문제는 암석 연대였는데 이 구멍이 지하 깊숙이 묻혀 있다는 사실을 감안할 때 절대로 쉬운 일이 아니었다. 가장 좋은 방법은 페멕스에서 수십 년 전 시추 작업을 할 때 채취했던 암석 샘플을 검사하는 것이었다. 여기에서 나온 결과는 그야말로 환상적이었다. 한 실험실에서 나온 연대가 6,498만 년, 다른 곳에서 나온 것이 6,520만 년이었다. K/T 경계층과 정확히 같은 연대였다.

아이티 텍타이트 역시 그 충돌에서 만들어진 물질로서 연대가 같았다. 상세한 화학 분석을 통해 치크줄룹의 암석에서 매우 높은 이리듐 농도가 검출됐으며, 그것과 아이티 텍타이트가 같은 곳에서 나왔다는 사실 역시 확인됐다. 게다가 아이티 텍타이트는 수분 함량이 극도로 낮고 내부 기체 압력은 0에 가까워 이 유리 구체가 대기권 바깥에서 엄청난 속도로 비행하는 동안 굳어 단단해졌다는 사실을 알 수 있었다.

처음엔 너무나 급진적이고 몇몇 사람에게는 말도 안 되는 황당한 이론이

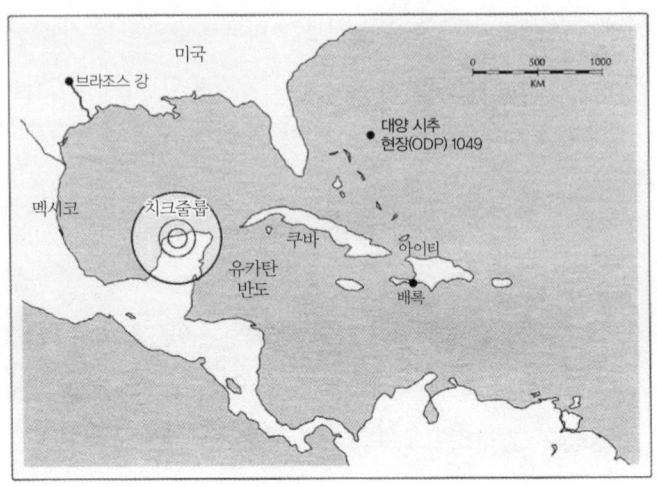

그림 8.6 치크줄룹의 위치와 주요 충돌 증거 현장. 이 지도에서 다양한 충돌 증거의 현장을 볼 수 있다. 브라조스 강의 해일 흔적, 아이티의 텍타이트, 대양 시추 현장 1049번(그림 8.8 참조), 유카탄 반도. 리앤 올즈 그림

라고 여겨졌지만, 10년이 조금 넘자 온갖 종류의 간접적 증거가 나타나 이 이론을 뒷받침하더니, 마침내 결정적이고 직접적인 증거들이 등장한 것이다. 뒤이어 유카탄 반도 대부분을 덮고 있는 물질이 이 충돌로 인해 분출된 것이며, 전 세계 100개가 넘는 K/T 경계층 지대에서 역시 발견되고 있다는 것이 확인됐다(그림 8.7, 그림 8.8).

거대한 충돌 구멍을 발견한 것은 소행성 이론에 있어 위대한 진보였으나 월터에게는 씁쓸한 순간이었다. 아버지 루이스 앨버레즈가 증거가 발견되기 직전인 1988년에 세상을 떠난 것이었다.

다시 새 생명이

그러나 루이스의 아이디어는 계속해서 지질학과 K/T 경계층 연구에 영향을 미쳤다. 2001년 과학자 한 팀이 우주 먼지 입자의 축적을 측정하는

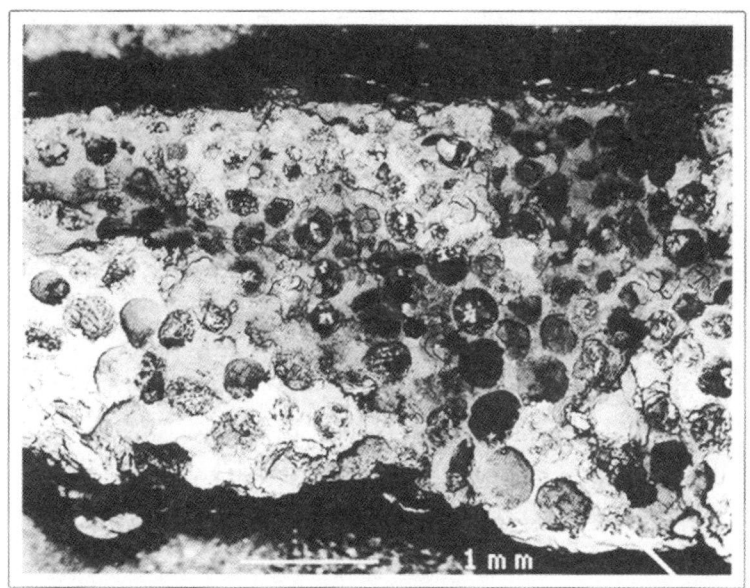

그림 8.7 K/T 구체층. 그루지야 공화국 트빌리시 근처에 훌륭히 보존된 현장. 이 퇴적층을 확대해보면 구체층(작은 것이 위에, 큰 것이 아래에 있다)이 크기에 따라 형성돼 있는 것을 알 수 있다. 이 층은 이리듐 함량도 매우 높다(86ppb). 출처: J. 스미트 『지구행성과학 연간 평론』(1999) 27: 75~113 인용.

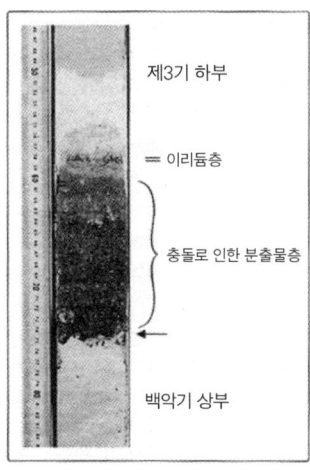

그림 8.8 해저 중심핵 샘플에 나타난 K/T 충돌. 플로리다에서 동쪽으로 약 500킬로미터 떨어진 곳에서 시추(대양 시추 현장 1049)된 이 샘플은 K/T 사건을 매우 명백히 보여주고 있다. 분출 물질이 충돌 지점으로부터 수백 킬로미터 떨어진 해저에 거의 15센티미터 깊이로 쌓인 것을 사진 왼쪽에 있는 자를 통해 알 수 있다. 밀도가 높은 분출물층 위에 이리듐층이 있는 것을 주목하라. 제공: 종합 대양 시추 프로그램

루이스의 계산법을 이용해 K/T 경계층이 만들어진 기간을 계산했다. 월터가 아버지에게 가장 처음으로 물었던 바로 그 질문이었다. 그들은 베릴륨이나 이리듐 대신 헬륨 동위원소를 썼다. 이들은 그 K/T 경계 진흙층이 대략 1만 년에 걸쳐 축적됐다고 계산했다. 그들은 또한 튀니지에 있는 특히 잘 분해된 K/T 경계층을 검사했는데 여기에는 진흙층 바로 밑에 아주 얇은 층(두께 2~3밀리미터)이 있었다. 이 얇은 층에는 충격을 받아 만들어진 석영 알갱이와 충돌 지점으로부터 분출돼 대기 중으로 퍼졌다가 다시 지구로 떨어진 물질의 흔적이 함유돼 있었다. 이 얇은 층은 약 60년에 걸쳐 퇴적된 것으로 밝혀졌다.

이러한 결과를 통해 바닷속 먹이 사슬과 생태계가 충돌 전 미생물 개체 수준까지 다시 회복하는 데 대략 1만 년이 걸렸을 것으로 예상할 수 있다. 그러나 덩치가 큰 바다나 육지 생물 중 상당수는 되살아나지 못했다.

중생대가 멸망한 자리에서 새로운 세대가 일어섰다. 신생대, 바로 포유류의 시대였다. 앤드류스가 아시아에서 발견한 것과 같은 비교적 작은 포유류 종들이 백악기가 사라지면서 틈새를 차지하게 된 것이다. 포유류는 빠른 속도로 초식동물과 육식동물을 포함해 다양한 몸집의 종으로 진화했다. 그로부터 1,000만 년이 지나기 전, 가장 최근의 목目들을 대표하는 형태들이 등장한 것을 신생대 화석에서 확인할 수 있다. 공룡의 불행이 포유류에게는 행운이었다고 할 수 있겠다.

또 다른 결정적 증거들

치크줄룹 이후 지구 생명에 크게 영향을 줬을 법한 다른 충돌 사건들을 규명하는 데 엄청난 관심이 쏟아졌다. 기록상으로 볼 때 가장 규모가 큰 사건은 K/T 멸종이 아니었다. 이 불명예는 페름기-트라이아스기 전환 시점으로 돌아간다. 약 2억 5,100만 년 전, 페름기 후반 지구에 살고 있던 종들 중 90퍼센트가 20만 년도 안 되는 기간 동안 사라져버린 것이다. 이 거대 멸종 현상에 대해 많은 이론이 제기되고 이에 대한 연구가 진행 중이며, 최근 페름기 충돌의 증거로 호주 북서 해안, 200킬로미터 크기의 베드아웃 운석 구멍과 남극대륙 윌크스 랜드의 빙산 아래 더 큰 운석 구멍이 제시됐다.

또한 치크줄룹의 발견은 천문학자들이 다른 소행성 충돌에 대비해 하늘을 살피는 계기가 됐다. 지구 궤도에 가까운 소행성은 수천 개나 된다. 1989년 3월 23일, 직경 305미터가량의 소행성이 약 64만 3,740킬로미터 차이로 지구를 비껴간 적이 있었다. 바로 6시간 전만 해도 지구가 소행성이 지나간 지점에 위치하고 있었으니 그야말로 아슬아슬한 순간이 아닐 수 없다. 만약 그 소행성이 충돌했다면 선사시대 이후 역사상 가장 거대한 1,000메가톤 이상의 폭발이 일어났을 것이다.

이제 우리는 지구 생명의 역사가 라이엘과 다윈 이후 여러 세대의 지질학자들이 믿은 것처럼 언제나 질서 잡히고 점진적인 과정이 아니었다는 것을 알게 됐다. 확인된 것만 해도 170건이 넘는 크고 작은 충돌 현장이 지구 곳곳에 있으며 앞으로도 더 많이 생길 것이다.

또한 K/T 멸종이 공룡 시대의 끝이었다고 오랫동안 믿어왔지만 그것이 사실이 아니라는 것도 이제는 알고 있다. 다음 장에서 알게 되겠지만 그중 한 무리는 아직도 살아 있다.

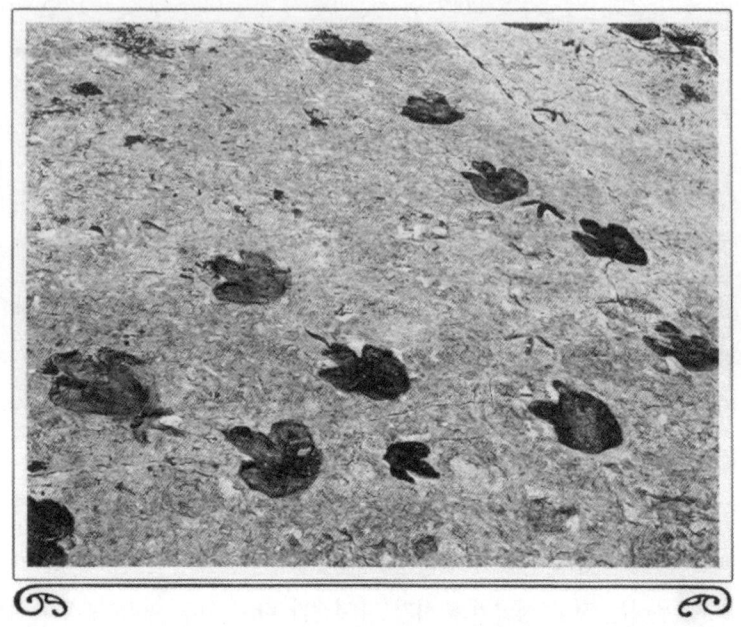

그림 9.1 공룡 발자국. 이러한 흔적이 1800년대 처음 발견됐을 때 사람들은 고대 조류의 발자국이라고 믿었다. 여러 종의 발자국이 포함된 이 백악기 흔적은 콜로라도 모리슨 외곽의 '공룡 마루'에서 볼 수 있다.
제공: 조 맥대니얼

9장

깃털 달린 공룡

새의 아름다움은 무게와 길이로 측정하는 것이 아니다.
그것은 바로 자연과 새의 관계에 있다.
— 랄프 왈도 에머슨

믿기 어렵겠지만 고생물학자들이 공룡을 찾는 데 관심이 별로 없었던 시기도 있었다. 수십 년간 너도나도 가담한 공룡 발굴 이후 1930년대가 되자 박물관 전시관과 창고는 거대한 동물의 유골로 가득해졌고, 덕분에 공룡 화석은 가치가 많이 떨어졌다. 게다가 공룡은 느리고 게으르며, 아마 그러한 습성 때문에 멸종했을지도 모른다는 생각이 만연하고 있었다. 많은 과학자들이 공룡을 버리고 포유류처럼 현재 후손을 볼 수 있는 다른 생물을 찾아 떠났다.

하지만 존 오스트롬John Ostrom만은 달랐다. 공룡에 관한 그의 관심은 진화라는 초기의 흥밋거리에서 이미 벗어나 있었다. 1940년대 후반 고향인 뉴욕 슈넥타디의 유니언 대학에서 의대 예과 과정을 공부하고 있던 그는 어느 날 진화에 대한 수업을 듣게 됐다. 새 수업이 시작되기 전날, 그는 고

생물학자 조지 게일로드 심슨이 쓴 『진화의 의미The Meaning of Evolution』를 집어 들었다가 푹 빠지고 말았다. 그는 밤을 새워 그 책을 마저 읽었고 그 책이 자신을 어떻게 사로잡았는지 심슨에게 편지를 쓰기도 했다. 그 답례로 심슨은 오스트롬에게 컬럼비아 대학으로 와 자신과 연구를 함께하지 않겠느냐고 제안했다. 그래서 외과 의사였던 아버지의 기대와 달리 오스트롬은 의대를 포기하고 지질학으로 전공을 바꾸기로 결심한다(다윈의 이야기와 매우 비슷하지 않은가?).

 1951년, 박사 학위를 받기 위해 컬럼비아 대학으로 간 오스트롬은 심슨과 함께 포유류 화석 연구를 하는 대신, 미국 자연사박물관의 고독하고 열정적인 파충류 관장 네드 콜버트와 함께 오리 같은 주둥이를 가진 공룡을 연구하기로 결심한다. 브루클린 대학과 벨로이트 대학에서 잠시 학생들을 가르치던 오스트롬은 예일 대학 피바디 박물관의 척추동물 고생물학 관장으로 자리를 옮긴다. 그는 19세기 후반 미국 서부에서 전설의 인물 O.C. 마쉬가 수집한 엄청난 양의 공룡 화석을 관리하게 됐다.

 오스트롬은 곧장 몬태나와 와이오밍의 클로벌리 퇴적층에서 자신만의 현장 연구를 시작했다. 1962년 여름에 그와 탐험대는 다채로운 황무지를 구석구석 누볐고, 3차 탐사가 끝날 즈음에는 가능성이 높은 현장을 수십 군데나 발견했다. 1964년 8월의 어느 늦은 오후, 오스트롬과 조수 그랜트 메이어가 향후 발굴을 위해 각각의 현장에 표시를 하며 구획을 나누고 있을 때였다. 두 현장 사이를 걷던 그들이 오른편 비탈에 단 몇 미터 간격으로 몇 개의 앞발과 유골이 있는 것을 발견했다. 커다란 갈고리 발톱이 달린 앞발 하나가 땅 위로 불쑥 솟아 있는 것을 보고 달려가던 중 둘 다 거의 넘어질 뻔했다.

 그날은 단지 현장에 구획 표시를 하러 나온 것이었기 때문에 수중에는 곡괭이, 정, 삽처럼 화석을 파낼 때 쓸 연장이 하나도 없었다. 그래서 가지고 있던 잭나이프와 작은 붓, 양복 솔만으로 해가 떨어지기 전 재빨리 그 앞발과 갈비뼈 몇 개, 등뼈, 완전한 발 하나를 파냈다.

그날 밤이 새도록 오스트롬은 그 뼈들에 대해 생각했다. 그것이 작은 육식 공룡의 일부라는 것은 확실했지만 어떤 종류인지는 알 수 없었다. 그는 나중에 이런 기록을 남겼다. "아직 의심의 여지가 있지만 우리가 완전히 새로운 무언가를 발견했다는 것을 거의 확신할 수 있었다."[143]

다음 날을 포함해 그 주 내내, 오스트롬과 메이어는 현장으로 돌아가 화석을 캐내 돌과 먼지를 제거한 뒤 포장을 계속했다. 8일 동안 계속된 더디고 세심한 작업이 끝나자 그들은 총 두 세트의 유골 일부를 확보했다.

키 107센티미터, 몸무게 약 68킬로그램 정도로 추정되는 이 생물은 공룡치고는 상당히 작았다. 그러나 발은 이전에 그 어디에서도 본 적이 없는 형태였다. 주요 발가락 세 개가 좌우대칭으로 달려 있고 발 안쪽으로 작은 발가락이 하나 더 있는 다른 육식 공룡과 달리 이 생물의 바깥쪽 발가락은 가운데 것만큼이나 길었다. 하지만 가장 두드러지는 특징은 따로 있었다. 두 번째 발가락의 길이가 길고, 거기에 들어갔다 나왔다 하는 거대한 낫 모양의 갈고리 발톱이 달려 있었던 것이다(그림 9.2). 오스트롬은 즉시 이것이 땅을 파거나 무엇을 붙잡고 올라가는 것이 아니라 먹이를 자르고 찢는 데 필요한 것임을 알아봤다. 그는 이 생물에 데이노니쿠스Deinonychus(무서운 갈고리 발톱)라는 이름을 붙였다.

오스트롬은 자기가 발견한 것이 무언가 새롭고 흥미로운 것임을 직감했다. 그러나 집으로 돌아올 채비를 하고 있던 그가 모르는 것이 하나 있었다. 그가 찾은 것이 바로 20세기를 통틀어 발견된 것 중 가장 중요한 공룡 화석이 될 것이라는 사실이었다. 데이노니쿠스와 이것을 발견한 존 오스트롬은 공룡에 대한 우리의 생각을 곧 바꿔놓았다. 공룡은 육중하게 움직이는 멍청이가 아니고, 지능이 떨어지지도 않으며, 냉혈동물도 아니고, 무엇보다도 멸종된 것이 아니었다.

오스트롬이 기존 관념을 어떻게 바꿨는지, 그리고 그의 생각이 전체적인 생명의 역사에 있어 얼마나 중요한지 이해하려면 우선 공룡을 둘러싼 역사적 토론 현장으로 돌아가 19세기에 발견된 가장 유명하고도 중요한 화석을 살펴봐야 한다. 다윈의 새 진화 이론에 대한 최초의 토론에서 중심을 차지한 동시에 오스트롬의 공룡 부활 이론에서 중추적 역할을 한 바로 그 화석 말이다.

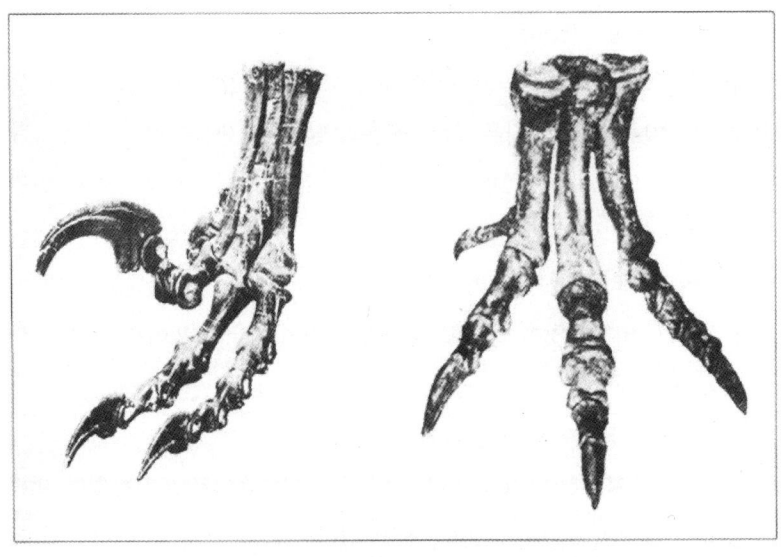

그림 9.2. '무서운 갈고리 발톱.' 둘째 발가락에 들어갔다 나왔다 할 수 있는 커다란 갈고리 발톱이 달려 있고 좌우 비대칭인 데이노니쿠스의 발(왼쪽)과 조금 더 전형적인 좌우대칭의 수각아목 공룡알로사우루스Allosaurus의 발. 제공: J. 오스트롬(1969), 예일 피바디 자연사박물관

잃어버린 연결고리

다윈이 20년에 걸쳐 지질학, 동물학, 식물학, 동물 교배, 고생물학, 생물지리학에서 증거를 수집해 마침내 자신의 이론을 발표했을 때, 그 스스로도 인정했지만 이 퍼즐에는 결정적인 조각 몇 가지가 빠져 있었다. 사람들의 인정을 받는 데 가장 명백하고 문제가 되는 것이 바로 한 무리의 생명체에서 다른 무리로 이어지는 중간에 존재해야 할 과도기적 형태가 없다는 것이었다.

자연의 생명체가 어류, 파충류, 포유류, 조류 같은 뚜렷한 무리로 구성돼 있다는 사실은 누구나 알고 있었다. 그런데 만약 이 동물이 모두 다윈의 주장대로 공통의 조상에게서 나와 서서히 변화한 것이라면 그들 사이에 왜 이리 큰 차이가 나타난단 말인가?

다윈 역시 이러한 질문을 던졌다.

"이 이론에 따르면 과도기적 형태의 생물이 무수히 존재해야 한다. 그런데 왜 우리는 수도 없이 많아야 할 이 화석을 찾을 수 없는가?"[144]

그는 지나칠 정도로 솔직하게 "지질학에서 여러 종 간에 그렇게 정교하게 점진적인 형태를 드러내는 생물은 발견되지 않았다."[145]고 인정하며 "어떤 종 전체가 특정 지층에서 갑자기 나타나곤 해서 이것이 종의 점진적 변이 이론에서 결정적 반대 요인으로 작용하고 있다."[146]고 했다.

이렇게 시인하면 반대론자들이 바로 반격해올 것이라 정확히 예상한 다윈은 잘 보존된 화석이 드물고, 세월이 흐르면서 지층이 심한 변화를 거치기 때문에 증거로 이용하기에는 화석이 다소 불완전하고 연구가 덜 됐다는 점을 덧붙였다. 따라서 그의 이론을 완벽히 시험하려면 각 유기체 간 과도기적 형태를 발견하든가 그러한 것이 계속해서 나타나지 않아야 했다.

다행히 기다림은 그리 오래가지 않았다.

최초의 새

독일 남부 바바리아 지방의 졸른호펜 주변에서 나오는 석회암은 그 품질이 매우 우수해 먼 옛날 로마 시대부터 수 세기 동안 길을 만들고 건물을 짓는 데 쓰였다. 1700년대 후반, 신예 극작가인 요한 알로이스 제니펠터가 구리판 대신 이 돌을 써서 인쇄하는 방식을 실험하기 시작했다. 그는 돌판에 잉크를 스며들게 하고 염산으로 그림을 새겨 이미지를 만들어내는 새로운 방식을 개발해 이것을 스톤프린팅, 곧 석판 인쇄라고 불렀고, 들라크루아 같은 예술가들이 이 방식을 이용해 판화를 창조하면서 석판화가 널리 유행하게 됐다.

석판에 대한 수요가 높아지자 졸른호펜의 채석 사업도 활기를 띠었다. 입자가 고운 이 석판에 조그만 흠집이라도 있으면 인쇄 자체를 망칠 수 있었기에 채석된 석판은 아주 세심한 검사를 거쳤다. 이 석판층은 쥐라기 후반인 1억 5,000만 년 전 얕은 바다에서 쌓인 것으로 새우, 게, 바다 곤충, 물고기 같은 다양한 화석이 매장돼 있었고 보존 상태가 매우 뛰어난 경우도 많았다. 화석이 들어 있는 석판은 인쇄용으로 쓸 수 없었지만 헤르만 폰 메이어Hermann von Meyer 같은 과학자들에게는 보물이나 다름없었다.

다섯 권이나 되는 작품 『고대의 동물들Fauna of the Ancient World』의 저자인 폰 메이어는 독일에서 가장 존경받는 고생물학자 중 한 사람이었다. 그는 익룡(하늘을 나는 멸종된 공룡)을 포함해 졸른호펜에서 발견된 수많은 생물의 정체를 밝히기도 했다. 1860년 후반, 아니면 1961년 초, 채석장에서 근무하던 일꾼들이 깃털 무늬가 있는 석판을 발견하는 일이 있었다. 맨 처음 폰 메이어는 그것이 일종의 사기일지도 모른다고 생각했다. 중생대 지층에서 조류가 발견된 적이 없었을 뿐만 아니라 조류는 비교적 연대가 오래되지 않은 생물이라 여겨졌기 때문이었다. 곧 그는 그 화석이 진짜라고 판단하고 독일 과학 저널에 그에 대해 짧게 쓴 설명을 싣는다. 그리고 유골이 함께 발견되지 않았기 때문에 그 깃털이 반드시 새의 것이라고 볼 수는 없다고 덧붙였다.

폰 메이어가 저널에 글을 쓴 바로 다음 달, 그러니까 『종의 기원』이 출판된 지 2년이 채 되지 않은 1861년 9월에 그는 또다시 놀라운 발견을 했다고 선언한다. 앞다리와 긴 꼬리 주변에 깃털의 흔적이 남아 있는 거의 완벽한 유골이 발견됐다는 것이다. 그는 그 생물에 시조새(아르케옵테릭스 리토그라피카 Archaeopteryx lithographica)라는 이름을 붙였다. 아르케오는 '고대, 시조'라는 뜻이고 '프테릭스'는 '날개가 달린'이란 뜻이며, 마지막에 붙은 리토그라피카라는 종 이름은 그 화석이 들어 있던 훌륭한 석회암의 이름이 반영된 것이었다(그림 9.3).

졸른호펜에서 발견된 고대의 날개 달린 생물에 관한 소문은 금세 퍼졌다. 표본의 소유자가 그것을 팔려 했을 때, 대영박물관의 감독이었던 해부학자 리처드 오언Richard Owen이 그 소식을 들었다. 그는 공개적이고 적극적으로 다윈의 이론에 반대하는 사람이었지만 조국 영국을 위해 그 화석을 차지하고 싶어 했다. 그는 박물관 이사회를 설득해서 당시로서는 상당한 금액인 700파운드라는 금액을 확보하기에 이른다.

더러운 딕과 다윈의 불독

그 표본을 손에 넣는 과정에서 오언은 영국 과학자 중에서 자기가 가장 먼저 그 표본을 볼 수 있도록 손을 썼다. 전문 해부학자이자 다윈 이론의 반대자로서 다윈의 새 이론에 관한 열띤 논쟁에서 이 표본이 어떤 역할을 할 것인지 염려가 됐던 것이다. 이것은 매우 기묘한 동물이었다. 몸통은 파충류 같은 특징과 조류 같은 특징을 모두 갖추고 있었다(머리 부분은 나중에

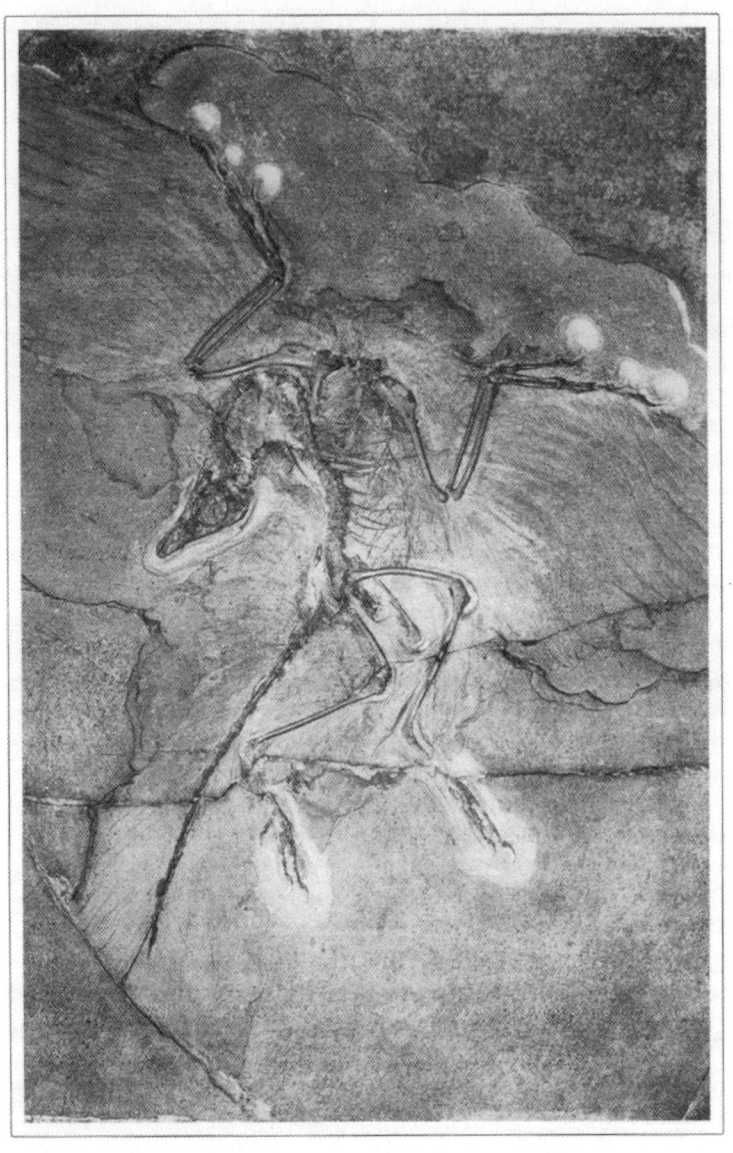

그림 9.3 시조새 아르케옵테릭스. 보이는 것은 베를린 표본이다. 이것이 본래의 1861년 표본보다 세부 사항을 더 확인하기 쉽다. 제공: 루이 치아피

야 발견됐다). 뼈가 많고 가는 꼬리, 갈고리 발톱이 달린 세 발가락, 갈비뼈와 척추의 생김새 등이 분명 파충류 같았지만 깃털은 분명 조류의 것이었다. 이 표본에 대해 오언이 최종 결정을 내리는 데 결정적 요인으로 작용한 것이 바로 깃털과 작은 몸집이었다. 1862년 11월 그는 런던의 왕립협회에서 이에 대해 발표하며 이 시조새를 익룡이나 다른 조류 등의 날개 달린 생물과 비교해봤을 때 '명백한 조류'[147]라고 선언한다.

그때 다윈은 병으로 꼼짝없이 누워 있느라 그 화석을 직접 보거나 오언의 해석을 들을 기회를 놓쳤다. 그가 이 생물에 대해 처음으로 들은 것은 믿음직한 친구이자 고생물학자인 휴 팔코너로부터였다.

> 자네가 없어 그리 아쉬울 수가 없었네. 자네와 내가 다윈주의의 증거인 이 시조새를 두고 한참을 논쟁할 수 있는 기회였는데 말일세. 설사 다윈주의에 들어맞는 기이한 생물을 발굴해내라고 졸른호펜 채석장에 돈을 주고 시켰더라도 시조새처럼 멋들어진 증거를 내놓지 못했을 걸세.[148]

뒤이어 팔코너는 오언의 설명을 비판했다.

> 왕립협회에서 나온 그 초라하고 성급한 설명을 믿어선 안 되네. 그것(시조새)은 설명한 사람의 생각보다 훨씬 더 놀라운 생물이라네.[149]

팔코너는 시조새가 단순한 '새'가 아니라 '출생이 다른 일종의 새 비슷한 생물로서 다윈주의를 위한 다가오는 여명'[150]이라고 생각했다. 새의 조상,

바로 잃어버린 연결고리 말이다.

다윈은 재빨리 답장을 써 팔코너에게 더 자세한 이야기를 부탁했고, "조류만큼 동떨어진 무리가 없고, 이를 통해 과거 생물에 대한 우리의 무지가 드러나므로, 나에게 있어 대단한 사례"[151]라며 다른 사람들에게 이 화석새에 대해 설명하는 편지를 썼다.

오언이 시조새를 과소평가한 데에도 나름의 이유가 있었다. 20년 전인 1842년에 영국과 유럽에서 발굴된 거대한 멸종 파충류 화석에 다이노사우리아Dinosauria 공룡류라는 이름을 붙인 사람이 바로 그였다. 그러나 동시에 공룡의 존재를 이용해 당시 유행하던 진화의 초기 이론을 잠재우려했던 것도 그였다.

장 밥티스트 라마르크와 에티엔 제프리 생힐레르 같은 여러 박물학자들이 화석을 증거로 동물의 단계적 등장을 입증하려 했다. 생물이 어류에서 파충류, 포유류, 조류로 발전하고, 뒤에 등장한 것일수록 초기의 형태보다 '높은' 발전 단계를 보인다고 하며 이어지는 생물의 변화를 진보하는 과정의 증거로 본 것이다. 오언은 이러한 가설에 반박하고 싶었다. 진보적 진화란 곧 현대의 파충류가 멸종한 것보다 훨씬 진보한 것으로 봐야 한다는 의미였고, 그는 공룡 시대를 파충류의 전성기라고 생각했다. "파충류강綱이 번성하며 가장 많은 숫자와 자연계에서 가장 높은 위치를 자랑했던 시대는 이미 지났다. 공룡목目이 멸종한 이후 파충류는 사양길을 걷고 있다." 그에게 있어 진보가 없다면 곧 진화도 없는 것이었다.

그래서 오언은 현대 파충류에 대해 다음과 같은 주장을 펼쳤다. "전혀 다른 종의 파충류가 갑자기 지구상에 나타났다. 공룡의 특성은 그것들이 창조될 때 부여된 것으로 아래 단계에 있던 생물의 발전에서 나온 것도 아니요, 더 높은 단계로 발전하던 생물에게서 없어진 것도 아니었다."[153] 그는 조류도 마찬가지라고 생각했고, 조류 화석이 신생대 제3기에 급작스럽게 나타나는 것이 그 증거라고 믿었다. 시조새 화석이 등장하기 전까지 말이다.

오언은 영국 과학계에서 매우 영향력이 높은 사람이었다. 진화와 관련된 모든 분야, 특히 비교 해부학에 있어서 그는 자신의 주장에서 불리한 사례가 있으면 깡그리 무시하고 유리한 사례들을 만드는 방식으로 다윈 이론에 대한 확고한 반대 입장을 주도했다. 그는 또한 자신의 정치적 연고를 이용해 다른 과학자들을 몰아내고 자신이 중요한 자리를 차지하는 데 최선을 다했다. 다윈이나 토머스 헉슬리와 마찬가지로 팔코너는 학문적으로 오언과 자주 다툼을 벌였고 그가 종종 정당하지 않은 전술을 쓰는 것을 목격했기에 그에게 '더러운 딕'(Dirty Dick, 딕은 오언의 이름인 리처드의 애칭—옮긴이)[154]이라는 별명을 붙였다. 1860년대 초반까지 오언은 적을 많이 만들었고 그 중에서도 가장 강력한 사람은 '다윈의 불독'이라는 별명이 붙은 헉슬리였다. 헉슬리는 오언을 그 자리에서 끌어내기 위한 기회만을 노렸고 이 시조새 표본은 더할 나위 없이 좋은 기회였다.

그는 이 문제를 진화의 실존성에 대한 논쟁에서 가장 중요한 쟁점으로 받아들였다.

현존하는 동물과 식물이 자연적 간격에 의해 매우 뚜렷한 무리로 분류된다는 이론은 모든 편에서 받아들여지고 있다. 그리고 이러한 사실에서 의문이 제기된다는 것은 매우 합당하다. 만약 모든 동물이 공통의 선조에서 나와 단계적으로 변화한 것이라면 어떻게 이렇게 큰 차이가 존재하는 것인가?

진화론을 믿는 우리는 이렇게 답변한다. 이러한 차이가 한때는 존재하지 않았다고, 서로 다른 동물을 연결시켜주는 과도기적 형태가 과거 한 시대에는 존재했으나 그것이 죽어 사라졌다고 말이다. 그런 다음에는 당연히 이 멸종한 생명체를 증거로 내보이라는 주장이 뒤를 따른다.[155]

헉슬리는 그러한 증거가 마치 토지 문서와 같다고 했다. 토지의 주인이 이를 내보일 수 있어야 하는 것과 마찬가지로 진화 이론을 믿는 자들도 증거를 보여야 한다는 것이다. 그는 자신이 완벽한 문서를 보여줄 수는 없지만 문서의 일부인 제법 큰 '양피지 조각'을 보여줄 수는 있다고 했다.
파충류와 조류 사이의 차이점에 초점을 맞추고 헉슬리는 두 가지 질문을 던졌다.

1. 조류 화석이 현재 살아 있는 조류보다 조금이라도 파충류에 가까운 면이 있는가?
2. 파충류 화석이 현재 살아 있는 파충류보다 조금이라도 조류에 가까운 면이 있는가?

첫 번째 질문에 대해 "예."라고 답변할 수 있는 증거로 그가 내세운 것이 바로 시조새 화석이었다. 발톱이 달린 분리된 발가락이라든가, 길고 뼈가 많은 꼬리의 존재 같은 해부학적 사실을 증거로 대면서 헉슬리는 이렇게 결론을 내렸다. "그러므로 지금까지 알려진 것 중 가장 오래된 조류는 특정 부위에서 현대 조류보다 분명 파충류 구조에 가까운 형태를 보인다."[156]
두 번째 질문으로 넘어가면서 헉슬리는 가장 먼저 익룡의 특징을 살펴보고 그것이 파충류와 조류의 중간 단계일 수 있다는 생각은 완전히 제쳐뒀다. 그는 다시 공룡으로 돌아가 그것의 뒷다리가 새의 뒷다리와 얼마나 비슷한지 언급했다. 하지만 헉슬리가 보기에 무엇보다도 뚜렷한 증거는 당시 졸른호펜에서 발견된 단일 공룡인 캠프소그나투스 롱파이프 Campsognathus longpipes에 나타난다고 했다. 이 몸집이 작은 공룡은 분명 공룡이었지만(오언이 이 무리를 정의내리는 데 사용한 바로 그 기준을 이용했다) 그전까지 알려진 그 어떤 공룡에 비해 해부학적 구조나 자세가 훨씬 조류에 가까웠다.

헉슬리는 계속해서 조류와 공룡, 그리고 암석에서 발견된 공룡 발자국(그림 9.1)과 현대의 새 발자국 사이의 비슷한 점을 지적했다. "그러므로 조류강綱의 뿌리가 공룡과 같은 파충류에 있다는 가설에는 그 어떤 허황되거나 부조리한 면도 없다."157

이렇게 헉슬리는 오언 본인이 내놓은 공룡 이론을 이용해 오언의 주장에 반기를 들고 진화 이론을 지지했다.

대영박물관에서 구입한 화석의 두개골이 다른 암석층에서 발견되고, 그것이 파충류와 같은 이빨을 가졌으나 두뇌는 새처럼 크다는 사실이 밝혀졌을 때 이 공룡과 조류 연관설은 더 많은 지지를 얻었고 시조새가 그 과도기적 형태라는 주장은 더욱 강화됐다.

그러나 1860년대 후반, 새로운 공룡이 거의 발견되지 않고 그 이후 몇십 년간 새로이 발굴된 다른 종의 수와 종류가 점점 더 많아짐에 따라 파충류와 공룡, 공룡과 조류의 관계에 대한 혼란은 커져만 갔다. 별의별 진화 이론이 등장했지만 쟁점은 하나였다. 공룡이 조류의 직접적인 선조냐, 아니면 공룡과 조류가 이전의 트라이아스기 파충류를 공통의 선조로 하고 있느냐, 둘 중 하나로 모든 주장이 모였다. 박물학자들은 대체로 조류와 악어, 공룡, 익룡, 그 외 멸종한 파충류들이 모두 공통 조상인 '조룡'의 후손이라는 데 동희했다. 공룡들 사이에서 발견되는 여러 차이점 때문에 조류가 공룡의 직접적인 후손이 아니라고 믿게 된 것이다.

공룡과 조류가 직접적으로 연관돼 있다고 믿은 과학자들은 일부 공룡과 조류에서 나타나는 유사점에 흥미를 보였다. 그러니 사실상 거의 모든 동물 무리가 한 번씩은 조류의 조상으로 거론됐던 것이다. 영향력 있는 책 『조류의 기원The Origins of Birds』(1926)의 저자 게르하르트 하일리만은 특정 공룡(코엘루로사우루스)과 조류의 유사점을 인정하면서도 새가슴에 있는 창사골이나 새의 창사골을 형성하는 것으로 알려진 쇄골이 코엘루로사우루스에게 없음을 증거로 둘은 서로 관계가 없다고 주장했다. 이 창사골이야말로 조류로 인정되는 데 필수적인 부분이었기에 하일리만은 코엘루로사우루스가 조류의 조상이 될 수 없고, 파충류적 조류의 조상으로 가장 가능성이 높은 것은 이보다 훨씬 앞선 트라이아스기의 조룡이라고 결론을 내렸다.

이리하여 공룡과 조류 연관설은 점점 사라져갔다. 존 오스트롬이 몬태나의 황무지에서 발견한 유골들을 하나로 합치기 전까지 말이다.

데이노니쿠스의 부활

데이노니쿠스의 이빨에는 마치 스테이크 나이프처럼 톱니가 있었고, 앞발은 무엇을 움켜잡기 쉽게 돼 있었다. 이 두 가지 특징을 통해 데이노니쿠스가 육식성이며 두발로 보행하는 수각아목獸脚亞目에 속한다고 할 수 있었다. 여기에는 티라노사우루스도 포함된다. 그런데 데이노니쿠스의 키는 티라노사우루스의 5분의 1밖에 되지 않는 반면 그 발톱은 티라노사우루스만큼이나 컸다.

오스트롬은 데이노니쿠스의 습성과 자세를 상상하려고 애썼다. 데이노니쿠스 유골과 섞여 발견된 것 중에는 덩치가 큰 초식 공룡 테논토사우루스가 있었고, 오스트롬은 이것이 육식 공룡인 데이노니쿠스의 먹이였을 것이라고 추측했다. 그렇다면 자신보다 몸집이 큰 상대를 어떻게 공격했을

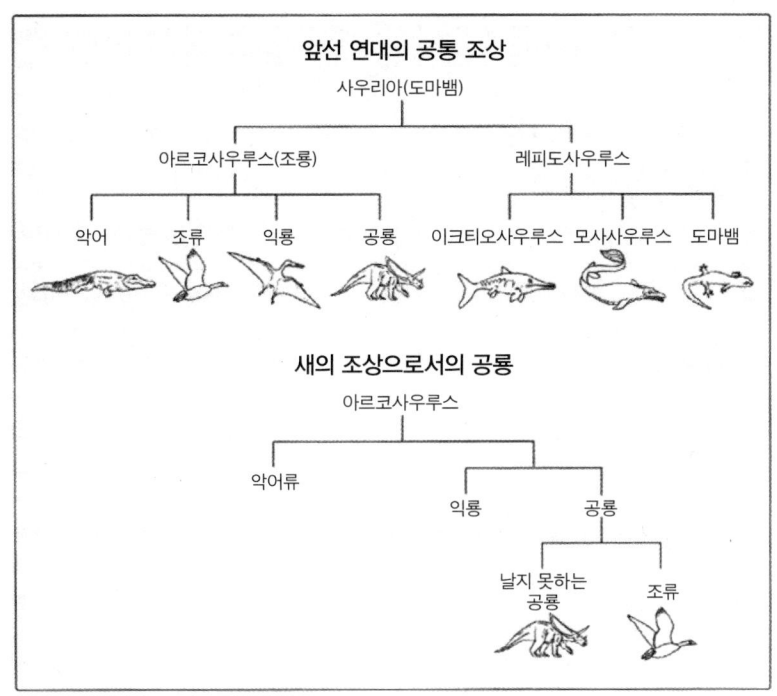

그림 9.4 공룡과 조류 관계에 대한 두 가지 관점. 위: 오랫동안 믿었던 관점으로, 조류와 공룡은 악어, 익룡과 함께 훨씬 앞섰던 조룡을 공통의 조상으로 독립적으로 발달했다는 이론. 아래: 토머스 헉슬리를 비롯한 여러 학자들이 내놓은 대안으로, 조류가 공룡으로부터 진화했다는 이론

까? 앞발을 보행하는 데 쓸 수 없었으니 분명 뒷발로 걸어 다녔을 것이다. 그러면 데이노니쿠스는 이 거대한 갈고리 발톱을 어떻게 이용했을까? 먹잇감을 사냥할 때 풀쩍 뛰어 달려들어야 했을 것이다. 그러나 과연 뒷다리로 걸을 수 있을 만큼 민첩하고, 서서 상대를 공격할 수 있을 만큼 균형 감각이 좋은 파충류라? 금시초문이었다. 그는 자신의 생각을 이렇게 기록했다.

"파충류가 그렇게 움직인다는 것은 불가능하다. 우리 모두 잘 알고 있듯이 파충류는 지루할 정도로 거의 움직이지 않는, 느리고 퍼져 있기 좋아하는 동물이다."[158]

데이노니쿠스의 유골을 합쳐보니 그것이 대부분의 파충류처럼 몸길이의 반 정도 되는 긴 꼬리를 가지고 있음이 드러났다. 그러나 그 꼬리는 매우 독특했다. 척추가 여러 개의 얇고 나란한 막대로 싸여 있었던 것이다. 오스트롬은 처음에 당황했지만 이내 이 막대로 보이는 것이 근육을 꼬리 끝까지 연결하고, 마치 도마뱀이나 악어처럼 꼬리를 양 옆으로 흔들 수 있게 해주는 힘줄이라는 것을 깨달았다. 그러나 도마뱀과 악어와 다른 점이 있다면 데이노니쿠스의 경우 이 힘줄이 꼬리 끝까지 연결돼서 꼬리를 위아래로도 움직일 수 있고 그것이 뼈처럼 골화骨化돼 있었다는 것이다. 이것이 꼬리를 단단하게 만들어 공룡이 움직일 때 균형을 잡아주는 역할을 할 수 있었다. 또한 목과 등뼈의 구조로 볼 때 이것의 몸체는 수평을 이루고 목이 구부러져 올라옴을 짐작할 수 있었다. 이렇게 되면 꼬리는 땅에 닿지 않게 될 것이다. 그야말로 꼬리를 질질 끌면서 육중한 몸을 느릿느릿 움직이는 파충류가 아니라 민첩한 약탈자의 모습이다(그림 9.5). 그 모습은 도마뱀의 모습과 거리가 멀고 오히려 타조나 화식조, 곧 새의 모습과 가깝다는

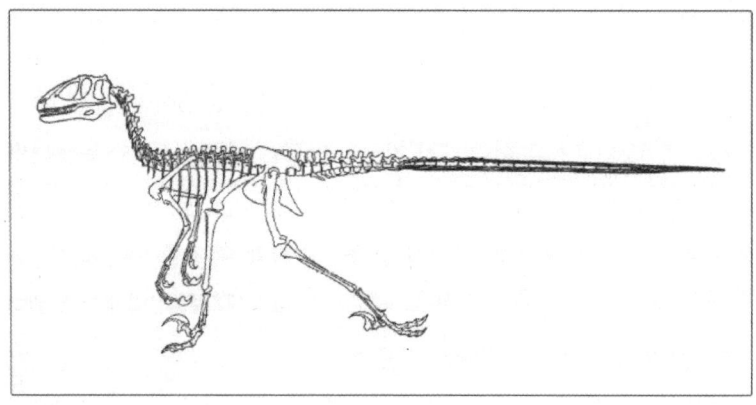

그림 9.5 데이노니쿠스. 균형을 잡기 위해 긴 꼬리를 바닥에서 떨어지게 들고 있는 민첩한 육식동물의 유골을 재연했다. 출처: J. 오스트롬(1969), 예일 피바디 자연사박물관

것을 알 수 있다. 게다가 그렇게 활동적인 습성을 고려한다면 이 공룡이나 이와 유사한 다른 공룡이 냉혈동물이 아니라 조류처럼 온혈동물일 수도 있다는 결론으로 이어진다.

이것은 기존의 상식을 깨는 이단과도 같은 가설이었다. 그러나 조류와의 여러 가지 유사점 때문에 오스트롬은 당시 거의 유기되다시피 했던 공룡과 조류의 직접적 연관설을 다시 고려하게 됐다. 그렇게 하려면 이 모든 가설이 처음 시작됐던 바로 그 화석, 시조새의 화석으로 다시 돌아가야만 했다. 데이노니쿠스에 대한 최초의 논문을 완성하고 얼마 지나지 않아 그는 그 증거를 두 눈으로 직접 보기 위해 유럽의 여러 박물관으로 향했다.

이름표와 진실

1970년대까지 발견된 시조새 표본은 깃털이 있는 첫 번째 것과 유골만 있는 세 점을 합쳐 총 네 점에 불과했다. 이렇게 드문 화석은 자연사박물관 관장들과 개인 수집가들에게 마치 최고 수준의 예술품처럼 귀한 취급을 받았다. 그래서 박물관이라면 모두 시조새 화석을 갖고 싶어 했다. 하지만 이렇게 연약하고 골격 속이 비어 있는 동물의 흔적이 여느 육지 동물처럼 흔히 얕은 바닷속 지층에 매장돼 있기를 바라는 것은 지나친 욕심이었다. 얼마 되지 않는 표본마저도 존재한다는 것이 매우 놀라울 정도였고, 깃털처럼 약한 조직이 남아 있을 가능성은 더욱 적었다.

시조새를 찾아 순례에 나선 오스트롬은 런던과 마르부르크, 베를린을 거쳐 졸른호펜 채석장으로 향했다. 얼마 안 되는 시조새 화석 외에 졸른호펜에서 수집된 익룡의 유골들도 관찰했다. 그러던 중 네덜란드 하를렘에 있는 테일러 박물관에서 1855년 발굴된 익룡 표본 하나를 본다.

그것을 본 순간, 오스트롬은 그 화석이 익룡이 아님을 알아챘다. 석판을 약간 기울여 햇빛에 비추자 깃털이 보인 것이다. 그는 자신의 눈을 믿을 수 없었다. 또 하나의 시조새가 나타난 것이었다.

이 화석은 100년 이상 그것이 시조새임을 아무도 알아차리지 못한 채 하를렘에 전시돼 있었다. 아이러니하게도 이 화석이 발견된 1857년 그것을 잘못 감정한 사람은 다름 아닌 헤르만 폰 메이어였다. 이보다 4년 후인 1861년 '최초'로 공룡 화석에 시조새라는 이름을 붙여준 바로 그 사람 말이다('최초'를 강조한 까닭은 오스트롬이 재발견한 화석이 분명 1861년 표본보다 먼저 발견됐지만 당시에는 새로운 존재로 인정받지 못한 것 때문이다).

오스트롬은 관장에게 깃털 흔적을 보여주면서 '아차! 실수했다.'는 생각을 금할 수가 없었다. 이 보물을 당장 자기 손에서 빼앗길 것이 뻔했기 때문이다. 깜짝 놀란 관장은 역시나 화석을 재빨리 집어 들더니 사라져버렸다. 오스트롬은 "내가 망쳐버렸구나, 망쳐버렸어!" 하고 혼자 중얼거렸다. 120년 만에 제자리를 찾은 다섯 번째 시조새를 다시 볼 길이 막막하다는 사실을 깨달은 것이다. 그런데 박물관장이 끈으로 묶은 낡은 신발 상자를 하나 들고 15분 만에 다시 나타나는 것 아닌가. 놀랍게도 그 안에는 시조새의 화석이 들어 있었다. 그는 그것을 오스트롬에게 건네며 말했다. "자, 가져가세요. 오스트롬 교수님이 우리 테일러 박물관을 유명하게 만들어주셨습니다."159 오스트롬은 이 신발 상자를 꼭 끌어안은 채 비행기를 타고 집으로 향했다. 그 내용물에 100만 달러 상당의 보험을 든 채로 말이다.

공룡에서 나온 새, 공룡인 새

자신이 발견한 것, 아니 자신이 재발견한 것을 보고하려면 우선 새 표본의 뼈를 자세히 관찰하고 그것을 다른 시조새에서 찾은 것과 비교할 필요가 있었다. 그는 이렇게 생각했다. "오, 잠깐만. 이 해부학 구조는……. 가만 있자, 덩치만 크지 비슷한 것을 전에 본 적이 있는데……."160 시조새 화석을 들여다보면 볼수록 공룡과 비슷한 특징이 자꾸만 눈에 들어왔다.

턱뼈, 이빨, 척추, 어깨 일부가 모두 수각아목 공룡과 매우 비슷했다. 그러나 그중에서도 가장 놀랍고 세부적인 유사점은 시조새와 데이노니쿠스에서 발견되는 다리, 발, 발목에 있었다. 예를 들어 시조새와 데이노니쿠스의 발목에는 모두 반달 모양의 발목뼈가 있어 발목을 360도 돌릴 수가 있었다. 날개를 위아래로 움직이며 날갯짓을 하는 데 필수적인 이 뼈는 일부 수각아목 공룡과 새에서만 발견된다. 오스트롬은 이 두 가지 공룡이 각각 독립적으로 진화했다고 보기에는 닮은 점이 아주 많다고 결론을 내렸다. 시조새와 데이노니쿠스를 더 자세히 해부학적으로 분석하고 난 뒤 그는 그 둘이 매우 가까운 친척 관계라고 믿게 됐다. 1973년 마침내 그는 자신의 목을 걸고 아래와 같은 주장을 발표한다.

> 만약 시조새 표본에서 깃털 흔적이 제대로 보존돼 있지 않았다면 이것은 모두 공룡으로 분류됐을 것이다. 여기서 내릴 수 있는 유일한 논리적 결론은 시조새가 쥐라기 초기나 중기의 수각아목 공룡으로부터 나왔을 것이라는 점이다. 이 계통 발생론에서 얻을 수 있는 또 다른 중요한 의미가 있다. 바로 '공룡'이 멸종하기 전 후손을 남겼다는 것이다.161

여기에서 오스트롬은 조류가 공룡을 조상으로 뒀다고 주장하는 데 그치지 않고 사실상 조류가 공룡, 조금 더 정확히 말하자면 수각아목 공룡이라고 주장한 것이다.

이와 같은 그의 주장은 공교롭게도 같은 해 다른 '새로운' 시조새 표본이 발견되면서 다시 한 번 증명됐다. 1951년 발견돼 콤프사그나투스 Compsagnathus(헉슬리가 공룡과 조류 연관설의 증거로 지적했던 바로 그 공룡)로 확인됐던 수각아목 화석이 다시 검사를 받고 시조새라고 정정된 것이다. 그로부터 15년이 지나 발견된 시조새 역시 콤프소그나투스 화석이라고 알려졌던 것이었다. 총 여섯 점의 시조새 화석 중 세 점이 처음에 익룡이나 공룡으로 오판된 것을 보면 오스트롬의 주장처럼 시조새가 깃털만 아니었어도 공룡으로 분류됐을 것이라는 주장이 사실로 다가온다.

그러나 수각아목 공룡과 조류가 연관돼 있다는 오스트롬의 이론은 조류의 기원에 대해 이전 50년간 믿었던 것과 극단적인 차이가 있었다. 오스트롬의 이와 같은 시각에 흥미를 느끼는 고생물학자들도 있었지만 다른 과학자들, 특히 조류학자들은 의심을 품거나 부정적으로 나오며 기존의 조류·공룡 공통 조상 이론을 고수했다. 두 편이 서로 의견 차이를 좁힐 수 없었던 것은 연구 과정에서 초점을 뒀던 신체적 특성이 서로 달랐기 때문이었다. 오스트롬을 비롯해 수각아목-조류 연관설을 지지한 사람들은 수각아목과 조류가 공통적으로 보이는 특징을 강조한 반면, 반대론자들은 현대의 조류나 시조새의 특징을 지적하면서 그것이 훨씬 더 연대가 오래된 파충류와의 연관성을 가리킨다고 했다.

이렇게 공룡과 조류 간 관계에 대해 혁명이 일어나는 동안 한편에서는 계통발생론, 곧 진화적 관계를 연구하는 학문에서 새로운 혁명이 막 시작되고 있었다. '분기학'이라는 새로운 접근법이 발생한 것이다. 이것은 종 간 관계를 분석하는 데 있어 조금 더 객관적이고 정량 분석적 방식을 이용한다. 한 마디로 전부가 아닌 일부 분류군에서만 나타나는 특성을 바탕으로 동종을 가려내고 진화의 계도를 확립하는 것이다. 1980년대 중반 U.C. 버클리에 있던 자크 고티에가 이 새로운 방식을 이용해 파충류와 조류에 접근했을 때 그는 조류가 사실은 수각아목의 공룡이라는 강력한 증거를 발견했다.

이 새로운 방식이 반대론자들의 마음에 들 리 없었다. 분기학을 이용하는 과학자는 '헛소리 투성이'[162]라고 말한 사람이 최소한 두 명 이상 됐으니 말이다. 20년 넘게 여러 회의론자들이 꿋꿋하게 자신의 의견을 고수했고 반대로 지지론자들은 계속해서 자신의 주장을 뒷받침할 증거를 찾고 있었다. 그러다가 놀라운 일이 벌어졌다.

새가 먼저냐, 깃털이 먼저냐

회의실이 들썩거렸다. 척추동물 고생물학회가 1996년 미국 자연사박물관에서 연례회의를 하던 중이었다. 여러 과학자들이 나와 다양한 주제에 관해 자신이 가장 최근 발견한 것들을 발표했다. 그러나 이 중에서 가장 눈길을 끈 새 소식은 앨버타 드럼헬러의 타이렐 박물관에서 공룡 연구를 맡고 있는 필립 큐리 박사가 얼마 전 중국에서 가져온 3×5 크기의 사진 한 장이었다. 베이징 대학을 방문하던 중 그는 랴오닝 성의 한 농부가 발견한 화석 사진을 보게 된다. 그 화석을 보자마자 그는 '기절할 뻔했다.'[163] 그것은 약 90센티미터 크기의 콤프소그나투스 같은 공룡 화석이었는데 등줄기를 따라 깃털 같은 털이 나 있는 것 아닌가. 이 사진은 오스트롬을 '쇼크 상태'에 빠뜨리고 '무릎에 힘이 빠지게'[164] 했다. 이것이 과연 진짜일까? 깃털이 달린 공룡이 존재했단 말인가?

그 깃털이 하늘을 나는 데 쓰인 것이 아니라는 점 외에는 큐리 역시 그 공룡에 대해 아는 바가 거의 없었다. 하지만 만약 이 화석이 보이는 그대로라면 그야말로 오스트롬의 이론에 쐐기를 박는 것이나 마찬가지였다.

수많은 과학자들이 이 화석에 대해 더 많이 알고 싶어 했다. 그래서 필라델피아의 자연과학 학술회와 중국 당국 간에 논의가 이뤄졌고 그 화석을 보기 위해 과학자들이 파견됐다. 1997년 봄, 당시 이미 은퇴한 오스트롬을 포함해 총 다섯 명의 과학자들이 중국으로 건너갔다. 그들은 여러 화석을 봤는데 그중에서도 단연 으뜸은 사진만으로 뉴욕 회의장을 들쑤셔놓은 시노사우롭테릭스Sinosauropteryx라는 이름의 화석이었다. 오스트롬은 그날이 "내 생애에서 가장 신나는 순간 중 하나"165라고 선언했다. 그는 살아서 그러한 것을 보지 못할 것이라고 생각했다.

이것은 단지 시작에 불과했다. 그 이후로도 꾸준히 털이 달린 수각아목 공룡이 발견됐으며 그중 일부는 시노사우롭테릭스보다 더욱 발전해 시노니토사우루스 밀레니Sinornithosaurus millenii(그림 9.6)처럼 결이 있는 깃털을 형성한 것도 있었다. 학문적으로 이 공룡들은 '비非조류 깃털 달린 공룡이라 불렸다. 깃털은 있지만 날개가 없어 날 수 없는 것이다. 여러 수각아목 공룡에 깃털이 나 있었다는 것은 의심의 여지없이 깃털 진화가 조류 진화보다 훨씬 앞서 있었다는 뜻이고 이는 곧 깃털이 비행 이전에 온기나 단열을 위한 적응 과정에서 생겨났다는 것을 의미했다. 사실 지난 20년간 집중적인 연구를 통해 한때 조류에만 유일하게 나타났던 특징들이 일부 수각아목에서도 존재했다는 사실이 밝혀졌다. 그중에는 조류에만 있다고 생각했던 창사골이나 360도로 회전하는 발목뼈, 심지어는 둥지를 틀고 알을 낳는 습성 등이 포함돼 있다. 유명한 고생물학자 루이 키아피는 이렇게 말했다.

"조류의 특성을 획득하거나 그러한 특성을 지니도록 진화한 수각아목 공룡에 대해 점점 더 많은 것을 알아낼수록 무엇이 조류이고 무엇이 조류가 아닌지 경계가 흐릿해지고 있다."166

이 흐릿한 경계야말로 진화적 변천의 특성이라고 할 수 있다. 공룡에서 조류로 가든, 뒤에서 나오듯 어류에서 양서류로 가든 말이다.

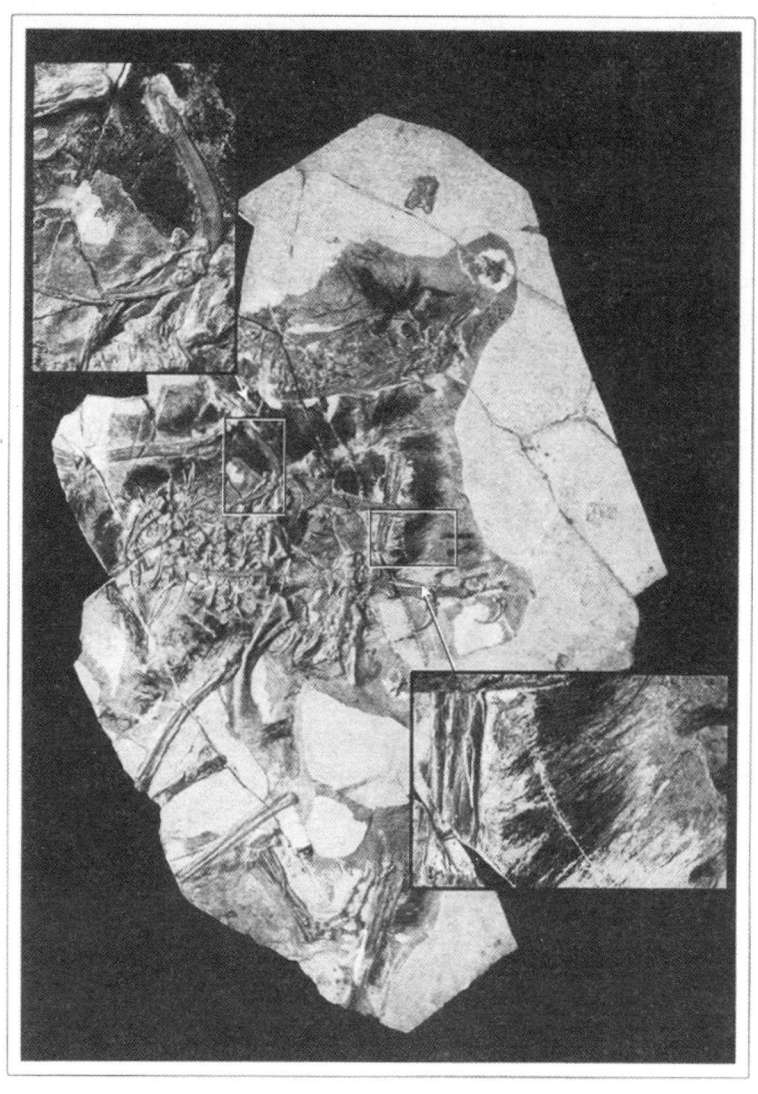

그림 9.6 깃털 달린 공룡. 중국 시혜툰 근처 이지안 지층에서 최근에 발견된 시노니토사우루스 밀레니. 모두 새의 특성인 두드러지게 나타나는 창사골과 깃털(사각형 안)에 주목하라. 제공: 루이 키아피

데이노니쿠스, 할리우드로 가다

공룡에서 조류로 이어지는 변천을 조명하고 오랫동안 계속됐던 과학적 미스터리와 논쟁을 종식시킨 것 외에도 오스트롬의 데이노니쿠스와 시조새 발견 및 연구가 해낸 것이 있었다. 과학의 세계를 넘어 일반인의 상상 속에 공룡의 이미지를 새겨 넣은 것이다. 오스트롬이 과학적으로 인정받기도 전에 그는 고생물학이라는 영역보다 훨씬 더 큰 곳에서 자신의 공룡에 대한 환상이 현실로 살아나는 기쁨을 맛봤다.

1980년대 말 어느 날, 오스트롬의 전화벨이 울렸다. "오스트롬 교수님, 저는 마이클 크라이튼이라고 합니다."167 공상과학 소설 『안드로메다 스트레인Andromeda Strain』의 저자 마이클 크라이튼이 새로운 소설을 쓰기 위해 조사를 하던 중 오스트롬이 몬태나에서 발견한 생물에 대해 질문을 하려고 전화를 건 것이다. 그는 그 생물이 육식동물이었는지, 그것이 사람만큼 빠르게 달리거나 높이 뛸 수 있는지 물었다.

오스트롬은 크라이튼에게 데이노니쿠스의 능력에 대해 자신이 아는 대로 설명했고 벨로시랩터가 가장 가까운 친척 관계에 있다고 했다. 크라이튼은 오스트롬이 붙인 데이노니쿠스라는 이름을 책에서 쓰지 않기로 결정했다고 미안한 기색으로 말했다. 그 그리스식 이름은 너무 어려웠던 것이다. '벨로시랩터'가 훨씬 '극적'이었다. 이것이 바로 몽골에서 로이 채프먼 앤드류스의 탐험대가 발견했지만 세상에는 알려져 있지 않았던 공룡 한 마리가 마이클 크라이튼의 화제작 『쥐라기 공원Jurassic Park』에서 무섭고, 영리하고, 민첩한 육식 공룡으로 다시 태어나게 된 배경이다. 이 공룡은 스티븐 스필버그가 감독한 동명의 블록버스터 영화에서도 특수 효과를 통해 매우 생생하고 무서운 동물로 그려졌다.

이것 외에도 오스트롬의 발견과 이론은 영화 속에서 다시 한 번 등장한다. 고생물학자인 주인공 앨런 그랜트 박사가 나오는 첫 번째 장면에서 그는 약 15센티미터가량 되는 육식동물의 거대한 갈고리 발톱을 발견하고 그것이 떼를 지어 사냥하며 테논토사우루스를 잡아먹었을 것이라고 추정한다. 그런 다음 벨로시랩터의 발목에 있는 반달 모양의 뼈를 자원봉사자들에게 가리키며 이렇게 말한다. "이놈들은 결국 나는 법을 배울 수밖에 없었지."[168] 극중에서 그 사람들 대부분은 이 주제를 다룬 그랜트 박사의 책을 읽어보지 않았기 때문에 여기저기에서 웃음이 터져 나온다. 하지만 그중 팀 머피란 사람은 그 책을 읽었기에 나중에 그랜트 박사에게 질문을 한다. "박사님은 공룡이 새로 변했다고 진짜로 믿으세요? 그럼 공룡이 모두 새가 된 건가요?"[169]

그랜트가 대답한다. "음, 저, 일부 좋은 음……. 진화했을 수도……. 어, 아마 그렇게 됐을 거야. 그렇지."

그렇다, 정말 그랬다.

그림 10.1 엘리스미어 아일랜드, 소르 피요르드. 이 거친 암석 지대는 여름 잠깐 동안만 모습을 드러낸다. 사진 속에서 탑헐 대원이 화석을 찾고 있다. 제공: 닐 슈빈

10장

발 달린 물고기

끝없는 물결 아래 생명이 대양의 희뿌연 동굴 속에서 태어나 자라네.
최초의 것, 너무나 작아 유리구슬로도 볼 수 없는 것이
물을 뚫고 흙 위로 올라서 후손들이 그곳에서 꽃을 피우네.
새로운 능력과 큰 팔다리가 생기고
수많은 식물이 자란 곳에서 지느러미, 발과 날개가 숨을 쉬네.
— 에라스무스 다윈, 『자연의 사원The Temple of Nature』(1802)

1976년 여름, 닐 슈빈Neil Shubin은 필라델피아에서 건국 200주년을 축하하고 있었다. 미국 혁명의 주요 유적지 중 하나인 필라델피아에서 자란 닐은 식민지 시대 역사에 둘러싸여 살았다. 바로 그해, 그는 도시 주변 여러 유적지와 관련한 고고학에 강한 흥미를 느끼기 시작했다. 그래서 아직 고등학생이었던 닐은 펜실베이니아 대학 교수의 가르침을 받으며 그 지역의 오래된 공장 중 하나의 역사를 캐는 일을 하게 됐다.

그가 받은 임무는 한 공장에서 무엇을 생산했는지 밝히는 일이었다. 무척이나 덥고 끈적이는 날씨에도 그는 매일 같이 밀 크리크 둑을 따라 늘어선 유적지로 가 땅을 파곤 했다. 오랜 질그릇 조각과 연장 등을 찾는 것은 재미있었지만 분명 힘들고 지저분한 일이었다. 그래서 닐은 실제 유물 말고도 과거에 대해 알아낼 수 있는 다른 방법이 있을 것이라 여기고 도서관으

로 향했다. 19세기 업계 회보와 신문 마이크로 필름을 뒤진 끝에 그 공장의 이름과 그 공장을 태워버린 화재의 원인, 그리고 마지막으로 그 공장에서 무엇을 생산했는지 알아냈다. 닐은 자신의 고고학적 최초 성공을 매우 자랑스러워했고 앞으로도 유용하게 쓰일 세 가지 교훈을 얻었다. 첫째, 어떻게든 과거는 알아낼 수 있고, 둘째, 자신이 현장 연구를 사랑하며, 셋째, 배경 조사를 하면 큰 도움이 된다는 것이었다.

콜롬비아 대학에 입학한 후 닐은 생명의 역사에 더 큰 미스터리가 숨어 있다는 것을 알고, 자신의 소명이 고고학이 아니라 고생물학에 있음을 깨달았다. 그는 탐험을 나가 화석을 찾겠다는 열망을 품고 하버드 대학원에 들어갔다. 패리쉬 젠킨스 교수의 지도 아래 박사 학위 준비를 하던 그는 젠킨스 교수가 애리조나 주에서 발견한 지층에서 초기 포유류 화석을 찾을 기회를 얻는다. 이 경험을 통해 닐은 암석의 바닷속에서 이빨과 뼈를 가려내는 방법을 배웠고, 매우 작고 섬세한 화석을 다룰 때는 마치 보석을 캐듯 돋보기와 인내심으로 무장하고 작업에 임하는 법 역시 배웠다. 땅 속에 숨겨진 보물을 찾아다니는 동안 닐은 자신이 직접 현장을 발굴하고 탐험을 주도하고 싶은 욕심이 생겼다.

그가 찾고 있던 포유류 화석은 2억만 년 된 암석 속에 있었다. 외국으로 탐사를 가기에 자금이 부족했던 그는 작은 밴을 빌려 약 2억만 년 된 지층이 있다고 알려진 코네티컷으로 향했다. 그러나 그곳에서는 아무것도 찾지 못했다. 코네티컷의 지층 대부분은 숲과 나무 등으로 덮여 있었다. 그는 고속도로 공사 등으로 인해 밖으로 드러난 지질면이 아니라 해변처럼 넓게 펼쳐진 거대한 암석 노출 지대가 필요했다.

배경 조사를 할 때가 된 것이었다. 지질학 도서관에 간 그는 해당 연대에 있는 암석 지대가 그리 멀지 않은 캐나다 동부의 노바스코샤에 있다는 것을 알았고, 운 좋게도 이 지대는 세계에서 가장 높은 파도에 침식돼 살펴볼 수 있는 영역이 꽤 넓었다. 젠킨스 교수로부터 탐사 비용을 지원받은 닐은 경험이 많은 동료 몇 명과 함께 펀디 만의 해안으로 떠났다. 그들이 찾은 여러 화석 중에는 파충류와 포유류의 특징을 모두 갖춘 특이한 이빨이 달린 조그만 턱뼈 화석이 들어 있었다. 알고 보니 그 턱뼈는 파충류와 포유류 사이에 존재했던 과도기적 생물, 트리텔로돈트의 것이었다. 대단한 발견이었다. 이듬해 닐과 탐사대원들은 화석이 매장된 암석 3톤을 수집했고 그 안에는 트리텔로돈트, 악어, 도마뱀 같은 생물의 이빨과 뼈 수천 점이 들어 있었다.

파충류 조상을 둔 포유류의 기원을 찾다보니 닐은 생명의 진화 과정 중 특히 어류와 척추동물 진화에 특별한 관심을 갖게 됐다. 그래서 1980년대 후반 조교수로 펜실베이니아 대학에 들어간 후 척추동물의 가장 초기 조상이라고 할 수 있는 동물들 사이에 잃어버린 연결고리를 찾기로 마음먹었다.

닐과 테드의 신나는 모험

척추동물이 뭍으로 올라온 것은 데본기 후반인 3억 8,500만 년 전부터 3억 6,500만 년 전 사이로 추정된다. 그전까지만 해도 척추동물이라고는 어류밖에 없었다. 그러나 데본기 후반인 약 3억 5,900만 년 전, 뭍의 생명체가 극적으로 변화하기 시작했다. 척추동물에게 팔다리가 생겨 걸어 다니기 시작하고, 곤충과 거미 또한 육지 생활에 합류한 것이다.

척추동물 화석 중에서 지느러미가 팔다리로 변천하는 과정이나 발이 넷 달린 척추동물(사지四肢동물)이 발생하는 기원을 보여주는 화석이 몇 가지 있다. 예를 들어 유스테노프테론과 판데릭티스 같은 물고기는 약 3억

8,500만 년 전부터 3억 8,000만 년 전경에 살았으며 지느러미에 기본적인 골격 구조를 보인다. 마치 사지동물처럼 상박골 하나와 하박골 두 개가 있는 것이다(그림 10.2). 그러나 이 고대 물고기에 손목이나 손가락과 같은 기능을 하는 부위는 없었다. 대략 3억 6,500만 년 전에 이르러 그린란드 동부 해안에서 발견된 아칸토스테가 같은 동물에 비로소 완전히 사지동물 특성이 나타났다(그림 10.2). 이 동물의 가장 놀라운 특징 중 하나는 손에 달린 손가락이 여덟 개라는 점이다. 초기 사지동물은 손가락을 다섯 개 가지고 있는 현재의 사지동물보다 손가락이 많았다는 것을 보여주는 증거다.

그러나 아칸토스테가가 아무리 위대한 화석이었다고 하더라도 완전히 발달된 팔다리와 초기 어류의 지느러미 사이의 간극은 매우 컸다. 그 간극을 좁히는 것이야말로 닐과 그의 새 대학원생 제자 테드 대쉴러Ted Daeschler의 궁극적인 목표였다.

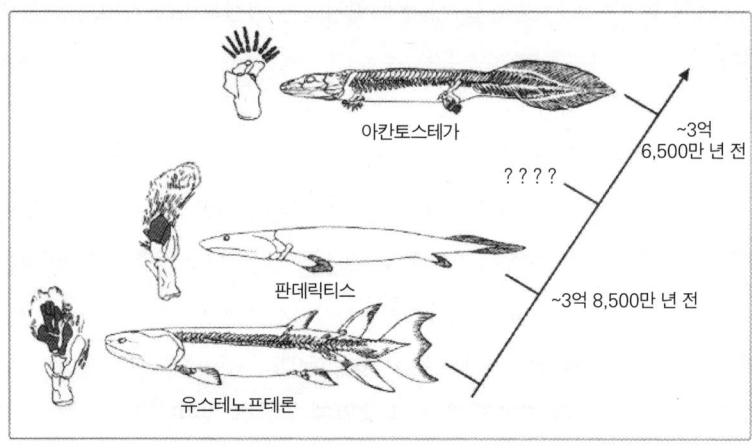

그림 10.2 사지동물과 사지의 기원. 어류의 진화와 사지동물의 기원을 연결하는 얼마 안 되는 화석 중 그나마 잘 알려진 것들이다. 신체와 사지 모양, 시대 면에서 판데릭티스와 아칸토스테가 사이에 큰 차이를 볼 수 있다. 리앤 올즈 그림. 출처: P. E. Ahlberg & J. A. Clark(2006), 「네이처」 440: 747~749, N. A. Shubin E. B. Daeschler & F. A. Jenkins, Jr.(2006), 「네이처」 440: 764~771

다행히 펜실베이니아 주에는 데본기 지층이 많았다. 약 3억 8,000만 년 전, 아카디아 산악 지방에 여러 개의 굽이치는 강이 흘렀고 이 강은 현재 내륙인 캣스킬 바다로 흘러들었다. 그 결과로 생긴 캣스킬 삼각주는 오늘날 애팔래치아 산맥 한가운데에 있고, 고대 범람원 충적층이 뉴욕 남동부부터 펜실베이니아, 메릴랜드를 거쳐 웨스트버지니아까지 펼쳐져 있다. 그러니 닐과 테드는 화석을 쫓아 먼 곳으로 갈 필요가 없었다. 그러나 몇 년 전 코네티컷에서와 마찬가지로 이 암석 대부분이 숲과 도시로 덮여 있었고, 지층이 겉으로 드러난 해안이 없다는 것이 문제였다. 닐과 테드에게 최선의 방법은 고속도로 개발로 잘린 지층을 찾아다니는 것이었고, 이는 접근이 쉽고 탐사 비용이 저렴하다는 이점이 있었다.

1990년대 초 몇 년 동안 닐과 테드는 여러 차례 도로변 모험을 계속했다. 120번 주로(州路)에서 그들은 도로 공사 때문에 데본기 후기의 암석층이 새롭게 노출된 레드 힐이라는 곳을 발견했다. 거기에서 처음에는 물고기 비늘 몇 개만 발견했을 뿐이었다. 그러나 닐이 다른 탐사 문제로 그린란드에 가 있는 동안 테드가 레드 힐을 다시 찾았다가 사지동물의 어깨를 발견했다. 그린란드 외의 지역에서 데본기 후기 사지동물의 화석이 처음 발견된 순간이었다. 데본기 중 약 40만 년 동안 퇴적된 23미터 높이의 이 지층은 온갖 화석으로 가득했다. 접근이 쉬운 덕분에 둘은 눈에 보이는 것은 무엇이든지 펜실베이니아 대학의 연구실로 가져가 자세히 관찰할 수 있었다.

15번 도로 역시 보물창고였다. 새로 쪼갠 큰 암석 몇 개를 꼼꼼히 조사하던 닐과 테드는 그중 몇 개 돌덩이를 연구실로 가져갔다가 커다란 물고기 지느러미 하나가 암석 바깥으로 삐죽이 솟아나와 있는 것을 발견했다. 그것은 그들이 주로 보던 지느러미와 무언가 달랐다. 지느러미 안에 뼈가 들어 있었던 것이다. 한 달 동안 공을 들인 결과 그들은 암석 속에서 뼈 하나로 어깨에 연결된 지느러미 하나, 그에 붙은 뼈 두 개, 그리고 지느러미에서 뻗어 나온 막대 여덟 개를 발견했다. 그 막대 여덟 개는 마치 손가락의 선조처럼 보였다. 아칸토스테가 같은 동물에서 나타난 여덟 개의 손가락 말이다.

그들이 도로 현장에서 발견한 '손가락 달린 물고기'와 세 가지 사지동물은 귀중한 새 화석으로 몇 년에 걸친 노력에 대한 보람을 안겨줬지만 여전히 어류와 사지동물 사이의 빈틈을 메우기에는 부족했다. 레드 힐에 사지동물과 다양한 어류의 화석이 공존하고 있는 것으로 보아 그 암석은 연대가 아주 최근인 것이 분명했다(레드 힐은 3억 6,100만 년~3억 6,200만 년 전 것이다). 어류와 사지동물 사이의 결정적 변천은 그보다 얼마 전에 이뤄졌다.

과도기적 화석을 찾으려면 이것보다는 조금 더 오래된 암석을 찾는 것이 급선무였다. 레드 힐과 다른 도로 절단면에서 얻은 경험을 통해 어떤 암석을 찾아야 할지는 잘 알고 있었다. 화석은 먼 옛날 삼각주의 일부로 흐르던 물줄기의 가장자리나 범람원의 퇴적층 속에 묻힌 것이 보관 상태가 가장 좋았다. 그렇다면 이미 탐사하지 않은 그러한 암석은 과연 어디에 있단 말인가?

그들은 중국, 남아메리카, 알래스카를 차례대로 고려해봤지만 가능성은 그리 높아 보이지 않았다. 그러던 어느 날, 이것과는 전혀 관련이 없는 지질학 논쟁을 벌이다가 오래된 지질학 교재를 펼친 그들은 북아메리카에서 데본기 후기의 지층을 다룬 지도를 우연히 발견했다. 거기에는 그린란드 동부가 나와 있었는데 사실 닐을 비롯해 많은 사람들이 이미 그곳을 다녀온 바 있었고, 그들이 몇 년간 고생한 캣스킬 지대도 포함되어 있었다. 그러다가 나타난 것이 바로 캐나다의 북극 섬들이었다. 고생물학자들에게는 미지의 거대한 땅이었다.

이것을 보고 흥분한 그들은 바로 좋아하는 중국 음식점으로 가 점심을 먹으면서 탐사 가능성을 논하기 시작했다. 식사 마지막에 닐이 깨뜨린 포춘 쿠키에는 이렇게 적혀 있었다. "당신은 곧 세상의 꼭대기에 올라서게 될 것입니다."[170]

보물 지도

세상의 꼭대기에 오르려면 사전 조사부터 할 필요가 있었다. 가장 먼저 할 일은 제대로 된 지도를 찾는 것이었다. 북극해의 섬들은 면적이 19만 4,250제곱킬로미터에 이르고 지구에서 가장 외딴 곳인데다가, 사람이 살지 않는 곳이 많았다. 조사해야 할 땅덩이는 매우 넓고 기후가 극단적인 탓에 미리 답사를 할 시간이 별로 없었다. 따라서 조사 범위를 좁혀야 했다.

다행히 지구의 외딴 곳을 찾는 사람은 고생물학자만이 아니었다. 수십 년 동안 거대 정유 회사와 여러 국가에서 자연 자원을 찾아 그곳을 조사한 바 있었다. 특히 캐나다의 지질학 연구국과 여러 정유 회사에서 집중적인 북극 탐사를 후원한 적이 있었다. 그들은 캐나다 정유 지질학회지에 실린 '프랭클린 지향사의 중후반 데본기 쇄설성 분열지대'라는 이름의 지도를 발견했다.

1970년대 초반, 애쉬튼 엠브리와 J. 에드워드 클로번이 4년에 걸친 작업 끝에 만든 154쪽 분량의 이 지도에는 여러 섬의 지질학적 지대가 잘 표시돼 있었다. 매년 현장 조사가 가능한 6월 말부터 8월 말까지, 1년 중 단 두 달의 틈을 타서 계속되는 안개와 눈, 비, 바람과 싸우며 헬리콥터와 경비행기를 타고 이곳저곳을 측량하고 샘플을 채취해 어렵사리 만든 지도였.

여러 섬의 노출된 지질학적 구조물에 대해 엠브리가 설명해놓은 글을 샅샅이 읽던 닐과 테드는 엘레스미어 섬 남부를 가로지르는 소위 프램 지층에 대해 논한 부분을 발견했다. 그러고는 바로 짐을 싸 탐사를 떠나게 만드는 문장을 보게 된다.

> 프램 지층에 매장된 화석을 보면 그것이 굽이쳐 흐르는 물길로 인한 퇴적층이라는 것을 알 수 있다. 사암 부위는 과거에 강이 굽이쳐 흐르던 한편의 반달 모양의 퇴적층이나 수로를 채운 퇴적물에서 나왔고 혈암과 미사암 부위는 범람원에서 나온 것으로 볼 수 있다.
> 프램 지층은 펜실베이니아의 캣스킬 지층과 유사하다.[171]

엠브리와 클로번은 세심하게도 이러한 퇴적층의 사진까지 실어놓았다(그림 10.6 위). 그야말로 눈이 번쩍 뜨이는 부분이 아닐 수 없었다.

이 지역은 캣스킬보다도 더 좋았다. 사실상 암석을 덮고 있는 식물이 거의 없어서 조사할 수 있는 노출층에 끝이 없었기 때문이다.

이렇게 프램 지층이 그들의 목표가 됐다. 그러면 거기에 어떻게 갈 것인가? 그들은 일단 애쉬튼 엠브리를 찾는 것이 가장 중요하다고 생각했다. 그가 북극에 다녀간 지 23년 이상 흘렀어도 말이다.

닐과 테드는 캘거리로 날아가 엠브리 외에도 그와 함께 매년 여름 북극을 탐험한 베테랑들을 만났다. 닐과 테드는 캣스킬에서 어떤 작업을 했는지 설명하고 북극에서 무엇을 계획하고 있는지 이야기했다.

"아주 좋은 생각이에요. 원하는 것을 찾게 될 겁니다."[172] 엠브리가 확신하듯 말했다.

이들이 그 지역의 지질 및 물자 보급 노하우에 대해 알려준 것은 소중하기 이를 데 없었다. 그곳에는 거주지나 비행장이 거의 없어서 각 섬들을 여행하기는 매우 어려웠다. 각 섬 간 거리가 일반적인 헬리콥터의 비행 거리보다 멀었기에 한 섬에서 다른 섬으로 이동하려면 중간에 연료를 채울 수 있는 보급소에 들를 필요가 있었다.

 탐험을 위한 자금과 준비 문제도 있었다. 그들은 곧 익명의 기부자로부터 넉넉한 자금을 얻었다. 그리고 닐의 지도 교수이자 한때 그린란드의 현장 연구팀을 여러 차례 조직했던 패리쉬 젠킨스 교수 역시 파트너로 탐험에 참가했다. 이 탐험은 세 세대의 학자들을 아우르는 것이었다. 테드, 테드의 지도 교수 닐, 그리고 닐의 지도 교수였던 패리쉬까지.

 1999년 봄, 여름 6주의 탐험을 대비한 준비가 착착 진행되고 있었다. 날씨를 정확히 예측할 수 없었기 때문에 필요한 물자를 구매하고 필요한 장비를 정하는 데 모든 경우의 수를 고려해야 했다. 또한 헬리콥터는 임대하는 비용이 시간당 2,000달러였고 실을 수 있는 화물의 무게가 제한돼 있었으므로 매우 까다롭게 가지고 갈 물건을 결정해야 했다.

 탐사 허가 문제 역시 컸다. 이누이트족이 살고 있는 엘레스미어 섬의 누나부트 준주를 목적지로 하고 있던 그들은 그 지역과 그리스 피요르드 부락 당국으로부터 허가를 얻어야 했다. 주민 140명의, 북아메리카에서 가장 북쪽에 있는 마을인 그리스 피요르드는 완전히 사람이 살지 않는 지역으로 들어가기 전 최종 목적지가 될 것이었다.

 모든 일이 계획대로 풀리다가 난국을 만났다. 허가를 얻어야 할 두 번째 집단인 그 지역 사냥꾼협회가 허가를 내주지 않기로 결정한 것이다. 탐험대가 타고 갈 비행기와 헬리콥터 등이 그 지역 야생동물의 생활을 방해하리라는 것이 그 이유였다. 이것은 탐험대가 만난 첫 번째 난관이었고 결국 그들은 엘레스미어 섬이 아닌 서쪽의 멜빌 섬으로 방향을 틀어야만 했다(그림 10.3).

멜빌 섬

멜빌에 가려면 레졸루트 베이라 불리는 콘월리스 섬의 작은 이누이트 부락을 거쳐야 했다. 주민 수 200명, 항공 기지의 역할을 겸하고 있는 이 마을에는 식료품점이 한 곳, 호텔이 세 곳 있었다. 그나마 이 작은 호텔들이 있어서 다행이었다. 험한 날씨로 인해 여섯 명의 탐사대원들이 며칠 동안 그곳에서 발이 묶였기 때문이다.

그곳 주민들과 나눈 이야기도 대원들의 사기를 꺾는 데 한몫했다. 어디로 가느냐는 질문에 대원들이 열정적으로 "멜빌 섬이요!" 하고 대답하면 곧장 "오, 진담은 아니겠지?" 하는 표정이 돌아왔던 것이다. 지역 주민들은

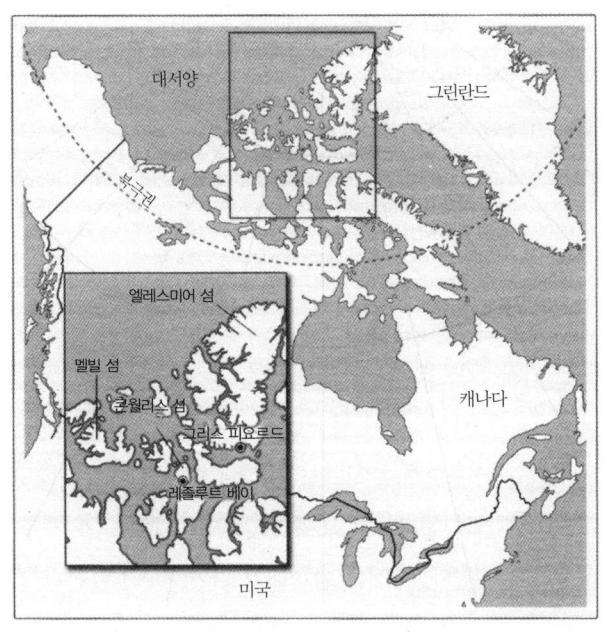

그림 10.3 캐나다령 북극 섬. 엘레스미어 섬, 멜빌 섬, 콘월리스 섬과 레졸루트 베이, 그리스 피요르드 부락이 보인다. 리앤 올즈 그림

그들이 그렇게도 황량한 곳에 가려는 이유를 전혀 이해하지 못했다. 닐 역시 기분이 좋을 수만은 없었는지 이러한 말을 남겼다. "마치 우리가 저녁을 먹으러 드라큘라의 성으로 간다고 대답하는 것 같았다."173

시간이 넉넉지 못했기에 그들은 날씨가 조금이라도 나아지면 바로 출발해야 했다. 마침내 베테랑 삼림 비행기 조종사가 모는 쌍발 엔진 비행기를 타고 공중으로 올라갔을 때, 그들은 조금 더 기다리는 것이 나았을 뻔했다고 바로 후회했다. 섬을 찾아가는 길 내내 사방이 안개로 둘러싸인 무서운 비행이었던 것이다. 툰드라 지대에 다다랐을 때에도 착륙할 지점을 찾아 몇 차례나 섬 위를 빙빙 돌아야 했다. 짐을 내리자마자 조종사는 그들에게 행운을 빈다고 말하더니 휭 날아가버렸다.

닐에게 가장 먼저 떠오른 생각은 무엇이었을까? 바로 생존이었다. 그리고 가장 먼저 해야 할 일은? 총알 장전! 북극곰이 출몰하는 곳이었기 때문이다.

그런 다음 그들은 텐트를 세우고 야영장을 만들었다. 그곳에 머무는 동안 하루 24시간 낮이 계속될 것이고, 영하의 온도와 거센 바람을 이겨내야 할 것이었다. 그들은 돌을 잔뜩 가져다가 텐트가 날아가지 않게 단단히 고정했다. 또한 야영장 주변에 철사로 경계선을 쳤다. 혹시라도 북극곰이 야영장에 들어와 철사를 건드리면 경보가 울려 모든 사람이 무기를 준비할 수 있는 시간을 줄 것이다.

긴 하루가 끝나고 그들은 마침내 잘 준비를 했다.

그로부터 한 시간도 채 지나지 않아 경보가 울렸다. 모든 사람이 허겁지겁 침낭에서 빠져나와 총을 들고 모여들었다. 그러나 잘못된 경보였다. 바람이 심하게 불어 철사가 묶여 있는 기둥 하나를 넘어뜨린 것이다. 아직 긴장이 가시지 않았지만 사람들은 다시 잠을 청했다.

10장_발 달린 물고기 257

그러고 나서 30분 뒤, 또 한 번 경보가 울렸다. 또 잘못된 경보였다. 이번에는 철사 하나가 풀려버렸다.

첫 번째 밤에만 경보가 두 번 더 울렸다. 화가 난 책임자들이 될 대로 되라지! 하는 심정으로 경보를 완전히 꺼버렸다.

북극곰의 아침 식사 거리가 되는 것 말고도 닐에게는 걱정할 일이 많았다. 이렇게 무섭고 황량하고 낯선 곳에 꽤 오랜 시간 동안 고립돼 머물면서 과연 무엇을 찾을 수 있을 것인가?

새로운 장소에 갈 때마다 고생물학자들이 가장 먼저 하고 싶어 하는 일은 현장을 미리 훑어보는 것이다. 그들은 야영장 뒤에 있는 한 언덕을 올랐고 금세 물고기 비늘 화석을 몇 개 찾았다. 그 정도면 충분했다. 희망을 품어도 괜찮은 것이다.

외부와 연락할 수 있는 유일한 길은 무선 통신이었다. 그들은 안테나를 세워 매일 두 차례 정해진 시간에 통신을 하며 보급팀에 자신들의 상황이 어떤지, 언제 두 번째 야영 장소로 옮길지 등을 알렸다. 그들은 두 번째 야영지에서도 화석을 발견했지만, 얼마 지나지 않아 그들이 찾은 것은 깊은 물속의 환경이지 그들이 원하던 낮은 강바닥 환경이 아니라는 것을 알게 됐다.

넷째 주로 접어들자 날씨가 극도로 악화됐다. 13일 연속 시속 50~80킬로미터로 바람이 불었다. 대원들은 꼼짝없이 텐트 안에 갇혔다. 그러한 비상시를 대비해 자신이 가져왔던 책을 다 읽고 이내 남이 가져온 책까지 모조리 다 읽어버렸다. 빌 브라이슨부터 칼 히아센, 톨스토이까지 책의 종류도 다양했다. 닐은 장난감 로켓을 만들며 지루함을 달랬다. 알루미늄 포일로 만든 몸체에 성냥개비의 머리 부분에 불을 붙여 만든 이 로켓은 일단 완성되고 나자 텐트 너머 6미터나 날아갈 수 있었다.

돌아가야 할 때가 오자 그들은 이번 긴 탐사가 영락없는 실패라는 사실을 깨달았다. 만약 나중에 북극으로 다시 돌아온다면 엘레스미어 섬과 프램 지층의 중심부로 가야 할 것이었다.

엘레스미어

이번에는 2000년 여름에 맞춰 필요한 허가를 모두 받았다. 그들은 엘레스미어 섬 남단에 있는 그리스 피요르드로 날아갔다가 애쉬튼 엠브리가 쓴 프램 지층의 일부 지역까지 헬리콥터를 탔다.

이번 현장 탐사 팀원은 닐과 테드, 패리쉬를 포함해 총 아홉 명이었다. 아무리 외부 기지가 그리스 피요르드에 있다 해도 아홉 명의 숙소를 짓고 음식을 먹이고 장비를 갖추는 데에는 엄청난 양의 보급품이 필요했다. 모든 것은 헬리콥터로 날라야 했다. 하지만 너무 깐깐하게 필요한 것만 챙길 수도 없었다. 24시간 해가 지지 않는 백야, 거센 바람과 추위, 엄청난 거리의 도보, 고된 노동은 아무리 열정적인 화석 발굴가라고 해도 에너지를 모두 빼앗겨버리고 말 것이기 때문이었다. 닐만 해도 탐사 한 번에 몸무게가 9킬로그램이나 준 적이 있었다. 그러니 사기와 체력을 유지하려면 약간의 사치와 함께 평상시 같은 안락한 느낌이 필요했다.

고된 하루를 마무리할 때 닐에게는 마티니 한 잔이 최고였다. 그래서 그는 마티니를 만들 때 쓰는 칵테일 셰이커와 플라스틱 잔, 버무스 술을 챙겼다. 그러나 야영을 할 곳에 도착한 그에게 깜짝 놀랄 일이 벌어졌다. 북극권 위, 북극에서 바로 위도 10도 아래인 그곳에 얼음이 전혀 없었던 것이다! 지구 온난화가 닐의 칵테일을 망쳐버렸다. 그래도 그는 어떻게든 칵테일을 만들어 마셨다.

현장 탐사 경험이 어느 정도 쌓인 덕에 리더들은 팀원들의 사기와 동지

애를 키우는 데 저녁 식사가 매우 중요한 역할을 한다는 것을 잘 알고 있었다. 비상시를 대비해 군인용 식량을 챙겼지만 여러 가지 소스와 향신료가 곁들여진 맛있는 식사를 제공하기 위해 그해 봄 실험실에서 음식을 건조시키며 '카페 엘레스미어'를 준비했다. 매일 새로운 맛을 선보이기 위해 세심히 마련된 메뉴에는 토마토 소스 파스타, 리조토, 칠면조를 곁들인 화이트 칠리, 셰퍼드 파이, 게살을 넣은 '패리 아일랜드' 스타일 검보, 투스카니 스타일 스튜, 그리고 '알루 고비' 커리 등 매우 다양한 음식이 포함돼 있었다.

프로판 가스 스토브와 근처 시내에서 흐르는 물만으로 대원들은 돌아가면서 음식을 준비했다. 저녁마다 모여 음식을 준비하고 함께 식사를 하는 동안 그들은 그날 하루에 대해 이야기를 나누고 다음 날에 대한 계획을 세웠다. 설거지를 마치고 정해진 대로 기지에 무전을 치고 나면 저녁 9시 30분까지 카드 게임을 하다가 각자 자신의 텐트와 침낭으로 돌아가 잠을 잤다(그렇게 모진 환경에서 6주를 보내는 것을 감안할 때 텐트를 같이 쓰는 일로 대원들이 서로 신경을 쓰게 할 수는 없었다).

물론 저녁 식사마저 건너뛰어야 할 때도 있었다. 어느 날 오후 늦게, 대학원생인 제이슨 다운스가 저녁 식사 시간이 되도록 야영장으로 돌아오지 않는 일이 벌어졌다. 북극곰이 나타나거나 날씨가 갑자기 나빠질 수 있었고, 그가 부상을 당했거나 길을 잃었을 가능성이 충분했기에 대원들은 급히 수색팀을 꾸렸다. 수색팀이 출발하기 직전, 그가 나타났다. 바지와 윗도리 주머니, 등에 맨 배낭에서 화석을 한 줌씩 꺼내들고 말이다(그림 10.4). 야영장에서 채 2킬로미터도 떨어지지 않은 곳에서 우연히 화석이 잔뜩 묻혀 있는 것을 발견하고는 최대한 많이 가지고 돌아온 것이다.

대원들에게는 해가 하루 종일 지지 않는 그곳에서 다음 날까지 기다릴

그림 10.4 데본기 어류 화석. 폐가 있는 이 어류 화석은 탐험대의 발굴 현장 근처, 엘레스미어 섬 표면에서 발견한 것이다. 제공: 테드 대쉴러, 필라델피아 자연과학 학회

이유도, 그럴 만한 인내심도 없었다. 그들은 저녁 식사를 제쳐두고 사탕과 에너지 바 등을 몇 개 주머니에 쑤셔 넣고는 제이슨이 발견한 곳으로 향했다. 너나 할 것 없이 그곳 여기저기를 기어 다니며 화석을 줍고, 그것들이 어디에 박혀 있는지, 그리고 어떻게 발굴할 것인지를 궁리했다. 약간 땅을 파고 보니 여러 층에 걸쳐 물고기의 뼈 화석이 있는 것이 발견됐다. 분명 다른 곳에서 발견된 이빨이나 비늘과 다른, 무언가 중요한 것이 있었다.

그러나 트럭을 타고 펜실베이니아 일대를 다녔던 때와는 분명 상황이 달랐다. 그곳에 정확히 무엇이 있는지 알아낼 수 있는 유일한 길은 화석이 들어 있는 암석에 회반죽을 입혀 포장한 후 비행기로 그리스 피요르드로 보낸 다음, 다시 그것을 시카고와 펜실베이니아의 실험실로 보내 자세히 검사하게 하는 것뿐이었다. 가져갈 수 있는 것은 단 몇 개의 커다란 암석뿐이었다.

실험실에서 암석을 덮은 덮개를 열고 조심스럽게 화석 뼈들을 빼내자 여러 가지 어류가 나왔다. 폐가 있는 폐어, 총기류lobe-finned, 그 밖에도 몇 가지 판피어류 등이 있었다. 하지만 불행히도 이 화석은 모두 라트비아에서 이미 발견된 바 있었다. 여기에서 이러한 탐사의 잠재적 문제점을 한 가지 알 수 있다. 새로운 현장에서 화석이 발견된다 하더라도 그것들이 반드시 새롭거나 많은 정보를 제공하리라는 법은 없다는 것이다.

하지만 팀원들은 한 번 더 도전하기로 결심했다. 2000년에 발굴한 새 현장에 많은 시간을 투자하지 못했으니 다음에 다시 돌아오면 그 현장에 초점을 맞추고 새 현장 몇 개를 더 찾는 데 주력할 것이었다. 2002년 엘레스미어로 돌아간 그들은 암석을 다섯 개 더 캐냈다.

돌아오는 겨울, 실험실에서 그들은 수수께끼 같은 주둥이 화석 일부를 발견한다. 그것이 납작한 머리를 가진 동물, 아마도 발이 넷 달린 동물의 것이라고 짐작할 수 있었지만 정확히 무엇인지는 판단할 수 없었다. 한 번 더 북극으로 돌아가 이 동물에 대해 더 많은 것을 알아내야 할 것이 분명했다.

틱타알릭

이러한 탐험을 한 번 하려면 엄청난 비용이 들었다. 그런데 처음 5년에 걸친 세 차례의 탐사는 그렇다 할 결과물을 내놓지 못했다. 엘레스미어로 다시 돌아가려면 12만 달러가 필요했고 그러한 비용을 조달하는 것은 정말 어려운 일이었다. 어찌어찌하여 국립 지질학 연구회, 국립과학협회, 시카고 대학, 하버드 대학, 그리고 개인 기부자로부터 후원을 받았지만 무언가 중요한 것을 찾아내지 못하면 이러한 후원이 곧 날아가 버릴 것이 분명했다. 2004년 7월 초, 세 명의 팀 리더와 세 명의 대원이 다시 한 번 6주 탐사를 목표로 북극으로 날아갔다.

야영 첫날, 바람이 매우 심하게 불어 닐은 다른 비탈로 가서 점심을 먹기로 했다. 바닥에 막 앉으려고 하는 순간, 그는 그 바위가 새똥 같은 것으로 덮여 있는 것을 발견했다. 하지만 그것은 새똥이 아니었다. 희끗희끗한 그 반점들은 바로 물고기 비늘이었던 것이다. 닐은 그 주변을 열심히 조사했고 판데릭티스 같이 생긴 동물의 턱뼈를 발견했다. 매우 고무적인 현상이 아닐 수 없었다.

팀원들은 다시 열정적으로 그곳을 파 현장을 조성했다. 그들은 2년 전 보호 차원에서 남기고 갔던 자갈층을 제거하고 비탈을 따라 서로 다른 높이에서 작업을 시작했다. 닐은 아직 얼어 있는 비탈 맨 아래, 퇴적층에서 발굴을 시도했다. 그는 이제껏 본 것과는 다른 비늘이 많이 모여 있는 것을 발견하고 그것을 둘러싸고 있는 암석을 캐내기 시작했다. 얼음을 뚫고 땅을 파고 있을 때 그는 지금까지 본 어류 턱뼈와는 다른 턱뼈를 하나 발견했다. 이전에 발견한 납작한 머리에 연결된 것일 수도 있었다.

다음 날, 스티브 게이치라는 대원이 닐보다 2미터 정도 위에서 작업을 하고 있을 때였다. 돌덩이 하나를 캐내는 순간, 주둥이 하나가 모습을 드러내며 그를 똑바로 쳐다보고 있는 것 아닌가(그림 10.5 위). 이 동물의 머리는 납작했다. 그것이 다가 아니었다. 머리를 앞쪽으로 향하고 있는 것으로 보아 뒤쪽에 몸체의 나머지 부분이 매장돼 있을 확률이 높았다. 그래서 스티브는 화석 주변을 둘러싸고 있는 암석을 조심스럽게 최대한 많이 제거한 후 화석을 포장했다.

비와 진눈깨비, 눈이 계속해서 몰아쳤지만 대원들은 전혀 개의치 않았다. 그들은 무언가 새로운 것이 나왔음을 확신하며 작업을 계속했다. 예정된 탐사가 거의 끝나갈 무렵, 패리쉬가 또 다른 표본을 찾았고 그것은 그때까지 발견된 화석 세 개 중 가장 컸다. 이 화석 세 개 모두 회반죽을 입혀 포장한 후 미국으로 보냈다.

현장에서 화석에 대해 알아낼 수 있는 데에는 한계가 있었다. 팀원들은 모두 결과에 대해 미리 흥분하고 있었지만 실험실에서 포장을 열고 이쑤시개만 한 도구로 세심하게 암석을 제거한 후에야 진실이 밝혀질 터였다. 표본 담당자인 필라델피아의 프레드 뮬리슨과 시카고의 로버트 매섹, 타일러 케일러가 작업에 착수해서 서서히 각각의 포장 속에 든 것이 무엇인지 밝혀내기 시작했다. 두 실험실 사이에 사진이 왔다갔다하는 동안 닐과 테드는 매일 몇 시간씩 전화기 앞에 매달려 있었다. 하루 이틀, 일주 이주가 지나면서 조금씩 그 동물이 모습을 드러냈다. 두 달간의 더딘 작업이 끝나고 마침내 화석이 완전한 모습을 드러냈다(그림 10.5 아래).

화석의 등에는 마치 물고기처럼 비늘이 달려 있었다. 그러나 머리가 원뿔 모양인 물고기와 달리 이것은 악어처럼 납작한 머리 모양을 하고 있었다. 그리고 그 머리는 어깨와 바로 연결된 물고기 머리와 달리 네발 달린 동물처럼 목 같은 것에 이어져 있었다. 또한 물갈퀴 같은 막이 달린 지느러미가 있었지만 그 속에는 위팔과 아래팔 같은 형태를 한 뼈가 있었다. 무엇보다도 놀라운 것은 다른 물고기 어디에서도 발견되지 않았던 손목뼈가 있었다는 점이었다. 게다가 마치 동물의 팔뼈처럼 지느러미를 움직였다가 구부리기도 하고 펼 수도 있는 관절이 있었다. 한 마디로 이 물고기는 팔굽혀펴기를 할 수 있었다.

반은 물고기, 반은 사지동물인 발이 달린 물고기였다.

이것이야말로 대원들이 찾고자 했던 수중과 육지 척추동물 사이의 중간단계 생물이었다. 결과는 그들이 기대했던 것보다 훨씬 훌륭했다. 예상보다 더 많은 수의 표본을 발견했을 뿐만 아니라 기대보다 훨씬 더 온전하게

그림 10.5 틱타알릭이 모습을 드러내다. 위: 틱타알릭의 주둥이가 암석으로부터 튀어나와 있다(화살표). 화석을 포장해서 보내기 위해 대원이 주변의 암석을 제거하고 있다. 아래: 완전한 모습을 드러낸 틱타알릭. 목이 있고, 머리 윗부분에 눈이 있으며, 지느러미 속에 뼈가 있는 것에 주목하라. 제공: 각각 닐 슈빈, 테드 대쉴러

보존돼 있었던 것이다. 그중 가장 큰 것은 몸길이가 거의 2.7미터에 달했다. 그리고 이 화석은 모두 한 장소, 예상했던 연대(3억 7,500만 년 전), 그들의 기대에 정확히 들어맞는 고대의 물줄기 환경에서 발굴됐다.

원하는 것을 찾게 될 것이라던 애쉬튼 엠브리의 말이 옳았다. 자신의 말이 얼마나 옳은지 미처 몰랐던 것뿐이었다. 발굴 현장의 사진을 찍은 대원들은 자신들이 파고 있던 곳이 바로 엠브리가 30년 전 사진을 찍어 글에 실었던 바로 그 장소임을 깨달았다(그림 10.6). 역시 사전 조사는 중요했다.

최초 발견자로서 팀의 대원들은 이 새 생물에 이름을 붙일 수 있는 권리가 있었다. 그들은 그 생물이 누나부트에서 발견됐음을 반영하고, 자신들의 땅에서 작업을 할 수 있게 허락해준 이누이트 사람들에게 감사하는 뜻으로 그 생물에 이누이트 식 이름을 붙이기로 결정했다. 그들은 부족의 장로회에 조언을 구했고, 그들은 이누이트족의 언어로 된 이름 두 가지를 제안했다. 팀원들은 그중에서 '커다란 민물고기'라는 뜻을 지닌 틱타알릭Tiktaalik을 골라 속명으로, 최초 후원자의 이름을 따 로제roseae를 종명으로 삼았다.

스타 탄생

2006년 4월 6일, 틱타알릭 로제가 「네이처」의 표지에 등장하며 세상에 처음으로 모습을 드러냈다. 대원들이 그것을 발견한 순간에 대해 설명하고 그 생물이 어떠한 것이며, 이 발견이 사지동물 팔다리의 기원에 있어 어떠한 의미를 갖는지 기사 두 편에 걸쳐 이야기했다. 거기에 고생물학자인 페르 알베르크와 제니퍼 클랙이 열광적인 논평을 달았다. 그들은 이 생물을 시조새와 비교하며 틱타알릭이 진화 변천 과정에 있어 시조새와 비슷한 위치를 차지하는 아이콘적 존재가 될 것이라고 조심스럽게 예견하기도 했다.

그림 10.6 마치 데자뷰 같은 프램 지층의 모습. 위: 애쉬튼 엠브리가 찍은 엘레스미어 섬의 프램 지층 사진. 1974년 7월에 찍어 그의 북극 지질학 연구 자료에 실렸다. 아래: 틱타알릭이 발견된 현장 사진(대원 한 명이 현장 끄트머리에 서 있다). 2004년 7월에 찍은 것으로, 이 두 장의 사진은 같은 현장을 보여주고 있다. 제공: 각각 애쉬튼 엠브리, 닐 슈빈

주요 언론 역시 이러한 발견에 흥분하기는 마찬가지였다. 이것은 「뉴욕타임스」의 1면을 장식하고 「타임」에서 특집 기사로 다뤄졌으며, 주요 텔레비전 방송국의 저녁 뉴스에 보도됐다. 어류와 육상동물의 중간 단계가 분명한 3억 7,500만 년 된 생물이 오랜 세월 계속돼온 진화론과 창조론의 논쟁 한가운데에 홀연히 나타난 것은, 과도기적 생물 화석이 부족하다는 이유로 진화론에 회의를 품는 사람들에게 가장 효과적인 타격이 아닐 수 없었다.

각종 언론에서 틱타알릭을 '잃어버린 고리'로 부르는 것은 어찌 보면 당연한 일이었다. 하지만 데본기 화석을 더 찾기 위해 북극으로 돌아갈 준비를 하고 있던 닐 슈빈은 이렇게 말했다.

> 틱타알릭을 '잃어버린 고리'라고 부르는 것은 물에서 뭍으로의 생물 변천을 증명하는 화석이 단 하나뿐이라는 뜻도 됩니다. 틱타알릭은 일련의 과정에 있는 다른 화석과 함께 비교할 때 진정한 의미가 생깁니다. 그러니 이것은 '유일한' 연결고리가 아닙니다. 나라면 그것을 '잃어버린 연결고리 중 하나'라고 부르겠습니다. 또한 이것은 더 이상 잃어버린 것이 아니지요. 바로 찾아낸 연결고리입니다. 이번 여름에 제가 더 찾고 싶은 것이야말로 잃어버린 연결고리지요.[174]

3부
인류의 역사

틱타알릭, 시조새, 데이노니쿠스, 그리고 깃털 달린 공룡의 발견은 한 종류의 동물이 다른 종류의 동물로 변화하는 과정을 나타내며 화석에 존재하던 빈틈을 메웠다. 이 화석의 몸체와 주요 신체 부분을 통해 사지동물의 기원이 어류에, 조류의 기원이 수각아목 공룡에 있다는 결정적인 단서를 얻을 수 있었다.

뒤부아가 발견한 자바원인(호모 에렉투스)이 인간과 유인원의 공통 조상, 그리고 인간 사이에 존재하던 중개적 존재라는 증거를 시기적절하게 보여주긴 했지만 그 역시 인간의 진화라는 긴 연속선상에서는 단 하나의 점에 불과했다. 게다가 당시에는 그 연속선의 길이가 얼마나 되는지도 전혀 알지 못했다. 그뿐만이 아니다. 호모 에렉투스의 넓적다리뼈 같은 특정 부분은 인간과 매우 비슷했지만 그 외의 다른 골격의 특징은 전혀 알려져 있지 않았다. 또한 뒤부아는 자바원인의 행태와 습성을 짐작케 해주는 다른 유물은 찾지 못했다. 그래서 그 이후 학자들은 인간 진화의 과정을 이해하기 위해 호모 에렉투스를 기준으로 두 가지 방향으로 연결고리를 찾기 시작했다. 유인원과의 공통의 조상을 찾아 과거로 되돌아가는 방향과 현대 인간을 향한 방향, 이 두 가지였다.

그러나 인간과 동물의 화석을 발견하고 분석하는 과정에서 여러 어려움이 나타났다. 그 어려움은 특히 초기 고인류학에서 두드러졌다. 앞에 나왔던 여러 과학자들이 사용할 수 있었던 접근법과 그들이 실제 사용했던 방식의 차이를 비교해보면 이러한 어려움을 잘 이해할 수 있을 것이다. 화석을 찾는 일은 여러 가지 요소에 의해 좌우된다. 닐 슈빈이 이끈 팀이 성공을 거둘 수 있었던 것은 그들이 찾던 연대(데본기 후반)의 지층이 잘 노출됐고 접근하기 쉬운 환경(물줄기 바닥)에 있었던 덕분이었다. 운이 따르긴 했지만 지식에 근거한 영리한 추측을 한 덕분이라는 말이다(물론 그중에서도 크기가 크고 보존 상태가 뛰어난 화석을 발견한 것은 운이 상당히 좋다고 할 수 있다). 이것을 모래사장에서 바늘 찾기로 표현한다면 그들은 자신이 찾는 모래사장이 정확히 무엇인지 알고 있었던 셈이고, 이전의 지질학 연구 결과 덕분에 그것이 어디에 있는지 알게 됐던 것이다.

비슷한 사례로, 월코트가 버지스 혈암을 발견한 것을 행운이라고 말하는 사람이 있을지도 모른다. 그러나 지질학 연구와 캄브리아기 삼엽충 화석 수집에 45년을 투자한 그가 캄브리아기 동물 화석이 가득 매장된 지층을 찾은 것은 운이라기보다 응당한 보답이라고 봐야 한다. 그러나 삼엽충, 갑각류, 연체동물 같은 바다 생물은 그 수가 어마어마하고 지역적으로도 매우 널리 분포돼 있다는 사실을 감안하라. 이것들은 희귀하거나 홀로 사는 동물이 아니다. 게다가 화석을 잘 보존하는 바닷속 지층에 매장돼 있지 않았는가. 이 동물들의 개체 수와 생활 습관 덕분에 화석의 수가 넘쳐날 수 있었던 것이다.

자, 이제 이러한 발견을 뒤부아와 로이 채프먼 앤드루스의 전략과 경험에 비교해보라. 뒤부아가 수마트라와 자바에 갔던 데에는 그럴 만한 이유가 있었지만 그림 5.4에서 보듯 그의 집 베란다에는 엄청난 수의 화석이 마치 모래사장처럼 쌓여 있었다. 수 톤이나 되는 화석 모래사장 사이에 사람이라는 바늘이 존재하는지조차 알 수 없는 상태에서 말이다. 다른 뼈들이 산처럼 쌓여 있는 와중에 산산조각난 사람 뼈 화석을 찾아내는 과정을 상상해보라. 인간의 두개골과 대퇴골, 치아는 분명 다른 것보다 쉽게 눈에 띈다. 그리고 이것들이 뒤부아가 사람의 것으로 확인할 수 있는 전부였다.

로이 채프먼 앤드류스가 뒤부아의 뒤를 쫓아 아시아로 갔을 때, 수 톤이나 되는 백악기 공룡 화석과 제3기 포유류 화석을 찾았지만 고대 인류의 흔적은 찾을 수가 없었다. 그 지층이 올바른 연대에 있지 않았던 것이다. 왜 박물관 전시관과 보이지 않는 창고에 공룡 화석이 수북이 쌓여있는지 한번 생각해볼 만하다. 공룡이 남긴 뼈는 그 크기가 엄청나 찾기 쉬울뿐더러 다른 것보다 쉽게 부서지지 않고, 마지막으로 공룡은 지질학적으로 꽤 긴 시기동안 번성했던 동물 아닌가.

원시인류의 화석을 찾는 것은 예나 지금이나 완전히 다른 문제다. 우리의 조상은 떼를 지어 드넓은 대륙을 떠돌아다니지도 않았고, 해저 깊숙한 곳에 살지도 않았다. 또한 다른 동물들처럼 그 수가 많지도 않았고 시간과 공간이라는 차원에서 훨씬 더 제한된 분포를 보였다. 몸통뼈는 두개골로부터 쉽게 분리되고, 두개골은 조그만 충격에도 산산이 부서진다. 뒤부아의 발견 이후 앤드류스의 탐험을 포함해 인간과 유인원 사이의 관계에 중요한 단서를 줄 만한 증거는 거의 40년 동안 전혀 발견되지 않았다. 유럽에서 발견된 네안데르탈인 화석은 몸집과 두개골 크기가 현대 인간과 훨씬 더 비슷했지만, 오히려 완전히 다른 하나의 종이 아니냐는 의견까지 제기됐다. 인간과 유인원 사이 간극을 메울 수 있는 증거라고 보기엔 확실히 거리가 있었다. 유인원에서 인간으로의 진화 과정을 연결할 다른 고리는 알려지지도 발견되지도 않고 있었다. 그러니 우리가 알고 있었던 것이라고는 1920년대 초기 뒤부아 이후 크게 나아진 것이 없었다. 도대체 어떻게 하면 고대 인간의 흔적을 발견할 수 있을까?

인간의 조상이 어디에서 발견될 것인가, 그리고 연대는 얼마나 오래됐을 것인가에 대해 이미 고인류학적으로 여러 가지 선입견이 자리 잡고 있었다. 뒤부아 덕분에 사람들은 대부분 '인류의 요람'이 아시아에 집중돼 있다고 생각했다. 자연히 몇몇 사람들은 뒤부아의 뒤를 따라 인도네시아로 갔고 어떤 이들은 중국을 맴돌았다. 아시아 대륙은 유럽인과 구별되는 아시아 인종의 근원지이고, 당시 알려진 것 중 가장 오래된 문명이 아시아에서 유래했기 때문에 많은 이들은 현대 아시아인의 직계 조상이 그곳에서 나왔을 것이라고 생각했다. 그 와중에 유럽 여러 곳에서 다수 발견된 네안데르탈인 화석은 아시아인과 달리 현대 유럽인의 조상이 네안데르탈인일지도 모른다는 생각으로 이어졌다.

아프리카에 인류의 기원이 있을지도 모른다는 다윈의 생각에도 불구하고 이렇듯 초점은 아시아에 맞춰져 있었다. 그러던 중 1924년, 해부학자 레이몬드 다트가 남아프리카의 한 채석장에서 깜짝 놀랄 만한 두개골 화석을 발견했다. 그는 그 화석에 오스트랄로피테쿠스 아프리카누스 Australopithecus africanus(아프리카에서 온 남방계 유인원)라는 이름을 붙이고 그것을 유인원과 인간 사이의 과도기적 단계로 봤다. 당시 그 두개골의 연대를 측정하는 것은 불가능했고 다트는 그 어떤 증거도 내세울 수 없었기에 유력한 학자들은 그의 주장을 무시했고 그 화석이 '단지 유인원'이라고 생각했다. 그 생물의 기원은 당시 믿었던 인간 조상의 생김새나 그 발생지에 맞지 않았던 것이다.

그러나 얼마 지나지 않아 무대는 다시 아프리카로 넘어갔다. 그러한 관심의 이동을 촉발한 것은 화석이 아니라 도구였다. 1920년대 후반, 다량의 도구가 아프리카 동부에서 발굴됐고 이것이 다른 곳에서 발견된 것과 비슷하거나 더 오래된 것으로 보아 고대에 도구를 만들어 사용하던 존재가 있었다는 것을 알 수 있었다. 이러한 도구와 그것을 만든 사람의 흔적을 찾기 위한 뼈를 깎는 노력이 바로 다음에 이어질 이야기의 중심에 있다. 새로운 인간과 동물 화석이 아프리카 동부에서 발견된 것은 그로부터 30년 가까이 지난 1959년, 『종의 기원』이 출판된 지 정확히 100년 후였다. 유인원과 우리를 연결하는 원시인류의 모습이 그때부터 서서히 드러나기 시작했다.

그때부터 지금까지 인간 기원 연구의 초점은 아프리카에 맞춰져 있다. 그러나 새롭게 드러나는 인간 자연사의 그림이 화석이나 도구에서만 나오는 것은 아니다. 살아 있는 사람과 고대 인간의 DNA를 검사해서 인류의 역사를 해석하는 완전히 새로운 방식은 인간 기원 연구에 혁명을 일으키며 인간 기원의 역사를 새롭게 쓰게 했다.

그림 11.1 올두바이 협곡. 이 협곡에는 지난 200만 년 동안의 인류 역사의 기록이 풍부하게 매장돼 있다.
제공: 리키 가문 문서 보관소

11장

석기시대로의 여행

인간은 도구의 동물이다.
— 벤자민 프랭클린

그의 케냐, 키쿠유식 이름은 와쿠루이기, 즉 '새매의 아들'이라는 뜻이었다.

부모님은 그를 루이스라 불렀다.

케냐에서 활동하던 영국 선교사의 아들 루이스 리키는 자신이 영국인이라기보다 키쿠유족에 가깝다고 여겼다. 1903년, 케냐에서 예정일보다 두 달 일찍 태어난 그가 이룩한 최초의 업적은 미숙아로서 살아남은 것이었다. 당시, 그것도 케냐의 시골에서 미숙아를 돌볼 수 있는 시설이라고는 전혀 없었다. 그의 '인큐베이터'는 면과 양모로 된 이불과 숯불로 덥힌 침대뿐이었다.

그럼에도 그는 살아남았다. 아마도 '사악한 눈'을 쫓아내기 위해 키쿠유족이 관습적으로 행하는 침 뱉기의 도움을 받았으리라. 루이스는 키쿠유족 사람들 대부분이 난생 처음 본 백인 아기였지만 순순히 키쿠유 사회에 받아들여졌다. 키쿠유족 소년은 나이에 따라 집단을 이룬다. 루이스도 열한 살이 됐을 때 무칸다('새 옷의 시기'라는 뜻) 무리의 일원으로 받아들여져 성인식을 치르는 데 필요한 비밀 의식을 준비하기도 했다.

키쿠유의 '의형제'들과 마찬가지로 루이스도 가족과 떨어져 혼자 살 수 있는 진흙 오두막 '독신의 방'을 지었다. 열네 살이 됐을 때에는 이미 방 세 개 달린 집을 지어 혼자 살았다. 나중에 그는 이렇게 기록했다. "먹는 것만 빼고 모두 스스로 해결했다. 부모님이 식사만은 가족과 함께 해야 한다고 고집했기 때문이다. 하지만 그렇게 하기를 정말 잘했다."[175]

루이스는 키쿠유식 삶의 방식을 두 눈으로 보고 배웠다. 무칸다 의형제들은 그에게 창 던지는 법과 곤봉 다루는 법을 가르쳐줬고, 키쿠유족의 원로인 조슈아 무히아는 그에게 동물의 흔적을 찾고, 사냥하고, 덫을 놓는 법을 가르쳐줬다. 루이스는 영양의 일종인 딕딕, 다이커, 몽구스, 자칼, 하이에나, 그리고 사실상 그 주변에 사는 거의 모든 동물들의 습성을 알고 자취를 쫓을 수 있게 됐다. 무엇보다 중요한 것은 침착한 관찰자가 되는 법을 배웠다는 점이다.

존경받는 선교사였던 아버지 해리는 종종 영국인 손님들을 초대했는데 그중에는 나이로비의 자연사박물관 초대 관장인 아서 러버릿지도 있었다. 이는 어린 루이스에게 엄청난 행운이 아닐 수 없었다. 러버릿지는 루이스를 마음에 들어 했고 자연사에 대한 관심을 잃지 말고 꾸준히 수집을 계속하라고 격려했다. 그는 루이스에게 표본을 만드는 법을 가르쳐주고 동식물 분류법을 알려줬다. 그 답례로 루이스는 뱀 세 마리, 살아 있는 말굽박쥐, 아프리카 호저, 검게 굳은 사향 고양이, 그리고 다양한 새를 박물관에 기증했다.

루이스는 외국 생활과 케냐, 그리고 자연사를 사랑했다. 또한 매우 신앙심이 돈독해서 나중에 어른이 되면 선교사가 돼서 취미로 조류학을 즐기리라 생각했다.

그러나 어느 날 영국의 친척이 크리스마스 선물로 보내준 작은 동화책 한 권이 루이스의 흥미와 그의 미래에 엄청난 영향을 미쳤다. 『역사 이전의 나날들Days Before History』이라는 이름의 이 책에는 석기시대 영국에 살던 티그라는 소년의 이야기가 들어 있었다. 부싯돌로 만든 화살촉과 도끼 그림은 루이스를 완전히 사로잡았다. 케냐에도 석기시대 사람들이 분명 살았을 것이라 생각한 그는 책에 나온 부싯돌 도구와 조금이라도 비슷하게 생긴 돌이라면 무조건 모으기 시작했다. 그의 가족들은 이것을 '깨진 병 조각'이라 부르며 루이스를 놀렸다.

어느 날, 루이스는 자신이 모은 돌들을 머뭇거리며 아서 러버릿지에게 보여줬고 아서는 그중 일부가 실제 고대 도구의 파편이라는 것을 확인해 줬다. 루이스는 기뻐서 어쩔 줄 몰랐다. 러버릿지는 케냐에는 부싯돌이 없어서 흑요석으로 도구를 만들었다고 설명하면서 박물관에 가서 몇 가지 예를 보여주겠다고 했다. 그때부터 루이스는 돌로 된 도구를 수집하는 데 사로잡혔다. 러버릿지가 알려준 대로 그는 각각의 수집품에 대해 상세히 기록했고 해당 주제에 관해 참고할 수 있는 몇 권 안 되는 책을 열심히 파고들었다. 루이스는 석기시대, 특히 아프리카 동부의 석기시대에 대해 알려진 것이 거의 없음을 깨닫고 이를 밝히는 것을 자신의 임무로 삼기로 결심했다. 그의 나이 열세 살이었다.

머리에 한 방 맞다

초기 인간의 역사를 연구하려면 조금 더 공식적인 교육이 필요했다. 부모님이 몇 년에 한 번씩 휴가로 고국에 돌아갈 때마다 영국에서 잠깐씩 학교에 다닌 것이 전부였던 그는 어릴 때 제대로 된 학교 교육을 받은 적이 거의 없었다. 루이스는 학교를 그다지 좋아하지 않았고, 신체의 자유나 끝없는 호기심에 가해지는 제약이 못마땅할 뿐이었다. 다행히 제1차 세계대전이 발발하는 바람에 루이스의 부모님은 한동안 영국에 돌아가지 못했다. 덕분에 그는 케냐의 여러 곳을 쏘다니고, 동굴을 탐험하고, 도구를 수집하고, 키쿠유식 삶을 배우며 사춘기 초반을 보낼 수 있었다.

루이스는 케임브리지 대학에 들어가고 싶었다. 그러나 준비 과정을 시작하기 위해 웨이머스 학교에 등록했을 때 그는 자신이 반 친구들에 비해 얼마나 뒤떨어져 있는지, 그리고 백인 키쿠유로서 영국과 얼마나 어울리지 않는지 깨닫게 됐다. 루이스는 필요한 학업 수준에 도달하기 위해 열심히 공부했고 영국식 생활 방식에 익숙해지기 위해 노력했다.

케임브리지 대학에서 학위를 받는 데에는 몇 가지 장애물이 있었다. 첫 번째로 돈 문제였다. 루이스를 비롯해 리키 가의 사람들은 항상 부족하게 살았고 이러한 상태는 그가 살아 있는 동안 계속됐다. 둘째로 재정적으로 도움을 받으려면 입학시험 중 몇 가지 과목에서 합격해야 했다. 그리고 세 번째로 학위를 받는 데 필요한 다양한 과목을 완벽히 습득했다는 사실을 증명해야 했다.

학생 생활 안내서를 읽고 있을 때 문득 이 모든 장애물을 극복할 수 있는 해결책이 생각났다. 그것은 바로 장학금 신청용 시험과 졸업 자격에 필요한 과목으로 키쿠유어를 신청하는 것이었다. 다행히 학교 당국은 키쿠유어를 필요 학점을 대체할 자격을 갖춘 현대어로 인정했지만 그 언어를 아는 교수가 하나도 없다는 것이 문제였다. 루이스는 믿을 만한 인물로부터 '언어 능력 인증'을 받아 제출하겠다고 제안했다. 키쿠유 부족의 코이난

지 족장만큼 이에 적합한 사람이 어디 있겠는가? 족장은 이 인증서에 지장을 찍어줬다. 루이스가 영국 학계에 대해 슬슬 파악하기 시작한 것이었다.

그는 곧장 대학 생활에 푹 빠져들었다. 어쩌면 지나치게 즐겼는지도 모르겠다. 영국의 전통적인 스포츠 경기 경험이 없었음에도 불구하고 그는 대학 럭비팀에 들어가 라이벌인 옥스퍼드와의 연례 경기에 출전하기로 결심했다. 2학년 초 선수 선발에서 루이스는 팀 주장의 마음에 들기 위해 열심히 뛰다가 다른 선수의 발에 머리를 맞고 경기장 바깥으로 실려 나가고 말았다. 정신을 차리자마자 그는 다시 경기장으로 돌아왔지만 또다시 머리를 맞고 이번에는 완전히 경기장을 나오게 됐다. 그는 그 이후 며칠 동안 점점 심해지는 두통에 시달렸고, 너무 아픈 나머지 공부를 할 수 없을 지경이 됐다.

의사의 말대로 열흘간 쉬었지만 일부 기억이 상실됐고 공부만 하려고 하면 다시 두통이 시작됐다. 알고 보니 심한 충격으로 일종의 간질에 시달렸던 것이다. 의사는 그에게 공기가 좋은 곳으로 가서 1년 정도 쉬라고 권유했다.

얼른 학위를 따서 케냐에서 고고학 연구를 시작하려던 루이스의 야심에 엄청난 타격이 아닐 수 없었다. 그러나 이것은 그에게 앞으로 계속될 행운의 시작이었다. 몸이 회복되는 동안 할 수 있는 일을 찾은 것이었다.

부모님의 친구를 통해 루이스는 런던의 자연사박물관에서 공룡 화석을 발굴하기 위해 탄자니카 자치령, 지금의 탄자니아로 탐험대를 파견할 예정이며 아프리카 경험이 풍부한 사람을 찾고 있다는 사실을 들었다(이 탐험대의 대장인 커틀러는 아프리카에 가본 적이 없었다). 아직 스무 살밖에 되지 않은 어린 나이였지만 루이스는 이 자리를 따내 1등석으로 아프리카 동부로 향한다.

루이스는 금세 자신의 가치를 입증하기 시작했다. 탐험을 조직하는 능력이 매우 뛰어났던 것이다. 커틀러를 도와 탄자니카 세관을 통과하고 영국에서 출발한 각종 장비가 언제쯤 그곳에 도착할지 알아낸 그는 곧장 텐다구루라는 이름의 탐사 지역을 정하고 그곳에 야영장을 세울 준비를 시작했다. 운 좋게도 해안가의 한 부두 마을에서 텐다구루 구역의 마을 족장을 만났다. 족장은 루이스가 탐사 구역을 찾고 필요한 일손을 선발하는 데 도움을 주기로 했다. 루이스는 짐꾼 열다섯 명, 요리사 한 명, 총을 운반할 사람 한 명, 젊은 키쿠유인 조수를 한 명 구하고 족장과 함께 '위대한 모험'[176]이 될 여정을 시작했다.

그들은 단 3일 만에 80킬로미터 이상 걸어 텐다구루 언덕에 도착했다. 족장은 루이스에게 공중에 대고 총을 한 발 쏘라고 했다. 그 지역 원주민들의 구역 내에 백인이 왔음을 알리는 것이라고 했다. 많은 마을 주민들이 식료품을 들고 찾아왔고 루이스는 이것을 사들였다. 그러고 나서 족장이 북을 쳐 긴 신호를 보냈다. 주변에 있는 마을 사람들에게 다음 날 이곳으로 와 루이스에게 인사하고 칼과 도끼 등을 가져와 집 짓는 것을 도와달라는 내용이라고 했다. 그날 밤, 루이스는 '기쁨과 성취감, 기대와 외로움이 묘하게 뒤섞인 기분'[177]으로 잠자리에 들었다.

집은 며칠 만에 완성됐고 루이스는 계속해서 창고와 부엌을 만들고 물을 찾으러 나섰다. 두 달 뒤 커틀러가 합류하기 전까지 그는 야영장부터 해안까지 몇 차례나 더 왕복했다. 커틀러와 그는 현장에서 총 4개월간 함께 지냈다.

루이스에게 안정을 취하라고 했을 때 아마도 의사는 그가 이런 일을 하게 되리라 상상하지 못했을 것이다. 몸은 힘들었지만 루이스는 그 생활을 즐기는 동시에 많은 것을 배웠다. 일요일을 제외하고 매일 아침 다섯 시,

그는 발굴을 도울 일꾼들을 집결시켰다. 그러고는 커틀러와 함께 발굴장으로 가서 발굴한 화석을 석고로 포장하는 일을 도왔다. 루이스에게 커틀러는 훌륭한 선생님이었다. 그는 커틀러를 통해 화석 발굴과 보존에 대해 실질적인 훈련을 받을 수 있었다. 그러나 주변 환경은 혹독하기만 했다. 날씨는 매우 더웠고 물은 수 킬로미터 떨어진 곳에서 가져와야 할 만큼 귀했으며 들소, 코끼리, 맘바 독사, 표범처럼 위험한 동물들과 맞닥뜨린 적도 많았다. 그런 동물과 만나면 목숨이 위태로웠다. 질병 또한 만연했다. 루이스는 이질과 말라리아에 동시에 걸리기도 했다.

이 모든 어려움에도 더 오래 남고 싶었지만 루이스는 학교로 돌아가야만 했다. 그는 나중에 이렇게 썼다. "머리를 크게 차였을 때 그것이 나의 이력에 이렇게 큰 영향을 미칠 줄은 몰랐다."[178]

루이스가 영국으로 돌아가고 나자 커틀러는 고전하기 시작했다. 그는 일꾼들을 잘 부리지 못했고 나중에는 열대 풍토병에 걸렸다. 9개월 후 그는 말라리아 합병증으로 인해 결국 야영장에서 죽음을 맞았다.

석기시대로 돌아가

텐다구루에서의 경험 이후 루이스의 자신감은 크게 높아졌다. 언제나 돈을 벌 기회를 찾고 있던 그는 '공룡 발굴'에 관한 강연을 하기 시작했다. 청중들을 흥분시키는 그의 재능은 후에 세계적 무대에서 빛을 발한다.

루이스는 어서 빨리 케냐에서 석기시대 발굴을 시작하고 싶었다. 그는 케임브리지에서 공부하고 남는 시간을 쪼개 영국의 선사시대 유적을 조사하고 석기를 만드는 기술을 배웠으며 아프리카의 활과 화살 제조 기술 역사를 연구했다. 그는 높은 점수로 졸업 시험에 통과했다.

이제 배운 것을 실천에 옮길 차례였다. 진화 이론과 고대 인류의 존재를 굳게 믿던 그는 진정한 인류 초기 역사는 분명 성경에 나온 것과 다를 것이라 생각했다.

그러나 당시 인류 역사에 대해 알려져 있던 얼마 안 되는 정보는 아프리카에 대해 확신을 심어주지 못했다. 다윈마저 자신의 책 『인간의 후손』(1871)에서 다음과 같이 적었다. "우리의 조상은 다른 곳보다 아프리카 대륙에 살았을 가능성이 조금 더 높다. 그러나 이 주제에 관해 설불리 추측하는 것은 아무 소용이 없다."[179] 게다가 1926년까지 인간이 아프리카에서 유래했다고 생각한 과학자는 거의 없었다. 뒤부아가 당시 가장 연대가 이른 피테칸트로푸스를 아시아에서 찾았고, 로이 채프먼 앤드류스의 탐험대 역시 인간의 흔적을 몽골에서 찾지 않았는가. 게다가 얼마 지나지 않아 데이비드슨 블랙과 웬종 페이가 더 많은 고대 인류 화석을 중국에서 찾아내어 인류의 '아시아 기원' 이론을 더 확고히 하는 결과를 가져왔다. 한 교수는 루이스에게 "인류의 기원이 아시아에 있는 것을 누구나 알고 있다."[180]며 아프리카에서 인류의 흔적을 찾느라 시간 낭비하지 말라고 이야기하기에 이른다.

그럼에도 불구하고 루이스는 자신이 어릴 때 찾은 도구를 볼 때 분명 아프리카에 초기 인간, 곧 도구를 만든 존재가 있었다는 것을 알고 있었다. 최대한 빨리 케냐로 떠날 준비를 하던 루이스는 케임브리지 학생 한 명을 함께 일할 동료로 뽑았다. 루이스의 말을 빌리자면 그렇게 이 두 사람은 최초의 '동아프리카 고고학 원정대'를 이루게 된다. 케냐에 이르자 루이스의 무칸다 의형제 몇 명과 친동생 더글러스의 합류로 이 팀은 규모가 조금 커졌다. 처음 발굴을 시작한 곳은 루이스가 어린 시절부터 잘 알고 있던 곳이었다. 유럽에서는 동굴에서 주로 유물이 발견됐기 때문에 루이스는 자신의 집 근처 리프트 계곡을 둘러싸고 있던 수많은 동굴과 절벽, 그리고 그가 잘 알고 있던 정착민 땅에 집중하기로 한다.

그가 바란 것은 고대 인류가 만든 도구를 찾는 것이었고 운이 좋다면 그 사람들의 뼈 화석 일부도 찾기를 원했다. 당시 고고학자들은 가장 오래된 문명이 셸리안, 혹은 아브빌 문화라고 생각했다. 셸리안은 손도끼가 발견된 프랑스의 셸리 지방 이름을 딴 것이었다. 그는 동아프리카에서 셸리안과 비슷하거나 그와 연대가 맞는 도구를 찾을 수 있다면 아프리카에 초기 인류가 살았다는 증거를 얻게 된다고 여겼다.

그의 팀은 엘레멘테이타 호수 근처에서 몇 개의 동굴, 암석으로 된 얕은 거주지, 절벽 등에서 발굴 작업을 시작했다. 그는 표면 가까이에 있거나 표면을 뚫고 나온 다양한 도구와 부서진 그릇 조각, 인간의 유골을 찾았다. 그것은 일종의 장례식처럼 고의로 땅에 묻은 것이었다. 루이스는 이것이 선사시대 '엘레멘테이타 문명'의 흔적이라고 명명했다. 1년에 걸쳐 그는 100개가 넘는 나무 상자 가득 표본을 발굴했다. 본격적인 발굴 작업에 앞서 발굴지를 정할 목적으로 시작한 일종의 정찰이었는데도 말이다. 그는 가능성이 높아 보이는 현장을 70군데 가까이 찾았다. 그는 또한 여기에서 한 여자를 만났다. 그녀의 이름은 프리다 에이번이었다. 부유한 영국인 상인의 딸과 길들여지지 않은 백인 키쿠유인으로서 서로 성장 배경이 아주 달랐지만 그들은 서로를 좋아하게 됐고 1년이 채 되지 않아 결혼하게 된다. 프리다는 루이스를 따라 2차 동아프리카 고고학 원정에 참가한다.

두 번째로 꾸려진 팀에는 지질학자 한 명과 루이스가 현장에서 직접 가르친 대학생 몇 명이 추가됐다. 매장량이 풍부한 곳을 꼼꼼히 조사하고 나면 완벽히 보존된 도구들이 하루에 수백 개나 발굴되는 경우도 종종 있었다. 루이스의 지칠 줄 모르는 활력에 영향을 받은 팀원들은 새벽부터 해질녘까지 일했고 루이스는 밤이 깊을 때까지 그날 찾은 것들에 대해 기록을 계속했다. 그러던 중 한 동굴의 가장 깊은 지층에 선사시대 사람들이 만든 도구로 가득한 것을 발견했다. 그곳에서 찾아낸 것 중에는 새의 뼈로 만든 송곳과 타조알로 만든 구슬, 부서진 그릇 조각 두 개가 있었다. 수도 없이 많은 다른 아름다운 도구들과 비교해볼 때 그 부서진 그릇 조각은 별것 아닌 것처럼 보일 수도 있었지만, 이 그릇은 당시 그 어느 곳에서 찾은 것보다도 오래된 것이었다.

그러나 얼마나 오래됐는지 판명하는 것은 불가능했다. 정확한 연대 측정 기법이 아직 존재하기 전이었고 이곳을 비롯한 여러 현장의 연대를 짐작할 수 있게 해줄 지질학 연구는 아직 수행되기 전이었기 때문이다. 그가 찾은 엘레멘테이타 도구가 유럽의 일부 유물과 비슷한 점으로 미뤄볼 때 루이스는 이 문화가 대략 기원전 2만 년경일 것이라 추측했다(그는 종종 자신이 찾은 유물의 연대를 실제보다 오래된 것으로 추정하는 경향이 있었는데, 나중에 정밀 분석을 통해 이 유물의 연대는 기원전 약 6,000년경으로 판명됐다).

동굴 가장 깊은 지층에 이러한 유물이 있다는 것은 곧 더 오래된 현장과 유물을 찾기 위한 노력을 계속할 가치가 있다는 뜻이었다. 탐험 막바지에 지질학자 존 솔로몬이 카리안두시에서 강이 마른 협곡을 따라 걷다가 마치 도구처럼 보이는 초록색 화산암 조각을 집어 들었다. 루이스는 그것이 손도끼가 틀림없다고 생각했고, 솔로몬과 학생 한 명을 그곳으로 보내 더 많은 것을 찾도록 했다. 그곳에서 찾아낸 양은 상당했다. 발견된 손도끼들은 유럽에서 발견된 당시 가장 오래된 것들과 매우 비슷했다(그림 11.2 참조). 이것이야말로 루이스가 찾고 있던 아프리카의 초기 인류의 증거였다.

그것이 얼마나 오래된 것인지를 알아내는 것은 여전히 힘들었다. 수십 년 동안 지질학자들은 지구상 생명체의 역사를 측정하는 데 퇴적 속도를 이용한 외삽법에 의존했다. 이것은 일정한 속도로 퇴적 작용이 일어난다는 가정하에 하나의 물체 주변의 퇴적물의 깊이를 측정해서 그것이 얼마나 오

그림 11.2 손도끼. 1929년 카리안두시에서 루이스 리키의 팀이 발굴했다. 후에 약 50만 년 된 것으로 연대 측정됐으며 동아프리카의 긴 인간 역사에 대한 최초의 증거가 됐다. 출처: L. S. B 리키(1931), 『케냐의 석기시대 문화』, 프랭크 카스 앤드 컴퍼니, 런던

래전에 매장됐는지 추측하는 방식이었다. 그러나 문제가 하나 있었다. 지층의 퇴적 속도를 계산할 때 침식 현상이나 그 밖의 다른 변수를 계산에 넣지 않는다는 점이었다. 이 측정법을 이용하면 공룡이 겨우 1,000만 년 전에 멸종했고(오늘날 알려진 것처럼 6,500만 년 전이 아니라), 지구의 나이는 몇 억 년에 불과하며(실제는 45억만 년), 가장 최근의 빙하시대인 홍적세는 약 60만 년 동안이었고(실제는 180만 년), 인간의 진화는 홍적세의 일부에 지나지 않는 기간 동안에 이뤄진 것으로 나타난다.

이러한 비교 측정법에 근거해 루이스는 그 도구 유물들이 4만 년에서 5만 년 정도 된 것으로 봤고 이는 당시 다른 사람들이 생각하던 것에 비해 매우 오래된 것이었다. 그러나 그가 몰랐던 것이 하나 있다. 사실 이 유물

의 나이는 50만 년에 가까웠다는 것이다. 이러한 오류에도 불구하고 그는 아프리카 석기시대의 연대를 훨씬 과거로 앞당기는 업적을 이뤘고 고고학과 고인류학계가 이에 주목하기 시작했다. 남아프리카공화국에서 루이스가 이 발굴 결과를 발표한 후 60명의 과학자들이 그를 따라 케냐로 와서 발굴 현장을 둘러봤다. 그들은 크게 감탄하며 아프리카의 석기시대가 생각보다 훨씬 오래됐다는 것을 인정했다.

그렇다면 인간의 역사는 얼마나 오래전으로 돌아가는가? 인간이 아프리카에서 유래한 것이 맞는가? 만약 그렇다면 과연 언제란 말인가? 그리고 언제부터 우리의 조상은 똑바로 서서 걷기 시작했고 최초로 도구를 사용하기 시작했는가? 루이스는 이러한 질문에 답하는 데 여생 대부분을 보냈다. 그리고 가장 중요한 단서 중 상당수는 놀랍게도 단 하나의 협곡에서 발견됐다.

올두바이

표본을 더 깊이 연구하기 위해 루이스는 영국으로 돌아갔다. 그에게는 책을 두 권 쓰기에 충분한 자료가 있었다. 하나는 석기시대의 도구와 다른 유물에 관해, 그리고 다른 하나는 그가 발견한 사람들의 유골에 관해서였다. 글을 쓰는 동안 그는 세 번째 탐험을 계획했다.

이번에는 화석을 찾을 가능성이 높은 곳을 미리 찾아보기로 했다. 그가 마음에 둔 곳은 올두바이Olduvai, 마사이족 말로 '야생 사이잘초가 사는 곳'이라는 뜻이었다. 그곳은 리프트 계곡 중심에 있는 긴 골짜기로서, 탕가니카 테리토리의 세렝게티 평원 안, 응고롱고로 분화구 근처에 있었다. 올두바이에 처음 관심을 갖게 된 계기는 독일의 지질학자 한스 렉이 쓴 보고서였다. 1913년에 그곳을 탐험한 그는 연장은 하나도 찾지 못했지만 현대 인간과 비슷한 모습을 한 사람을 비롯해 다양한 화석을 찾은 바 있었다. 렉은 그곳으로 다시 돌아가고 싶었지만 제1차 세계대전이 발발하면서 탕가니카가 영국의 통치를 받게 됐다. 루이스는 독일로 그를 찾아가 렉과 친구가 됐고, 만약 자신이 올두바이에 간다면 24시간 내에 석기시대 도구를 찾아낼 수 있다고 장난삼아 내기를 한 적이 있었다. 이제 6년의 세월이 흘러 루이스가 세 번째 탐험에 그를 초대했다.

1931년 9월 하순, 루이스와 렉 그리고 열여덟 명의 대원들이 자동차와 트럭을 타고 올두바이로 향한 긴 여정을 시작했다. 가장 가까운 우체국이나 자동차 정비소, 가게도 300킬로미터 이상 떨어져 있는 그 협곡에 닿으려면 매우 거친 길을 가야 했다. 물은 구하기 힘들었고, 과열된 자동차는 귀중한 물을 축내기 일쑤였다. 그들은 결국 개코원숭이 오줌이 섞인 빗물 웅덩이를 발견했다. 먹을 수는 없었지만 자동차 라디에이터에 쓸 수는 있었다.[181]

렉에게 다시는 보지 못하리라 생각한 곳으로 돌아간다는 것은 감동적인 경험이었다. 루이스는 그에게 대원 중 가장 먼저 협곡에 발을 들여놓는 영광을 줬다. 협곡에 도착한 첫날 밤, 그들은 하이에나와 사자들이 지켜보고 있는 가운데 눈을 붙였다.

루이스는 매우 흥분돼서 잠이 오지 않았고 다음 날 아침 해가 뜨자마자 적당한 장소를 물색하러 협곡을 뒤지기 시작했다. 그는 곧 침적층 속에 완벽한 상태로 묻혀 있는 손도끼 하나를 발견했다. '기쁨으로 정신이 나간' 루이스는 그것을 들고 야영장으로 헐레벌떡 뛰어와 아직 자고 있던 대원들을 마구 흔들어 깨웠다. 화석이 풍부하게 매장된 이 협곡의 퇴적층에서 선사시대 문화의 흔적을 찾는다는 이번 탐사의 주요 목표 중 하나가 탐험 첫날에 이미 완수된 것이었다. 그랬다. 그 협곡은 그러한 증거로 넘쳐났다.

그들은 처음 나흘 동안에 총 77점의 도끼를 찾아냈다. 게다가 어떤 도구들은 거대한 코끼리와 비슷한 데이노테리움처럼 멸종된 포유류 화석과 함께 발견됐다. 또한 멸종된 하마 화석과 함께 묻힌 거의 완벽한 470점의 손도끼를 발견하기도 했다.

그 협곡 내 다섯 개의 주요 지층에 풍부하게 매장돼 있던 도구의 발견은 그야말로 놀라운 일이었다. 이를 통해 루이스, 그리고 세상 사람들은 도구 기술 발달에 대해 이전에는 보지 못한 새로운 그림을 볼 수 있었다. 어느 곳에서 발견된 것보다 더 오래된 도구들까지 포함해서 말이다.

사자와 맞닥뜨리고, 코뿔소에 쫓기고, 자신을 노리던 표범을 쏘아 죽이는 고생을 하면서도 루이스는 올두바이가 '과학자의 천국'[182]이라고 자신 있게 선언했다.

렉과의 내기에서 이긴 것이 전부가 아니었다. 앞으로 평생을 두고 즐길 보물 상자를 찾은 셈이었다.

메리에게는 무언가 특별한 것이 있다

다시 영국으로 돌아갔을 때 루이스는 무일푼이나 다름없었다. 각종 연구 보조금으로 살아가던 그는 단 한 번도 풍족한 생활을 누린 적이 없었다. 조금이나마 돈을 벌기 위해 그는 자신의 발견이 몰고 온 사람들의 관심을 이용하기로 했다. 『아담의 조상 Adam's Ancestors』이라는 제목으로 선사시대에 관한 책을 쓴 것이다. 그와 동시에 그는 아프리카에서 가져온 각종 유물과 화석을 연구하기 위한 연구비를 받았다. 그는 미친 듯 일에만 몰두했고 집에는 거의 들어가지 않았다. 아내 프리다와의 성격 차이가 점점 표면으로 드러나면서 불행한 결혼 생활은 무너지기 시작했다.

자신의 표본을 그림으로 그려줄 사람을 찾던 중 동료 한 사람이 방금 책한 권의 일러스트레이션을 마친 젊은 화가 메리 니콜을 소개해줬다. 루이스는 그녀가 그린 석기시대 도구 그림이 그때까지 본 것 중 최고라고 생각했고 그녀에게 그림을 맡겼다.

메리는 고고학의 피가 흐르는 사람이었다. 1790년에 영국 서포크의 혹슨 근처에서 수많은 석기시대 도구를 발견한 사람이 바로 그녀의 고조할아버지 존 프레르였다. 프레르는 이것을 '금속을 쓰지 못했던 당시 사람들이 만들어 사용한 무기'라고 했다. 총 3미터가 넘는 흙과 자갈, 층층이 쌓인 조개껍데기층을 뚫고 유물을 찾은 그는 그것이 '매우 오래된 과거의 것으로 현재 세상과는 전혀 다른 세계'[183]에 속한 것이라고 결론을 내렸다. 프레르가 골동품협회에 이러한 발견에 대해 보고했을 당시는 그것이 얼마나 과거의 것인지 사람들이 짐작도 못할 때였다. 처음 몇십 년은 무시당했지만 프레르는 후에 석기시대 유물을 최초로 알아본 사람으로 칭송받았다.

메리의 아버지는 풍경 화가였고 가족들은 스위스, 프랑스, 이탈리아 각지를 떠돌며 거의 방랑자처럼 살았다. 프랑스 남부의 조그만 마을에서 몇 차례 오래 머문 적이 있었는데 그곳에서 그녀의 아버지는 동굴에서 고대 그림과 조각 등을 발굴하던 고고학자와 친구가 됐다. 그 과학자는 얼핏 보면 쓰레기 더미와 다를 바 없는 자신의 발견물을 메리와 아버지에게 보여줬고 거기에서 그들은 부싯돌로 만든 도구를 발견해 가질 수 있었다. 어린 시절 루이스의 마음을 사로잡았던 석기시대와 유물에 대한 열정을 메리 역시 어린 나이에 발견하게 된 것이다.

루이스와 마찬가지로 메리도 정규 교육을 잘 견디지 못했다. 그녀는 학생들 앞에서 시를 읽지 않겠다고 버틴 대가로 한 학교에서 쫓겨났고, 다른 학교에서는 수업 중에 비누 거품을 입에 물고 발작을 일으킨 척했으며, 화학 시간에 폭발을 일으켜 퇴학당하기도 했다. 그녀는 나중에 자서전에서 이렇게 회고했다. "그래도 무언가 '쾅' 하고 충격을 남기며 학교생활을 끝내서 좋았다."[184]

학교 시험이라고는 단 한 번도 본 적이 없었지만 메리는 고고학에 대해 많은 것을 배웠고 여러 발굴 현장에 참여했다. 인습에 사로잡히지 않은 그녀의 성장 과정과 반항적인 기질, 독립심, 예술적 재능, 선사시대에 관한 열정은 곧 루이스를 사로잡았다. 또한 루이스의 풍부한 지식과 에너지, 열정과 관심은 메리를 그에게 이끌었다. 이 둘은 곧 사랑에 빠졌고 메리는 다음번 탐험에 함께 참여하며 아프리카와도 사랑에 빠지게 됐다.

올두바이로 간 첫 번째 여행은 그녀의 머릿속에 지울 수 없는 기억을 남겼다.

> 꼭대기에 다다르자 600미터 깊이의 응고롱고로 분화구의 칼데라(화산 폭발 등으로 생긴 대규모 함몰 지역-옮긴이) 속을 내려다볼 수 있었다. 지름이 19킬로미터에 이르는 이 거대한 원형 지대는 언제나 수많은 동물로 가득하고, 그 속의 얕은 호수에는 종종 홍학들이 나타나 주변을 분홍색으로 물들인다. 위에서 육안으로 확인할 수 있는 동물은 코끼리, 코뿔소 등이고 조금 가까이 있다면 들소도 볼 수 있지만 쌍안경을 사용하면 수천 종류는 되는 다양한 동물을 볼 수 있다.
> 응고롱고로에서 세렝게티로 내려가는 길에 나는 마치 마법에 걸린 것처럼 멍하니 풍경을 바라봤다. 그때부터 그 광경은 내게 있어 세상 어느 것보다 큰 의미를 갖게 됐다. 화산 고원지대를 넘어 아래로 내려가다 보면 갑자기 세렝게티가 나타난다. 마치 바다처럼 뻗어 있는 이 드넓은 평야는 빗속에서는 초록색으로, 다른 때는 금

색으로 빛나며 지평선 가장자리로 갈수록 푸른색과 회색으로 흐려진다. 오른쪽으로 멀리 선캄브리아기 발굴 지대와 달 표면 같이 생긴 풍경이 펼쳐진다. 왼쪽으로는 이제 활동을 멈춘 르마그루트 화산이 풍경 대부분을 차지하고 있고, 온통 화산암으로 뒤덮인 바닥에는 마치 평원 위로 쏟아져 내릴 듯 아카시아 나무가 잔뜩 자라고 있다. 평원으로 나가면 작은 언덕이 여럿 있는데 평원이 워낙 거대하다 보니 이 언덕 중 가장 높은 것의 높이가 100미터도 넘는다는 것을 짐작하기 어렵다. 올두바이 협곡 또한 보인다. 하나로 모이는 두 개의 좁은 선, 열로 인해 올라오는 아지랑이와 먼 거리 때문에 흐릿하게 보이는 이 두 선이 주 협곡과 곁 협곡임을 알 수 있다.

건기 중에 쏟아지는 소나기에서든, 한낮의 더위에서든, 황혼을 향해 곧장 차를 달리는 저녁이든, 언제 보든 이 풍경은 절대 질리지 않을 것이다. 이 풍경은 언제나 똑같은 동시에 언제나 색다르다.[185]

그들은 함께 협곡 주변을 기어 다니며 돌로 만든 도구나 그것을 만든 사람, 그것도 아니면 다른 화석의 흔적을 찾아 구석구석을 누볐다. 조금이라도 성과가 있었던 현장은 스와힐리어로 '협곡'이라는 뜻의 코롱고라고 불리던 곳이었다. 메리가 원시인류의 두개골 조각 두 개와 근처에 놓여 있던 손도끼를 찾은 것도 코롱고였다. 그렇게도 애타게 찾던 것이었지만 추가 발굴에서 더 나오는 것은 없었다. 그럼에도 불구하고 루이스는 기뻐서 어쩔 줄 몰랐다. 그리고 자신의 월별 현장 보고서에 다음과 같이 기록했다. "나는 아직도 확신한다. 올두바이에 묻혀 있는 아브빌기과 아슐기 도구를 만든 사람들의 화석을 언젠가 꼭 찾아낼 것이라고."[186]

발굴 현장마다 어느 정도의 고고학이나 지질학적 가치를 지니는 것들이 발견됐다. 돼지 두개골, 가젤과 비슷한 초식동물 무리의 유골, 그리고 거대한 코끼리 화석 등. 래톨릴(지금은 래톨리라 불린다) 근처에 가면 '돌 같이 생긴 뼈'를 더 많이 찾을 수 있다는 마사이 사람의 말을 들은 루이스는 정찰대를 파견했고 그곳에서 화석을 대량 발견했다는 보고를 받았다. 그런데 그곳은 죽은 동물의 흔적만 많은 것이 아니었다. 어느 날 아침, 메리가 자고 있는 암사자 한 마리를 거의 밟을 뻔한 일이 벌어졌다. 그녀는 나중에 이렇게 적었다. "그 암사자와 나는 둘 다 너무 깜짝 놀라 반대 방향으로 도망쳤다. 쉬고 있는 암사자와 맞닥뜨리는 것은 생각보다 덜 위험하다. 물론 그 사자가 새끼들을 데리고 있다면 이야기가 달라지지만."[187]

루이스는 여러 동굴 벽에 그려진 석기시대 그림을 보기 위해 메리를 데리고 콘도아에 갔다. 메리는 아름다운 사람과 동물 그림에 푹 빠져들었고 여러 점의 그림을 베꼈다. 동굴 벽화와 그림 같은 풍경, 아름다운 야생동물과 흥미로운 사람들, 그것은 마치 아프리카 대륙 전체가 '그녀에게 마법을 건 것'[188] 같았다.

신나는 9개월을 보낸[189] 루이스와 메리는 영국으로 돌아와 결혼을 하고 또 한 번 아프리카로 모험을 떠날 궁리를 했다.

석기시대 공장

케냐로 돌아온 리키 일가는 거의 파산 지경이었다. 동아프리카에서 연구를 계속하려면 도움이 필요했다. 이미 여러 권의 책을 펴낸 바 있는 루이스는 키쿠유 부족의 역사에 대해 글을 쓰는 데 전념했다. 물론 그는 그 책을 '지금까지 쓰인 어떤 책보다도 완벽한 부족의 기록'[190]으로 만들겠다고 작정한 바였고 1권만으로도 1,000쪽이 넘겠다고 생각했다.

메리는 다만 발굴을 계속하고 싶을 뿐이었다. 무엇이든 좋았다. 그녀는 연대든 장소든 상관하지 않고 나쿠루 지역의 여러 현장에서 발굴 작업에 뛰어들었다.

두 사람의 역할이 뒤바뀌었다. 루이스는 책을 쓰고, 강연을 하고, 케냐 박물관에서 관리 업무를 담당하는 데 치중했고 이 모두는 그들의 생활비를 벌고 수집품을 보관할 장소를 마련하는 데 도움이 됐다. 현장을 사랑한 메리는 화석을 발굴하며 보내는 하루하루를 마음껏 즐겼다. 숲 속에서 풀로 얼기설기 지은 집에 사는 것 또한 그녀의 모험심을 만족시켰다. 안전을 위해 달마티안 개 한 마리를 구한 그녀는 개가 생긴 첫날부터 죽을 때까지 항상 한 마리 이상의 달마티안을 곁에 두고 지냈다. 또한 고된 하루를 마무리하며 위스키와 쿠바산 시가를 즐기는 버릇도 생겼다.

메리가 루이스보다 더 조직적이고 꼼꼼한 고고학자라는 사실은 금세 증명됐다. 발굴을 위해 판 구멍 하나에서만 그녀는 자그마치 7만 5,000점이 넘는 석기시대 후반의 도구를 발견해 모두 분류했다.

제2차 세계대전의 발발로 이 최초 프로젝트도 막을 내렸다. 루이스는 민간인 첩보 장교가 돼서 케냐를 누볐다. 정치적 상황을 주시하면서도 그는 가능성 있는 발굴 현장을 찾는 것 또한 잊지 않았다. 그때 아이들이 태어나기 시작했다. 그들의 첫 아들인 조나단이 1940년에 태어나 그때부터 루이스와 메리는 한 번에 짧은 기간 동안에만 현장에 나갈 수 있었다.

1942년 부활절 주말, 그들은 나이로비에서 남서쪽으로 50킬로미터 정도 떨어진 올로르게사일리에Olorgesailie로 떠났다. 그 지역에서 도구가 몇 점 발견됐다는 보고가 20년 전에 있었지만 자세한 사항이나 정확한 위치는 알려지지 않은 상태였다. 루이스와 메리는 몇 명의 조수와 함께 흰색의 퇴적층 위에 널찍이 자리를 잡았다. 한참 땅을 조사하고 다니던 중 거의 동시에 둘은 서로의 이름을 큰 소리로 불렀다. 메리는 계속해서 루이스를 부르며 빨리 와서 자신이 발견한 것을 좀 보라고 소리쳤다. 루이스는 자신이 있던 장소에 표시를 한 후 허둥지둥 그녀에게 달려갔다. 그는 후에 이렇게 말했다. "아내에게 다가갔을 때 나는 내 눈을 믿을 수 없었다. 가로 15미터, 세로 18미터 정도밖에 되지 않는 곳에 말 그대로 수백 개의 완벽히 보존된 손도끼와 돌칼이 널려 있는 것이 아닌가(그림 11.3)."[191] 메리는 마치 도구를 만든 사람들이 방금 그것들을 거기에 버리고 간 것처럼 보인다고 생각했다. 루이스는 이 '공장'이 약 12만 5,000년 정도 된 것이라고 추정했지만 많은 사람들이 그것이 지나치게 부풀려진 수치라고 생각했다. 하지만 그 후 방사능 연대측정을 통해 그 도구들이 70만 년도 더 된 것이라는 사실이 밝혀졌다.

그 광경은 매우 놀랍고 인상적이어서 그들은 그중 상당 부분을 발견한 상태 그대로 남겨두기로 결정했다. 주변에 좁은 통로가 세워졌고 이 현장

그림 11.3 올로르게사일리에의 도구 공장. 메리와 루이스 리키가 올로르게사일리에에서 손도끼와 돌칼이 널려 있는 곳을 발견했다. 제공: 스미소니언 협회 인간 기원 프로그램

은 1947년에 박물관으로 문을 열었다. 오늘날까지도 올로르게이사일리에 국립박물관으로 남아 있다.

오후 다섯 시에 아이를 데리러 가야 했기에 첫날의 발굴은 더 이상 진행할 수가 없었다. 사실상 제대로 발굴을 시작한 것은 다음 해가 돼서였다. 루이스는 여러 가지 일로 바빴기 때문에 메리가 이제 막 걷기 시작한 아이를 데리고 올로르게사일리에서 몇 달간 야영 생활을 했다. 그곳은 물이 부족하고 위험한 동물이 출몰하는 살기 힘든 곳이었지만 이제 리키 일가에게 그런 것쯤은 아무것도 아니었다. 메리는 원시인 거주 현장 발굴에도 앞장섰다. 한때 고고학자들은 거주 흔적 같은 것은 세월이 흐르면서 자연적으로 파괴돼버린다고 생각했지만 메리가 한 층 한 층 꼼꼼히 발굴한 덕분에 여러 도구와 동물의 뼈, 한때 움집이 세워져 있던 흔적으로 남은 돌 등을 발견할 수 있었다. 메리는 또한 올로르게사일리에의 일부 퇴적층에서 손도끼 문화의 일원들이 살았던 거주 흔적을 확인하기도 했다.

올로르게사일리에는 동물 화석과 각종 도구로 가득했지만 안타깝게도 그 도구를 만든 사람의 흔적은 나타나지 않았다.

유인원 섬

1940년대 후반, 루이스는 벌써 20년 이상 동아프리카에서 점점 더 오래된 퇴적층으로 옮겨가며 인간 조상의 흔적을 찾고 있었다. 그가 아직 시도해보지 않은 방법이 하나 있었다. 훨씬 과거로 가서 조금씩 다시 현재와 가까운 지층으로 이동하는 것이었다. 달리 말해 영장류라는 큰 나무에서 유인원과 인간이라는 가지가 갈라지기 시작한 시점을 조명할 수 있는 유인원 화석을 찾겠다는 것이었다.

리키 일가와 다른 과학자들은 힘을 합쳐 빅토리아 호수에 있는 루싱가 섬을 살펴본 적이 여러 번 있었다. 1932년에 루이스는 여기에서 여러 포유류와 함께 자신이 프로콘술(식민지 총독-옮긴이)이라 이름 붙인 유인원의 이, 턱뼈, 팔다리뼈 등을 발견했다. 그 장소는 약 2,300만 년 전인 신생대 제3기 마이오세의 동물 화석으로 가득했다. 당시는 인간과 유인원의 차이가 매우 크므로 두 종이 분기한 시점은 마이오세 중간 정도까지 거슬러 올라가야 한다는 인식이 널리 퍼져 있었다. 루이스는 루싱가 섬에 여러 번 잠깐씩 다녀가면서 많은 것을 발견했고 만약 그곳을 제대로 발굴한다면 더 좋은 결과를 얻을 수 있을 것이라고 생각했다.

1940년대 후반, 영국인 동료들과 함께 루싱가 섬에 풍부하게 매장된 화석을 찾기 위한 공동 탐사가 시작됐다. 루이스의 아들 조나단과 리처드를 포함해 리키 일가 전체가 따라 나섰다. 루이스는 곧 악어 두개골을 하나 발견하고 그곳을 파기 시작했다. '산 것이든 죽은 것이든 악어를 좋아해본 적이 없는'[192] 메리는 루이스를 놔두고 조금 더 흥미로운 것을 찾아 다른 장소로 옮겨갔다.

그녀가 뭔가 심상치 않아 보이는 뼛조각을 발견한 것은 그로부터 얼마 지나지 않아서였다. 이빨이 하나 붙어 있는 뼈 하나가 언덕 중간에 삐죽이 튀어나와 있는 것이 아닌가. "혹시?" 그녀는 루이스를 불렀고 둘은 같이 뼛조각 주변의 흙을 털어내기 시작했다. 턱뼈가 하나 나왔지만 그것이 전부가 아니었다. 턱뼈에는 얼굴뼈의 상당 부분이 함께 붙어 있었고 이것은 그전 어디에서도 발견된 적이 없던 것이었다.

사실 이 '프로콘술' 두개골은 연대를 막론하고 최초로 발견된 유인원 두개골 화석이었다. 그것은 엄청난 발견이 분명했지만 그러려면 가장 먼저 깨진 조각을 맞춰 붙이는 작업이 필요했다. 메리는 오랜 시간을 들여 흩어진 서른 개의 조각들을 맞추기 시작했고 그중 어떤 것들은 성냥개비 머리만큼이나 작았다. 완성된 프로콘술의 얼굴을 처음으로 본 사람이 메리와 루이스였다. 루이스는 얼굴 일부분이 인간과 비슷하다고 생각했고 프로콘술이 인간과束 동물이 분명하며 인간의 가장 초기 조상이 마이오세에 살았다고 결론을 내렸다.

기뻐서 어쩔 줄 모르던 그들은 나름대로의 방식으로 축하 잔치를 벌였고 그 결과 아이가 하나 더 생기게 됐다. 메리는 자서전에서 다음과 같이 이야기했다. "그날 밤 우리는 조심성 따위는 내던져버렸다. 필립이 열 달 후 우리 가족이 된 것은 그 덕분이었다(그림 11.4)."[193]

루이스의 발견 소식에 누구보다도 영국의 동료들이 가장 먼저 그것을 보고 싶어 했다. 두개골을 발견한 사람이 메리였기에 루이스는 그녀가 화석을 직접 영국으로 가져가야 한다고 생각했다. 그렇게 귀중한 표본을 나이로비에서 런던으로 보내는 데에는 위험이 뒤따랐다. 루이스는 혹시라도 표본이 없어지거나 손상을 입을까 크게 걱정했다. 비슷한 화석을 또 하나 찾는 것은 거의 불가능한 일이었기 때문이다.

그림 11.4 리키 일가(왼쪽에서 오른쪽으로). 리처드, 메리, 필립, 루이스, 조나단과 달마티안 가족. 출처 리처드 리키(1983), 『어떤 삶』

메리와 프로콘술은 함께 VIP 대접을 받았다. 영국 국제 항공에서 무료 항공권을 제공했으며, 그녀는 상자에 고이 담은 프로콘술을 직접 들고 비행기에 올랐다. 메리가 런던 히드로 공항에 도착했을 때 그곳은 이미 벌떼처럼 몰려든 취재진으로 가득했으며 그녀가 비행기에서 내리는 순간부터 카메라 플래시가 터지기 시작했다. 놀랍게도 그녀와 화석 둘 다 신문 제1면에 실릴 만한 기삿거리였다. 사람들의 관심에 익숙지 않았던 메리는 더 자세한 조사를 위해 기꺼이 두개골 화석을 옥스퍼드 대학에 넘겨주고 아프리카로 돌아갔다. 일부 전문가들은 그것을 인간과 동물이 아니라 초기 유인원이라고 생각했다.

리키 일가에게 루싱가 섬은 크리스마스를 보내기 가장 좋은 장소였다. 자동차 뒷좌석과 보급품 상자 위가 아이들의 잠자리였으며, 그들은 다 함께 해가 뜨기도 전에 리프트 계곡과 그 너머를 향해 출발하곤 했다. 루싱가 섬으로 가려면 빅토리아 호수의 키수무까지 600킬로미터가 넘는 거리를 하루 종일 차로 달렸다가 거기에서는 다시 밤사이 배를 타고 섬으로 들어가야 했다. 리처드 리키는 후에 이러한 모험을 기분 좋게 떠올리며 이렇게 기록했다.

> 키수무에 밤늦게 도착할 때면 언제나 흥미진진했다. 배 갑판에 켜 놓은 불빛만으로 짐을 싣고 내리는 작업을 해야 했다……. 흔들리는 배의 움직임, 엔진 소리, 사람들에게 지시하는 아버지의 목소리가 모두 합쳐져 다급하지만 기대에 찬 분위기를 자아냈고 우리 아이들은 그런 분위기를 만끽했다…….
> 나는 특히 새벽이 오기 전 이른 아침 시간에 깨어 있는 것이 좋았다. 배를 타고 호수를 따라 섬으로 다가가고 있으면 시원한 바람이

불어왔고 때때로 잉크처럼 까만 하늘에서 유성이 떨어졌다. 따뜻한 붉은색 하늘과 금빛 구름으로 장식된 아름다운 아침이 올 때쯤이면 꽤 섬에 가까워져 있었다……. 우리는 갓 잡은 생선으로 아침식사를 하며 하루를 시작했다. 완벽할 정도로 아름다운 아프리카의 새벽에 갓 잡아 구운 생선으로 아침을 먹는 일은 사람의 모든 경험 중 가장 즐거운 것 중 하나가 돼야 마땅하다.

가족들은 보트에 살면서 낮에는 섬을 누볐다. 아이들은 물고기를 잡고 그 지역 아이들과 놀고, 때때로 화석을 찾으면서 마음껏 뛰어다녔다. 여섯 살의 나이에 리처드는 자신의 첫 화석을 발견했고 그것은 완벽하게 보존된 멸종된 돼지 턱뼈였다. 다른 많은 현장과 달리 이곳에는 목욕을 할 수 있는 물이 풍부했다. 물론 악어 떼가 우글거리는 것만 개의치 않는다면 말이다. 가족들이 목욕하는 방식은 간단했다. 모두가 물에 뛰어들 준비를 하고 기다린다. 그러고 나서 루이스가 물속으로 산탄총을 한두 방 발사한다. 그러면 그때부터 약 15분 정도는 안전하게 목욕을 할 수 있었다.

오후가 되면 종종 루이스는 아이들을 데리고 화석을 찾아 나섰다. 그는 각종 새와 나비의 이름을 알려줬고 야생동물에게 들키지 않고 다가가는 법, 돌로 도구를 만드는 법, 나뭇가지를 비벼 불을 피우는 법 등을 아이들에게 가르쳐줬다. 아이들은 이러한 모험을 사랑했고 열정적인 박물학자가 됐다. 루싱가 섬에서는 보기 드물게 3차원의 형태로 잘 보존된 화석들이 많이 발굴됐는데 그중에는 각종 씨앗, 곤충, 작은 설치류, 심지어 개미 군집까지 있었다. 물론 그중에서 최고 스타는 프로콘술이었다.

메리가 사람들의 이목을 피하기 위해 최선을 다하는 동안 프로콘술의 이름은 과학적 가치를 넘어 매우 중요한 유형적 이익을 남겼다. 리키 일가에 사람들의 관심과 함께 후원금이 몰리기 시작한 것이다. 덕분에 그들은 루싱가뿐만 아니라 마침내 올두바이까지 발굴 작업을 계속할 수 있었다.

디어 보이

20년에 걸쳐 루이스와 메리는 올두바이 주변을 샅샅이 정찰했지만 발굴이라고 부를 만한 작업을 시작하지는 못했다. 그 이유는 두 가지였다. 첫째, 협곡이 너무 컸다. 그들은 깊이가 15미터에서 90미터에 이르는 다양한 노출면을 따라 290킬로미터에 가까운 거리를 정찰했다. 가능성이 높은 구역을 찾아냈지만 그렇게 보이는 곳은 매우 많았다. 둘째, 자금이 부족했고 그 때문에 돈을 벌 수 있는 다른 일을 해야만 했다.

프로콘술이 성공을 거두면서 후원금과 후원자들이 등장했다. 후원자 중 선사시대에 깊은 관심을 가진 찰스 보이즈라는 런던의 사업가가 한 명 있었다. 루싱가에서 발굴 작업을 벌일 때 그가 후원금을 일부 댄 바 있었는데 이제는 향후 7년간 리키 일가를 완벽히 후원하겠다고 약속을 했다. 그래서 리키 일가는 초기 인간의 화석을 찾겠노라고 굳은 결심을 하고 올두바이에서 본격적으로 발굴 작업을 하기로 마음을 먹었다.

발굴 작업은 1950년대 내내 진행됐고 그 초점은 제2베드$_{Bed\ II}$라 불린 곳에 맞춰졌다. 제2베드는 낮은 지층에 있는 현장으로서 여기에서 1만 1,000점이 넘는 유물과 몸집이 크고 보존 상태가 좋은 엄청난 수의 포유류 화석이 나왔다. 이 중에는 펠로로비스라는 버팔로와 비슷한 동물의 완벽한 두개골이 있었는데 뿔 길이를 합치면 180센티미터가 넘었다. 그들은 또한 당시 도구로 잘린 흔적이 있는 펠로로비스 뼈 더미를 발견하기도 했다. 그러나 인간과街 동물 자체는 유령과 같았다. 총 7년 동안 발견된 것이라고는 이빨 두 개가 전부였다.

1959년 7월, 리키 일가의 관심은 올두바이 지층 중 가장 오래된 것인 제1베드로 향했다. 어느 날 아침, 루이스가 몸져누워 있는 동안 메리는 혼자 발굴할 만한 곳을 찾아 나섰다. 땅 표면에 여러 물체가 흩어져 있었는데 그중에서도 땅 표면에서 삐죽 튀어나온 뼛조각 하나가 그녀의 눈길을 끌었다. 그것은 두개골의 일부 같아 보였다. 그것도 인간과(科) 동물의 두개골 말이다. 그녀가 조심스럽게 주변의 흙을 떨어내자 위턱뼈에 붙은 두 개의 커다란 이가 보였다(그림 11.5). 그것은 인간과(科) 동물의 것이 분명했다. 그것도 커다란 조각이었다. 메리는 냉큼 지프차에 올라타 마구 소리를 치며 야영장으로 달렸다. "찾았어요! 찾았어! 그를 찾았어요!"

"뭘 찾았다고? 어디 다쳤소?" 루이스가 물었다.

"그 사람 말이에요! 우리가 찾던 그 사람!"[194] 메리가 소리 질렀다.

루이스는 아픈 것도 잊고 벌떡 일어나서 메리와 함께 그 현장으로 달려갔다. 그가 본 것은 분명 인간과(科) 동물의 화석이었고 두개골의 상당 부분이 고스란히 남아 있었다. 28년에 걸친 탐사 끝에 마침내 '그 사람'을 찾은 것이었다.

그들이 느낀 흥분과 감동은 곧 고인류학계에도 퍼졌다.

그러나 메리가 '디어 보이 Dear Boy'라 이름 붙인 이 두개골을 제대로 발굴해서 조각을 맞추는 것이 급선무였다. 두개골은 400개가 넘게 조각나 있었다. 프로콘술 때 그랬듯 메리는 끈기 있게 두개골을 맞추기 시작했다. 위턱뼈와 이빨, 얼굴 상당 부분, 두개골의 윗부분과 뒷부분은 이미 가지고 있었다. 루이스의 말을 빌리면 이 생물은 "꽤 아름다웠다(그림 11.6)."[195]

루이스는 인간의 진화 과정에서 이 동물의 위치가 어디쯤인지 알아내려고 애썼다. 그것은 남아프리카 채석장과 동굴에서 발견된 오스트랄로피테쿠스와 어딘가 닮은 점이 있었다. 이 그룹의 동물에 대해 최초로 언급한 것은 1920년대 레이먼드 다트였고 그는 이 생물이 침팬지보다 두개골이 큰 멸종한 유인원으로서, 살아 있는 유인원과 인간 사이의 중간 단계 생물이라고 했다. 오스트랄로피테쿠스의 두개골 화석 중 온전한 것은 하나도 없

그림 11.5 디어 보이를 발굴 중인 메리. 위 사진: 메리가 작은 돌과 흙 등을 떨어내고 있다. 제공: 리키 가문 문서 보관소 아래 사진: 디어 보이의 입천장이 드러나고 있다. 제공: 케임브리지 대학 출판사

었지만 디어 보이와 오스트랄로피테쿠스 사이의 유사성은 루이스에게 커다란 질문을 던졌다. 그는 오스트랄로피테쿠스가 진화 과정의 막다른 골목이자 후에 결국 현대 인간으로 이어지는 곁가지와 같다고 생각했다. 게다가 오스트랄로피테쿠스가 도구를 만들었다는 증거는 그 어디에서도 발견된 적이 없었다. 그런데 그가 손에 쥔 두개골은 도구가 함께 발견된 지층에서 나온 것이었다.

디어 보이를 인간속屬이라고 보기에는 뇌가 너무 작았다. 그것은 자바원인이나 다른 호모 에렉투스보다도 작았다. 디어 보이와 오스트랄로피테쿠스 사이에는 이 밖에도 차이점이 많았기에 그는 디어 보이를 별개의 속으로 분류하는 것이 좋겠다고 생각했다. 새로운 이름을 붙이면 이것을 이전

그림 11.6 디어 보이. 현재는 오스트랄로피테쿠스, 혹은 파란트로푸스 보이세이라 불리는 '진잔트로푸스'.
제공: 하비에르 트레비바, 포토 리서처스

에 발견된 다른 화석과 구분하는 데도 도움이 될 것이었다. 그는 진잔트로푸스(동아프리카에서 온 사람) 보이세이(후원자 이름)라는 이름을 골랐다.

루이스는 「네이처」에 새로 발견된 화석을 설명하는 글을 보냈다. 그는 어서 빨리 이 소식을 널리 알리고 자신이 발견한 것을 자랑하고 싶어 잠자코 기다릴 수 없었다.

그 순간은 생각보다 금세 다가왔다. 남아프리카에서 아프리카 선사시대를 주제로 한 회의가 열린 것이다. 회의장으로 가는 길에 그는 해부학과 인간과 동물 전문가인 필립 토비어스 교수를 만났다. 리키 일가가 그들이 묵던 호텔 방으로 토비어스 교수를 초대한 것은 밤늦은 시각이었다. 자물쇠 달린 나무 상자를 열어 교수에게 '진즈'를 보여준 순간, 아무것도 예상하지 못하고 있던 토비어스 교수는 깜짝 놀랄 수밖에 없었다. 그는 이렇게 이야기했다. "등골을 타고 오싹하는 기운이 퍼졌네."[196]

그런 다음 그들은 레이먼드 다트를 찾아갔다. 그만큼 리키 일가가 얼마나 오랫동안 힘들게 탐험을 계속했는지 잘 알고 있는 사람도 없었다. 눈물이 글썽한 눈으로 다트는 루이스와 메리에게 말했다. "다른 사람도 아니고 리키 부부에게 이런 일이 일어난 것이 매우 기쁘네."[197]

회의장은 루이스가 깜짝 놀랄 무언가를 준비했다는 소문으로 이미 웅성거리고 있었다. 자기가 말할 차례가 돌아오기를 기다리는 것도 루이스에게는 힘들었다. 드디어 자신의 차례가 돼서 강단에 올라선 루이스는 모두가 볼 수 있게 진즈를 높이 들어 올렸고, 그 순간 회의장 안은 떠나갈 듯한 박수소리로 가득 찼다. 늘 쇼맨십이 강했던 루이스가 두개골의 주형도, 그림도, 슬라이드도 아닌 실제 두개골을 들고 나타난 것이었다. 후에 그는 동료들을 초대해 야자수 아래 탁자를 마련해놓고는 그들이 직접 표본을 만지고 세밀히 살펴볼 수 있게 했다.

언론의 반응도 과학계만큼이나 뜨거웠다. 전 세계의 각종 신문사들은 앞다퉈 이 위대한 발견을 신문 1면에 실었다. 루이스는 곧 강연 여행을 시작했고 런던에서의 성공적인 하룻밤을 포함해 미국 전역 17개 대학에서 총 66회의 강연을 했다. 청중들은 오랜 탐사 끝에 마침내 진즈를 찾은 루이스의 이야기에 흠뻑 빠져들었다.

모든 사람들이 궁금해한 점이 있었으니 그것이 바로 진즈의 나이였다. 우리의 인간과科 조상의 역사는 얼마나 거슬러 올라가는가? 루이스는 진즈가 약 60만 년 전에 살았을 것이라고 청중들에게 이야기했다. 이 수치는 올두바이 퇴적층 연구와 당시 지질학자들의 홍적세 연대 측정에 기초한 것이었다. 그러나 진즈가 발견되고 얼마 지나지 않아 두 명의 지구물리학자가 새로운 칼륨아르곤 연대 측정법을 이용해 진즈가 발견된 곳 바로 위에 있던 화산재층의 연대가 약 200만 년 전이라는 값을 얻었다. 이러한 숫자는 놀랍기 그지없었다. 진즈는 루이스가 생각한 것보다 세 배는 더 오래된 것이었다(당시 루이스의 추정치도 과장이 심하다고 생각한 이들이 많았다). 이는 곧 도구를 만든 존재와 그들이 만든 도구가 사실 모든 사람들의 생각보다 훨씬 더 오래됐다는 뜻이었다.

디어 보이의 발견과 연대 측정은 고인류학 연구의 진행 방향을 바꿨고 다윈과 루이스가 이미 생각했던 것처럼 모든 이의 관심은 아프리카로 향했다. 인간 진화에 대한 시간적 개념 또한 실제값에 가까워졌다.

이것은 리키 일가의 인생과 일의 방향도 바꿔 놓았다.

국립지질학협회는 루이스가 그때까지 받은 것 중 가장 많은 후원금을 내줬고 미국 국민 역시 크게 감동해 연구 후원금을 대기 시작했다. 원시인류의 흔적과 후원금에 대한 갈증이 모두 해소되고 고인류학의 새로운 시대가 열리는 순간이었다.

숙명과 새로운 명문가

이듬해인 1960년 새로운 기대감과 함께 올두바이에서 발굴 작업이 시작됐다. 이제 각종 강연과 박물관 일에 둘러싸인 루이스는 가끔씩만 발굴 현장을 찾아올 수 있었지만 메리는 자신이 아끼는 달마티안 개들과 함께 야영장을 꾸리고 조사팀을 이끌었다. 1960년 한 해 동안에 투입된 인력과 시간이 지난 30년을 합친 것보다도 많은 정도로 엄청난 규모의 작업이 시작됐다.

아이들도 나이를 먹었다. 이제 스무 살이 된 조나단이 올두바이에서 몇 개월간 발굴에 참여했다. 어느 날 그가 손가락으로 공중에 그림을 그리며 어머니에게 물었다. "동물도 이 정도로 길고 얇은 뼈가 있나요?" 메리가 떠오르는 동물이 없다고 대답하자 조나단이 아무렇지도 않게 말했다. "오, 그럼 사람인가 봐요."[198] 메리는 하던 일을 모두 팽개치고 조나단이 말한 것을 보러 달려갔다. 아니나 다를까, 그것은 인간과科 동물의 다리뼈인 비골排骨이었다. 후에 그는 이빨 한 개와 발가락뼈도 찾았다. 메리는 '조나단의 작업 현장'을 파보기로 결정했다.

거기에서 조나단은 두개골 하나를 포함해 두 사람의 유골을 발견했다. 진즈가 발견된 곳에서 90미터밖에 떨어지지 않은 곳이었지만 진즈보다 약 30센티미터 아래 지층에 있었으므로 연대가 더 오래됐다고 볼 수 있었다. 그리고 그것은 분명 진즈와 달랐다. 두개골에는 더 큰 뇌를 담을 수 있었으며 그 모양이 현대 인간과 훨씬 더 비슷했다. 놀랍게도 이 발굴 작업을 통해 손뼈 21개와 발뼈 12개가 나왔다. 이것이 진즈와는 다른 종임에는 의심의 여지가 없었고, 루이스는 이 새로운 화석이 진즈보다 인간속屬에 가깝겠다고 생각했다.

그는 필립 토비어스에게 전보를 쳤다. "빨리 올 것. 일급 비밀. 남자 찾았음."[199] 여러 가지 뼈들이 잘 포장돼 런던의 전문가들에게 보내졌다. 발뼈가 든 깡통을 열어 조각들을 맞춰본 한 과학자가 후에 "머리털이 모두 곤두서는 느낌이었다. 그 발은 완전히 사람의 것이었다."[200]고 말했다. 손뼈 역시 비슷한 반응을 불러일으켰다. 손가락 끝과 엄지손가락의 생김새로 볼 때 이 손은 유골 주위에서 발견된 도구들을 만들 능력이 있다는 것을 알 수 있었다(그림 11.7).

몇몇 전문가들이 이 새 인간과科 동물이 현재 우리의 속屬으로 분류된다고 의견을 모았고 그것을 호모 하빌리스Homo habilis라 불렀다. 이것은 '손을

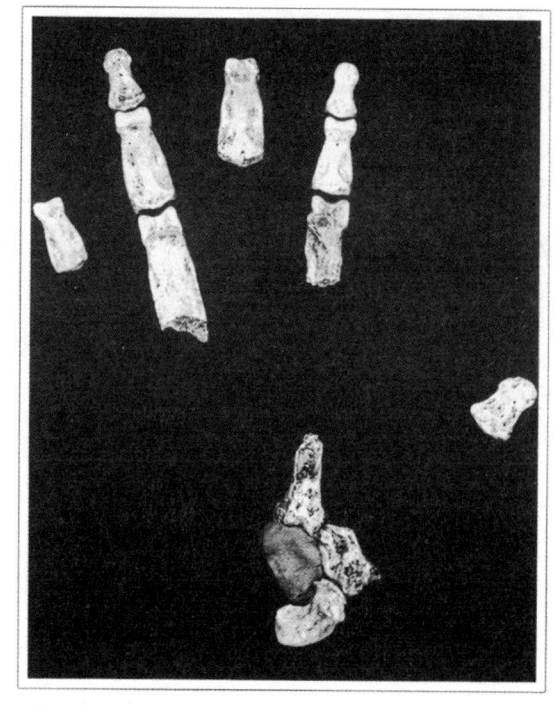

그림 11.7 호모 하빌리스의 손. 뼈를 보면 이 손이 물건을 미세하게 매만지는 데 필요한 붙잡는 능력이 있었음을 알 수 있다. 출처: 『인간의 기원』(1976)

잘 쓰고 능력이 있는, 혹은 기술이 있는'이라는 뜻이다. 그 와중에 진즈는 오스트랄로피테쿠스속屬으로 재분류됐다. 이는 곧 올두바이에 두 줄기의 인간과科 동물이 존재한다는 뜻이었다. 인간의 나무가 자라면서 가지를 뻗어가고 있었다.

루이스가 올두바이의 발굴 현장에서 아예 자취를 감춘 것은 아니었다. 1960년 후반 그는 당시 열한 살이었던 아들 필립, 그리고 지질학자 한 명과 함께 협곡으로 정찰을 나갔다. 그러던 중 무엇을 발견했는데, 처음에는 그것이 거북이 등 껍데기라고 생각했다. 사실 그것은 인간과科 동물의 두개골이었다. 그는 메리를 불러와 자신이 발견한 것을 자랑스레 보여줬다. 두개골을 발굴해낸 결과 그것은 디어 보이나 호모 하빌리스와 또 다른 것으로 밝혀졌다. 연대 측정 결과 나이는 약 140만 년으로 다른 것보다 조금 덜 됐고 자바에서 발견된 호모 에렉투스(피테칸트로푸스)와 분명 크게 닮은 점이 있었다. 루이스가 아프리카에서 기존의 것보다 더 오래된 호모 에렉투스를 발견한 것이었다. 약 몇십만 년의 차이를 두고 세 가지 서로 다른 인간과科 동물이 올두바이에 서식하고 있었다는 뜻이었다.

그로부터 몇 년간 계속해서 인간과科 동물의 흔적과 문화적 유물 발굴을 목표로 발굴 작업이 진행됐다. 그리고 메리가 올두바이 전체를 통틀어 꼼꼼하고 체계적으로 발굴 작업을 진행하고 그곳에서 발견된 모든 것을 지도화한 덕분에 거의 200만 년에 걸친 올두바이의 원시인류 서식 현장뿐만 아니라 각종 동물들의 기록이 완성됐다.

그때까지 발견된 것 중 가장 오래된 도구와 인간과科 동물의 유해를 산더미처럼 찾아낸 리키 일가는 고인류학계에서 정상의 위치를 차지하게 됐다. 1960년대가 막을 내리기 전, 리키 일가의 새로운 후계자로 가장 가능성이 적어 보였던 새 인물이 등장하니, 그것은 바로 둘째 아들 리처드였다.

가족과 함께 발굴 현장에서 자라긴 했지만 리처드는 고생물학에 관여하지 않기로 마음을 먹고 사파리 사업을 꾸리며 홀로 자립했다. 야생의 숲속에서 뛰어난 능력을 보이던 그는 대학에 가서 학위를 받는 것보다 비행 자격증을 따는 것이 훨씬 유용하다고 생각한 사람이었다.

그러나 자신의 뿌리를 피해갈 순 없었다. 네이트론 호수를 따라 비행기로 관광객을 실어 나르던 1964년의 어느 날, 그는 올두바이와 비슷해 보이는 지층을 발견하고 아버지에게 이야기했다. 그리하여 루이스의 후원으로 그곳에서 리처드를 리더로 한 작은 규모의 발굴 작업이 시작됐고 얼마 지나지 않아 오스트랄로피테쿠스 표본이 하나 발견됐다. 리처드는 그렇게 발굴 작업에 푹 빠져버렸다.

몇 년 후 건강이 악화돼서 더 이상 탐사를 이끌 수 없게 된 루이스는 리처드를 리더로 에티오피아의 오모 계곡에 탐험대를 보냈다. 이 거칠지만 아름다운 나라에서 리처드는 자신이 가진 모든 기술을 써야만 했다. 갑자기 달려드는 악어 때문에 황급히 배를 뭍으로 끌어올려야 한 적도 있었다. 위험하기는 해도 이렇게 무모하고도 위험한 행동은 곧 초기 호모 사피엔스 두개골의 발견으로 충분한 보답이 됐다. 약 13만 년 된 이 화석은 당시 발견된 호모 사피엔스 중 가장 초기의 것이었다. 후에 비행기를 타고 야영장으로 돌아오는 길에 심한 폭풍을 만난 리처드는 처음으로 루돌프 호수(지금의 투르카나 호수)의 동쪽 기슭 쪽으로 우회해야 했다. 그는 거기에서 또 한 번 가능성 있어 보이는 지층을 발견했다. 얼핏 봐도 그것은 오모 계곡에 있는 것보다 연대가 오래된 것이 분명했기에 그는 다음번 탐사 때 그곳을 돌아보기로 결심했다.

그가 처음으로 찾아낸 것 중에는 거의 온전한 오스트랄로피테쿠스 보이세이 두개골이 하나 있었다. 그의 어머니가 찾은 디어 보이의 완벽한 한 쌍이었다. 그 후로도 화석은 계속해서 발견됐다. 다른 오스트랄로피테쿠스 보이세이의 여러 신체 부위, 호모 하빌리스, 호모 에렉투스, 그리고 네 번째 인간과科 동물로 추정되는 것까지 총 49점의 표본이 나왔다. 그가 실어 보낸 것은 그의 부모님이 올두바이에서 발굴한 것보다 더 양이 많았다. 20대 후반이라는 다소 어린 나이에 리처드는 고인류학계에서 새로운 별이 됐다. 1972년 9월 말, 그는 당시 '1470'이라고만 불렸던 190만 년 된 거의 완벽한 상태의 두개골을 아버지에게 보여주기 위해 나이로비로 날아갔다. 루이스는 그것이 현존하는 가장 오래된 인간속屬 표본이라고 판단해 매우 기뻐했고 그렇게 부자는 오래간만에 매우 즐거운 시간을 보냈다. 그로부터 5일 후 루이스는 강연을 하러 나가던 길에 갑작스런 심장마비로 숨을 거뒀다.

얼마 후 리처드의 탐험 역시 가족 사업이 됐다. 그는 당시 그가 이끌던 팀에 속해 있던 메이브 엡스Meave Epps와 결혼했고 후에는 딸들이 발굴 작업에 참여했고 최초로 거의 온전한 상태의 호모 에렉투스 유골인 '투르카나 보이'가 발견될 당시 그 자리에 있었다. 메이브 리키는 그 후로도 지금까지 인간과科 동물의 역사를 확장시키면서 인간의 가계도를 다시 그리는 데 크게 공헌하고 있다.

그러나 오늘날까지도 리키라는 이름이 인간 기원을 규명하는 도전과 동의어가 된 것은 리처드와 메이브 덕분만은 아니었다. 어머니인 메리의 모험도 아직 그 끝을 모른 채 계속되고 있었기 때문이었다.

벽난로 위를 장식할 만한 것

올두바이에서 보낸 몇 년 동안 메리는 당시로서 가장 오래된 도구뿐만 아니라 다양한 크기와 모양의 돌칼, 끌, 긁개, 송곳 같은 연장 등 총 수만 점의 유물을 발굴했다. 200만 년 전부터 원시인류는 특정한 목적으로 특정한 도구를 만들어 사용하기 시작한 것이었다. 올두바이에서 발견된 원시인류의 유골과 다양한 도구는 곧 동아프리카에 오래된 문명이 있었음이 틀림없다는 결론으로 이어졌다. 그러나 메리의 발굴 작업은 이미 올두바이 지층의 바닥까지 끝낸 상태였기에 이러한 문명의 증거는 다른 곳에 있는 것이 분명했다.

올두바이로부터 50킬로미터 정도 떨어져 있는 래톨리를 메리가 처음으로 방문한 것은 1931년에 루이스와 첫 발굴 작업에 나섰을 때였다. 당시 그녀는 1974년까지 몇십 년 동안 그 지역에서 몇 차례 짧게 조사를 했고 인간과 동물의 턱뼈와 이빨 몇 개를 발견한 적이 있었다. 그곳의 지층이 240만 년 된 화산재층 아래에 있다는 것을 깨달았을 때 거기에서 나온 화석이 올두바이 것보다 훨씬 더 오래됐을 것이라는 데에는 의심할 여지가 없었다. 메리는 당장 작업 현장을 래톨리로 옮겼다.

이 야영장은 많은 방문객을 끌어들였다. 1976년의 어느 날, 그곳을 찾아온 세 명의 과학자 조나 웨스턴, 케이 베렌스마이어, 앤드류 힐이 코끼리 똥을 던지며 장난을 치고 있을 때였다. 땅에 쓰러진 힐은 자신이 엉덩방아를 찧은 곳에 고대 동물의 발자국처럼 보이는 것이 찍혀 있는 것을 발견했다. 그 직후 시작된 발굴 작업을 통해 놀라울 정도로 선명한 수천 개의 동물 발자국이 모습을 드러냈다. 주변에 있던 화산이 폭발한 후 큰비가 내려 많은 동물들이 갓 만든 발자국을 그 상태로 유지시킨 것이 분명했다. 이 발자국은 금세 다시 화산재로 덮인 후 350만 년 동안 그대로 남아 있었다.

이외에도 발자국이 찍힌 장소가 더 많이 발견되자 메리는 자세한 기록을 남기는 것이 매우 중요하다고 생각했다. 1978년, 사람의 것이 분명한 발자국이 몇 개 발견돼서 발굴 작업을 시작하자 약 25미터 길이로 평행한 두 줄의 원시인류 발자국이 모습을 드러냈다. 그중 하나는 다른 하나보다 더 작았는데 이는 어른, 혹은 남자의 곁에 어린아이나 여자가 함께 걷고 있었다는 것을 의미했다(후에 그중 큰 발자국을 세밀히 검사한 결과 그 큰 발자국의 주인이 발을 질질 끌면서 걷고 있었거나 또 다른 작은 아이가 큰 발자국을 따라 걷고 있었다는 의견이 제시됐다). 당시 원시인류가 직립보행을 할 수 있었는지 보여주는 다리나 발뼈 같은 것은 찾기가 매우 어려웠고 래톨리에서는 단 하나도 발견되지 않았다. 그런데 바로 거기에 우리의 조상이 350만 년 전에 두 발로 걷고 있었다는 사실을 보여주는 가장 생생한 증거가 나타난 것이었다(그림 11.8).

아프리카 대륙이 최고의 증거를 맨 마지막으로 선보인 순간이었다. 그중에서도 특히 명확하게 남아 있던 발자국을 발견하고 나서 메리는 시가 한 대에 불을 붙이고 감탄하며 그 모습을 바라보다 이렇게 중얼거렸다. "이거야말로 벽난로 위를 장식할 만한 것이라고 할 수 있지."[201]

루이스와 메리는 인간 기원을 덮고 있던 베일을 벗겨내고 현대 인류가 존재하기 훨씬 이전에 직립보행을 하고 도구를 만드는 원시인류가 있었다는 사실을 밝혀냈다. 그러나 모든 과학이 그러하듯 그들의 성공은 또 다른 새로운 질문을 가져왔다. 그렇다면 과연 원시인류의 역사가 얼마나 오래전으로 거슬러 올라가는가? 우리 인간의 줄기가 유인원으로부터 갈라져 나온 것은 언제란 말인가? 언제, 그리고 어디에서 우리 호모 사피엔스가 진화했는가? 우리가 네안데르탈인 같은 다른 인류와 어떤 관계를 맺고 있는가? 이러한 질문에 대한 대답은 놀랍게도 암석과 뼈가 아니라 완전히 새로운 과학 분야와 또 다른 종류의 과학자들로부터 나왔다. 고인류학에서 이 새로운 혁명의 진원지는 바로 지구 반대편, 캘리포니아의 한 연구실이었다.

그림 11.8 벽난로 위를 장식할 만한 것. 메리가 래톨리에서 새로 발견한 발자국을 바라보고 있다. 출처: 『잃어버린 연결고리』(1981)

그림 12.1 에바 헬렌과 라이너스 폴링. 라이너스가 23세였던 1924년 코로나 델 마의 한 해변에서. 그들은 58년 동안이나 행복한 결혼 생활을 누렸다. 라이너스가 후에 행동주의자가 된 것은 에바 헬렌의 영향이 컸다. 제공: 오레곤 주립 대학 특별 소장품, 에바 헬렌과 라이너스 폴링 문서

12장

시계, 나무 그리고 수소폭탄

용기 있는 한 사람이 다수의 힘을 갖는다.
- 앤드류 잭슨

그가 20세기 가장 위대한 화학자라는 데 반대할 사람은 없었다. 라이너스 폴링은 화학적 결합 연구에 새 지평을 열었고, 단백질의 복잡한 구조를 이해할 열쇠 중 하나를 발견했으며, 겸상적혈구 빈혈증의 원인이 비정상적 헤모글로빈에 있음을 밝혀냈다. 이것은 사상 최초로 분자 차원에서 인간의 질병에 접근한 것으로, 그는 이 모든 공로를 인정받아 1954년 화학 분야에서 노벨상을 받았다. 그 후에는 핵무기 실험 금지 운동을 이끌며 1963년 노벨 평화상을 받아 최초로 서로 다른 두 가지 분야에서 노벨상을 받은 사람이 됐다.

그러나 진화학자로서 라이너스 폴링의 연구가 꽃을 피운 것은 다소 늦은 시기였다. 그의 다른 수많은 업적에 가려져 많은 사람들에게 인정을 받지는 못했지만 그는 여러 논란에 휩싸여 지극히 힘든 시기를 보내면서도 인생의 황혼기에 진화 생물학에서 새로운 분야를 개척했다. 그의 모험이 처음 시작된 곳은 어느 열대 지방의 정글이 아니라 냉전 시대의 정치적 정글이었다. 그의 여정은 굽이굽이 이어진 먼 길이었지만 그 길을 함께 되짚어 가보자. 분명 그럴 만한 가치가 있다.

의식 있는 화학자

폴링의 전공은 본래 화학과 물리학이었다. 연구 생활 초기 그의 관심은 화학 물질의 결합을 설명할 법칙을 세우는 데 있었다. 1920년대 중반부터 시작돼 10년 넘게 계속된 연구를 통해 폴링은 화학을 주로 관찰에 의존하는 학문에서 물리학적 원칙에 기반을 두고 화학적 구조에 초점을 맞춘, 조금 더 예측이 가능한 과학으로 바꿔놓았다. 폴링의 이러한 노력은 후에 역사적 저서인 『화학적 결합의 본질The Nature of the Chemical Bond』(1939)로 결실을 맺었다.

제2차 세계대전이 발발하자 폴링은 미국 정부가 캘리포니아 공과대학의 자신의 연구실을 사용할 수 있게 하는 한편 스스로도 정부 프로젝트에 가담해 일하기 시작했다. 그는 새로운 폭발물과 로켓 추진체 개발에 참여해 잠수함이나 비행기처럼 압력이 유지된 공간에서 산소 농도를 관리할 수 있는 측정기를 개발하고 전장에서 수혈 시 이용할 수 있는 인공 혈장을 발명했다. 그는 이러한 공을 인정받아 해군과 미 육군성에서 상을 받았으며 1948년에는 '강한 애국심과 국가에 큰 이익을 가져다준 행위를 기려' 트루먼 대통령에게 민간인으로서는 최고의 영예인 대통령 훈장을 받았다. 트루먼 대통령은 그가 "자신의 창조적 재능을 이용해 군사 문제를 연구해서 놀라운 성공을 가져다준 사람"[202]이라고 칭찬했다.

그때부터 폴링은 이런 저런 문제가 생길 때마다 과학자들의 국가위원회

참여를 요청받았다. 전쟁이 끝나고 얼마 지나지 않아 그는 아인슈타인이 이끄는 핵과학자 비상 위원회에 초청됐다. 원자폭탄의 가공할 위력과 보급 가능성에 위협을 느낀 과학자들은 핵무기의 위험에 대해 대중에게 알리고자 했다. 폴링의 아내 에바 헬렌(그림 12.1)은 평화와 사회적 정의, 인권 같은 사회 문제에 크게 관여하고 있었고, 세계가 멸망한다면 과학 발전도 아무 소용이 없을 것이라며 남편에게 소위 '평화를 위한 일'에 참여할 것을 권했다. 결과적으로 이것은 후에 그가 진화에 관심을 갖게 되는 데 큰 영향을 준다.

폴링은 강연을 할 때마다 미국과 소련 간 군사력 증강 경쟁을 끝낼 것을 촉구했고, 그의 이러한 행동은 당시 지식층에서 공산주의자와 동조자들을 잡아내는 데 혈안이 돼 있던 미국 정부 관료들의 주목을 받기에 충분했다.

모범적인 행동으로 미국 정부에 큰 도움을 준 것 외에도 폴링은 스스로를 '루즈벨트 민주당원'이라 부르며 공산주의나 공산당원들과는 아무 관련이 없으며 동조하지도 않는다고 주장했지만 그에게 쏟아지는 의심의 눈초리는 점점 강해졌다. 이내 FBI가 그의 말과 글뿐 아니라 동료들을 대상으로 면밀한 감시를 시작했다. 1952년에는 런던에서 열리는 중요한 과학 회의에 참석하기 위해 여권을 신청했지만 거부당했다. 그 회의가 단백질 구조에 대한 폴링 자신의 혁신적 연구 결과를 논의하기 위한 것이었음에도 불구하고 말이다. 한 나라의 가장 훌륭한 과학자의 자유를 억압한 미국 국무성의 이러한 결정은 곧 국제적인 논란을 불러일으켰다. 런던의 회의에 참석하지 못한 폴링은 로잘린드 프랭클린의 DNA X선 사진을 직접 볼 기회를 놓쳤고, 결과적으로 하마터면 후에 DNA 구조를 해석하지 못할 뻔했다. 당시 조금 더 큰 생체분자 구조 연구를 선도하고 있던 폴링은 더디지만 DNA

에 대해서도 조금씩 연구를 진행하고 있었다. 이듬해 제임스 왓슨과 프랜시스 크릭이 X선을 이용해 DNA의 구조를 이해하는 데 도움을 줬다.

정치권과 폴링의 대립은 계속됐다. 1952년 후반, FBI 정보원이 한 청문회에서 폴링이 사실은 '숨겨진 공산주의자'라고 증언한 것이다. 결국 1953년 후반 공중보건협회에서 제공하던 연구 후원금이 중단됐고 새로운 후원금 요청은 계속해서 거절당했다. 단순히 인도로 여행을 떠나기 위해 요청한 여권 발급 역시 거부됐다. 결국 입을 다물고 조용히 있으라는 메시지를 받아들인 폴링은 정부에 반하는 행동을 삼가게 됐지만 그리 오랫동안은 아니었다.

두 개의 폭탄

1954년 3월 1일, 미국이 비키니라는 이름의 태평양의 작은 섬에 폭탄을 떨어뜨려 그 섬을 완전히 날려버리는 일이 벌어졌다. 이것은 원래 비밀 실험이었지만 폭발의 충격은 과학자들이 예상한 것보다 훨씬 컸다. TNT 4~8메가톤 정도라는 예상과 달리 15메가톤에 해당하는 폭발력이 나온 것이다. 바람의 방향 역시 예보와 달라 먼 바다가 아닌 그 섬의 밀집 주거 지역으로 방사능 물질이 퍼졌다. 이 미세한 방사능 물질은 당시 비키니 섬에서 145킬로미터 떨어진 곳에서 조업 중이던 일본 어선 위로 떨어졌고, 그 배가 항구에 닿았을 때에는 이미 선원들이 방사능 노출로 모두 심하게 아픈 상태였다. 결국 그중 한 명은 죽음을 맞고 말았다. 비키니 섬을 강타한 이 폭탄은 무언가 새로운 것, 즉 '슈퍼 폭탄'임이 분명했다.

그것은 다름 아닌 수소폭탄이었다. 이 새로운 폭탄은 물리학자 에드워드 텔러의 작품으로, 그는 미국과 소련의 군사력 증강 경쟁을 멈추고자 하는 아인슈타인이나 폴링의 노력에 아랑곳하지 않는 강경론자였다. 그 폭탄은 그때까지 미국이 발사한 폭탄 중 가장 컸으며 히로시마와 나가사키에 떨어진 것보다 폭발력이 1,000배나 강했다.

폴링은 큰 충격을 받았다. 군비 확장 경쟁이 날로 심화되고 위험은 점점 커져만 가고 있었다. 이 슈퍼 폭탄은 방사능 물질을 대기권 높이 날렸고, 그 물질은 대기권을 떠돌다가 낙진의 형태로 다시 떨어져 내렸다. 그리고 이 방사능 물질에는 이전 그 어느 폭발에서도 탐지되지 않았던 새로운 동위원소가 함유돼 있었다. 핵폭탄의 폭발력이 커져도 그로 인해 방사능 영향력이 높아지는 것은 아니라는 정부의 주장은 분명 미심쩍은 구석이 있었다. 폴링은 다시 한 번 자신의 의견을 소리 높여 외치기 시작했다.

정부는 아직도 그를 가까이서 감시하고 있었고 1954년 10월 1일, 그의 여권 발급 요청이 또 한 번 거부됐다. 그러나 같은 해 11월 3일에 분위기는 급반전됐다. 코넬 대학에서 강의를 시작하기 직전에 폴링은 한 기자로부터 전화를 받았다. "화학 분야에서 노벨상을 타신 데 대해 소감이 어떠십니까?"[203] 아무것도 모르고 있던 폴링은 깜짝 놀랐다.

물론 그는 무척이나 기뻤다. 대부분의 노벨상이 특정한 발견을 한 사람에게 주어지는 반면 폴링의 경우에는 거의 30년에 이르는 연구 성과 전반에 대한 것이었다. 전화를 끊은 후 강의실에 들어간 그에게 학생들의 기립박수가 쏟아졌다.

하지만 상을 받으러 스톡홀름에 갈 수 있을지가 걱정이었다. 스웨덴 대사 역시 이에 대해 우려를 보이며 당시 국무장관인 존 포스터 덜레스에게 이렇게 전달했다. "만약 그가 또 한 번 여권 발급을 거부당한다면 스웨덴 각계각층에서 엄청난 비난이 쏟아질 것이라는 사실을 명심하세요."[204]

공산주의자를 찾아내는 데 혈안이 돼 있던 관료들과 FBI의 반대에도 불구하고 폴링은 결국 여권을 얻었다. 단지 스톡홀름뿐만 아니라 세계 어디든지 갈 수 있는 여권이었다. 그는 이 기회를 이용해 5개월에 걸쳐 전 세계를 돌았으며 가는 곳마다 큰 축하를 받았다. 그는 또한 슈퍼 폭탄 제조와 실험에 대해 전 세계가 얼마나 걱정하고 있는지, 그리고 그렇게 끔찍한 무기를 실제로 사용하려는 자들이 있다는 데에 얼마나 경악하고 있는지 잘 알게 됐다. 미국으로 돌아온 그는 군비 경쟁을 반대하는 데에 자신의 재능과 지위를 이용하기로 굳게 마음을 먹는다.

그때부터 폴링은 이 새로운 폭탄에 대해 공부하기 시작했다. 그것은 결코 쉬운 일이 아니었다. 정부가 자세한 설계 도면이나 실험 결과를 공개하는 것을 꺼렸기 때문이다. 그러나 전 세계의 학자들이 방사능 낙진에 관심을 집중하자 얼마 지나지 않아 몇 가지 무시무시한 사실이 밝혀졌다. 그중 하나는 비키니 섬 폭발로 인해 '스트론튬 90'이라는 물질이 생겨났으며, 역사상 지구 어디에서도 발견되지 않았던 이 물질이 먹이 사슬에 침투하면 수백만의 생명을 방사능으로 오염시킬 수 있다는 사실이었다.

폴링은 방사능이 인체에 어떤 영향을 미치는지, 특히 이것이 유전적으로 돌연변이에 관련이 있는지 자세히 배워나갔다. 다행히 그의 주변에는 캘리포니아 공과대학 내 바로 옆방을 쓰고 있던 미래의 노벨상 수상자(1995) 에드워드 루이스 외에도 수많은 유전학과 방사능 전문가들이 포진하고 있었다. 폴링은 동물 실험 결과를 통해 대기 중 방사능 농도가 높아지면 선천성 기형이나 유산 등 어떤 문제가 발생하는지 추론했다. 그는 핵무기의 중요성이 국가 안보에 얼마나 중요한지 강조하며 방사능 오염이 건강에 미치는 영향에 대해서는 쉬쉬하고 있던 '수소 폭탄의 아버지' 에드워드 텔러를 비롯한 정부 편의 과학자들을 공격했다.

폴링은 돌연변이 유전자와 질병의 관계를 대중에게 이해시키기 위해 자신의 겸상적혈구 빈혈증 연구를 이용했다. 또한 자신과 같이 핵무기의 위험성을 이해하고 정부에 묵살당하고 있다고 느끼던 동료 과학자들과 힘을 모아 핵무기 실험 금지를 더욱 큰 소리로 주장했다. 1957년 봄, 폴링은 핵무기 실험에 반대하는 과학자들 사이에 탄원서를 돌렸다. 탄원서에는 다음과 같은 글귀가 들어 있었다. "과학자로서 우리는 핵무기 실험에 연관된 위험성에 대해 잘 알고 있다. 우리에게는 이러한 위험성을 세상에 알릴 특별한 책임이 있다."[205] 이 탄원서는 총 49개 국가에서 1만 1,000명이 넘는 사람들에게 서명을 받았으며 폴링과 그의 아내가 1958년 1월에 직접 이것을 UN에 제출했다.

이 와중에 폴링은 이중생활을 하고 있었다. 물론 FBI와 국무성에서 주장하던 종류의 이중생활은 아니었다. 그는 사람들의 이목을 끄는 행동주의자였지만 한편으로는 여전히 연구를 계속하는 과학자였다. 그는 패서디나에 있는 자신의 실험실에서 단백질 구조에 관한 연구를 지휘하는 동시에 시간을 쪼개 강연을 하고, 논문을 쓰고, 핵무기 실험 중단 로비를 하고, 반대파들과 논쟁을 벌였다. 텔레비전 토론에 나와 대기 중의 방사능 농도가 약간 올라가면 진화에 긍정적인 영향을 미칠 수도 있다는 주장을 하는 텔러 같은 사람에게 맞서려면 폴링 역시 유전, 돌연변이, 진화 이론 등을 잘 알 필요가 있었다. 1959년 초, 그는 다윈의 『종의 기원』과 조지 게일로드 심슨의 『진화의 의미』를 한 권씩 구입한다. 화학자가 생물학자로 진화하는 순간이었다.

1959년 후반, 리키 부부의 진잔트로푸스가 세상에 막 알려지고 있을 무렵 핵무기에 대해 배우고 있던 폴링은 진화에 대해서도 많은 생각을 하게 됐고, 마침 프랑스의 젊은 연구원 에밀 주커캔들Emile Zuckerkandl이 폴링의 연구실에 합류한다. 주커캔들은 금세 폴링의 이중생활 사이에 다리 역할을 하며 진화와 인간 역사를 연구하는 새로운 길을 탄생시킨다.

분자시계

1959년 가을까지만 해도 분자 생물학은 걸음마 단계에 있었다. 유전자 코드는 아직 알려지지 않았고 단백질의 서열을 알아내는 방식은 어려웠다. 다른 종은 고사하고 인간의 단백질 서열마저 알려져 있는 것이 거의 없었다. 그저 DNA에 돌연변이가 일어나면 단백질에 변화가 생기고, 이것이 진화의 일부임이 틀림없다는 것만 대략 이해되고 있었다. 그러나 서로 다른 종의 경우 이 단백질 중 공통점이 있는지, 있다면 얼마나 있는지는 아무도 몰랐다. 폴링은 이 미스터리야말로 주커캔들이 해결해야 할 숙제라고 생각했다.

당시 가장 잘 연구된 단백질은 헤모글로빈이었기에 거기에서부터 시작하는 게 옳았다. 주커캔들은 고릴라, 침팬지, 오랑우탄, 붉은털원숭이, 소, 돼지, 물고기 등으로부터 헤모글로빈을 채취했다. 헤모글로빈에 있는 두 개의 단백질 사슬인 알파와 베타 속 정확한 아미노산 배열을 아는 것은 불가능했다. 그것을 해독하려면 실험실이 여러 곳 필요했을 것이다. 그러나 임시변통으로 사용할 수 있는 기법이 있었다. 그것은 바로 효소를 이용해 단백질을 중해하고 거기에서 나온 조각의 패턴을 검사하는 일종의 'DNA 지문 감정법'이었다. 이를 통해 주커캔들은 인간과 고릴라, 침팬지의 패턴이 거의 동일하고 오랑우탄은 아주 약간 다르며, 소와 돼지는 더 많이 다르다는 것을 알아냈다. 이것은 단백질이 어느 정도까지 진화와 관련이 있다는 것을 보여주는 놀라운 증거였지만 단백질 구조를 조금 더 직접적으로 비교하지 않고는 더 이상 어떤 가설도 세울 수 없었다.

그래서 주커캔들은 고릴라의 알파 사슬과 베타 사슬 속에 각각 들어 있는 아미노산의 수를 알아내기 위해 캘리포니아 공과대학의 단백질 화학자와 팀을 이뤘다. 그들이 내놓은 분석 결과를 보면 인간과 고릴라의 알파 사슬은 전체 141개의 아미노산 중 단지 두 개만 서로 다르며, 베타 사슬은 146개의 아미노산 중 단 하나만 다를 뿐이었다. 분명 둘의 단백질은 매우 비슷했다. 겸상적혈구 빈혈증 같은 변형으로 생기는 인간끼리의 차이와도 크게 다를 바가 없었다.

과학계에서 워낙 유명하다보니 폴링은 전 세계에서 열리는 각종 회의에 종종 초청받거나 선배 과학자들을 기리는 '기념 논문집'에 실을 원고를 자주 요청받았다. 참가자의 논문 출판을 기념해 이러한 모임이 열리는 경우도 많았다. 폴링은 주커캔들에게 같이 논문을 하나 쓰고 거기에서 "무언가 대담한 이야기를 하자."[206]고 했다. 이러한 논문이라면 과학지에 실리는 글과는 달리 다른 학자들의 평가를 받지 않기 때문에 원하는 것이 있다면 비교적 자유롭게 표현할 수 있었다.

그들이 논문을 쓰고 있을 무렵 포유류 헤모글로빈의 구성과 서열에 대해 훨씬 더 많은 정보가 밝혀지기 시작했다. 폴링과 주커캔들은 진화 역사에서 무언가 흥미로운 정보를 얻을 수 있을 것이라고 생각했다. 그들은 두 종이 진화적 관점에서 서로 거리가 멀어짐에 따라 알파 사슬이나 베타 사슬에서 나타나는 차이점이 많아진다는 것을 알게 됐다. 그래서 만약 '서로 다른 종의 동물에서 얼마나 많은 사슬이 차이를 보이는지 알 수 있다면, 그리고 두 종의 공통 조상이 살았을 것으로 여겨지는 지질학적 연대를 추측할 수 있다면'[207] 글로빈 사슬이 치환하는 데 평균 몇 년이 걸렸는지 추정할 수 있다는 것을 깨달았다. 이에 따라 인간과 말이 서로 다른 종으로 갈라져 분기分岐하는 데 걸린 시간(1억 3,000만 년)과 둘의 알파 사슬 사이 차이점을 이용해 폴링과 주커캔들은 하나의 변이가 일어나는 데 약 1,450만 년이 걸린다는 것을 계산했다. 물론 필요한 데이터만 있다면 누구든 그러한 결론을 내릴 수 있었을 것이다.

그러나 주커캔들과 폴링은 거기에서 멈추지 않았다. 글로빈 사슬이 하나 변이하는 데 1,450만 년이 걸린다는 '분자시계'의 개념을 이용해 후손의 헤모글로빈 사슬에서 나타나는 차이점을 기반으로 그 조상의 연대를 추정한 것이다. 그중에서도 가장 흥미로운 것은 고릴라와 인간의 분석이었다. 이 두 종은 알파 사슬에서 둘(나중에 하나로 밝혀졌다), 베타 사슬에서 단 하나의 차이만을 보였다. 폴링과 주커캔들은 고릴라와 인간의 글로빈 사슬에서 하나 두 개의 차이만 나타나는 것은 곧 그들의 마지막 공통 조상이 730만 년 전에서 1,450만 년 전 사이에 살았다는 뜻이라고 생각했다(변이가 두 계통에 걸쳐 일어났기 때문에 차이가 나타나는 사슬의 수에 14.5를 곱한 다음 2로 나눈다). 둘은 두 수의 평균인 1,100만 년을 최종 답으로 정하고 그들의 계산이 "고생물학적 관점에서 추정한 연대인 1,100만 년에서 3,500만 년 사이의 한계선에 들어맞는다."[208]는 것을 확인했다.

이것은 간단하지만 명쾌하고도 혁신적인 아이디어였다. 만약 생물학 분자 서열을 이용해 흐릿한 과거를 꿰뚫어볼 수 있다면 진화의 역사에 대해 진정 독보적인 정보를 얻은 셈 아닌가. 물론 이것이 너무나도 단순한 나머지 절대로 옳을 리 없다고 생각하는 사람들도 있었다.

의심

진화 생물학의 양대 산맥인 에른스트 마이어Ernst Mayr와 조지 게일로드 심슨George Gaylord Simpson은 그중에서도 가장 비판의 목소리를 높이는 데 주저하지 않은 저명한 학자들이었다. 종과 계통분류학 전문가인 마이어와 일류 고생물학자인 심슨은 1940년대에 등장한 소위 진화 이론 근대 종합설의 두 기둥이었다. 근대 종합설은 유전학과 고생물학, 계통학을 하나로 합친 것으로서 개체군과 종 사이에 나타나는 변이와 작은 변화들을 통해 오랜 세월에 걸쳐 발생하는 종이나 속, 과 등의 조금 더 큰 변화를 설명할 수 있다고 믿는 이론이었다.

마이어와 심슨이 '분자시계' 이론을 믿지 않았던 데에는 물론 그럴 만한 이유가 있었다. 분자시계 이론은 분자에 생기는 변화가 일정한 속도로 일어나 축적된다고 가정한다. 그러나 마이어와 심슨은 모두 자연사와 화석을 통해 눈으로 확인되는 진화의 속도가 때에 따라 크게 달라진다는 것을 알고 있었다. 때로는 진화적 변화가 빠르게 진행되는가 하면 때로는 매우 오랜 세월 동안 여러 종이 그 상태로 머물러 있었다. 마이어는 다음과 같이 지적한 적도 있었다. "인간이 두발로 걷고, 도구를 만들고, 언어를 사용하는 존재로 진화하는 데에는 형태의 극적 재구성이 필요했다. 그러나 형태가 재구성되기 위해 생화학 체계가 완전히 달라질 필요는 없었다. 서로 다른 특성은 서로 다른 속도로 분기했다."[209] 마이어는 서로 다른 분자가 서로 다른 속도로 변화하므로 과거 연대 역시 일정한 속도로 바뀌지 않았을 것이라고 생각했다.

학회나 지면에서 주커캔들과 폴링, 그리고 그들의 비판가들은 서로 반대 주장을 주고받았다. 폴링은 이 분자시계라는 개념을 무척 마음에 들어 했고, 더 확장된 연대를 연구·조사할 수 있는 이 기법의 잠재력을 높이 샀다. 그는 '아미노산 서열을 더 자세히 확인하면 진화 과정에 대해 훨씬 더 많은 정보를 얻을 수 있을 것'[210]이라고 긍정적으로 내다봤다.

그러나 조금 더 심각한 다른 문제가 그를 기다리고 있었고, 이에 대해서만은 부정적 관점을 지닐 수밖에 없었다.

위기

한동안 조용하던 미국 정부가 결국 1962년, 핵무기 실험을 다시 시작하기로 결심했다. 개인적으로 케네디 대통령을 좋아했지만 무기 실험과 전쟁에 관한 문제에 관해서라면 자신의 뜻을 굽히지 않았던 폴링은 대통령에게 전보를 보냈다.

1962년 3월 1일
백악관 존 F. 케네디 대통령께
역사상 가장 비도덕적인 사람으로, 인류의 가장 큰 적으로 남을 명령을 기어이 내릴 것입니까?
「뉴욕 타임스」에 보낸 편지에서 저는 1961년 소련의 무기 실험을 본뜬 핵무기 실험이라면 방사능 핵분열 물질과 탄소 14로 인해 2,000만이 넘는 태아에게 끔찍한 신체적, 정신적 기형을 포함해 사산, 유산, 신생아 사망, 어린이 사망 등 심각한 피해를 입힐 것이라고 이야기한 바 있습니다.
단지 핵무기 기술에 있어 소련을 앞서고 선두를 지키겠다는 정치적 목적만으로 소련 지도자에 버금가는 이렇게 끔찍하고 비도덕적인 행위를 저지를 것입니까?

라이너스 폴링[211]

이러한 메시지를 보냈음에도 불구하고 폴링은 1962년 4월 29일, 백악관에서 열린 미국인 노벨상 수상자들을 위한 파티에 초대됐다. 폴링과 그의 아내는 4월 28일과 29일, 양일간 낮에는 다른 사람들과 함께 백악관 앞에서 무기 실험 재개를 반대하는 시위를 벌였다(그림 12.2). 그러고는 29일 저녁에는 정장으로 갈아입고 파티에 참석해 춤을 추기도 했다.

그해 10월, 쿠바에 핵미사일 기지가 세워지고 있다는 사실을 미국이 알아채자 미국과 소련 간 긴장은 극에 달했다. 이렇게 쿠바 미사일 위기에 벌어진 케네디 대통령과 흐루시초프 서기장의 맞대결은 두 강대국을 핵전쟁 발발의 찰나까지 몰아갔으나 결국 두 나라 모두 정신을 차린다.

위기 상황이 누그러지고 나서 두 나라는 점점 확대되는 군비 경쟁을 막을 조약이 필요하다는 것을 깨닫고 1963년 7월, 핵실험 금지 조약을 맺게 된다.

이 조약이 발효된 다음 날인 10월 11일, 폴링 부부는 캘리포니아 해안 빅서에 있는 통나무집에서 친구들과 휴가를 보내고 있었다. 전화가 없는 그

그림 12.2 백악관 바깥에서 시위를 하고 있는 폴링. 폴링은 낮에 이렇게 시위를 하다가 밤이 되자 미국의 노벨상 수상자들을 위해 열린 백악관 파티에 참석했다. 제공: UPI

12장_시계, 나무 그리고 수소폭탄 329

곳은 끊임없는 언론의 관심에서 벗어나 휴식을 취할 수 있는 유일한 곳이었다. 그런데 갑자기 누군가 통나무집의 문을 두드렸다. 삼림 경비원이 폴링의 딸 린다로부터 전화가 왔다는 소식을 전하러 온 것이었다. 약 1.6킬로미터를 걸어 경비 초소로 간 폴링은 린다에게 전화를 걸었고, 전화를 받은 린다는 대뜸 이렇게 물었다.

"아버지, 소식 들으셨어요?"

"아니, 무슨 소식?"

"아버지가 노벨 평화상을 타셨어요!"[212]

역사의 기록, 분자

폴링의 수상 소식에 대한 반응은 엇갈렸다. 캘리포니아 공과대학의 동료 화학자들과 총장은 무척 시큰둥한 반응을 보였다. 그의 반정부 활동과 잦은 자리비움이 그 원인이었다. 국방 산업과 관련돼 있던 캘리포니아 공과대학 이사회 중 일부는 오래전부터 폴링이 사라지기를 바라고 있었다. 지난 몇 년에 걸쳐 대학 총장이 이미 폴링을 화학 대학의 학장 자리에서 몰아내고 그의 실험실 공간도 줄여버린 차였다.

자신의 두 번째 노벨상을 거의 무시해버린 대학의 처사에 발끈한 폴링은 기자회견을 열어 40년간 몸담았던 캘리포니아 공과대학을 떠난다고 선언했다. 그해 말 그는 산타 바버라의 한 연구소로 자리를 옮겼다.

그때부터 주커캔들이 분자시계 연구의 상당 부분을 책임지게 됐다. 더 많은 데이터가 모이면서 분자시계 가설을 실험할 대상이 더 많이 생겼다. 동물, 식물, 균류 등 다양한 유기체에서 발견되는 시토크롬 C라는 단백질과 비교 연구를 통해 전반적인 기간 측정 역할을 하는 치환 현상이 단백질 안에서 일어난다는 사실을 밝혀냈다. 일정 기간 동안 일어나는 치환의 수가 글로빈과 시토크롬 C에서 각각 다르게 나타났다. 시토크롬 C 중 반 정도는 효모와 인간이 서로 분기할 정도로 오랜 세월을 지나는 동안 전혀 변화하지 않았지만, 글로빈 중 대부분은 일부 종 사이에서 크게 달라지는 현상을 보인 것이다. 그럼에도 불구하고 특정 기간 동안 각각의 단백질 내 서로 다른 부위에서 일어난 변화는 비슷했다. 두 분자 모두 시간을 지키고 있었던 것이다.

주커캔들과 폴링은 개별 단백질에서 발생하는 치환의 패턴을 이해하느라 고생하고 있었다. 물고기든 사람이든, 서열이 변했다 하더라도 글로빈과 시토크롬 C가 같은 생화학적 임무를 가지고 있다는 것은 이해할 수 있었다. 생화학자로서 그들은 아미노산의 종류에는 몇 가지밖에 없다는 것을 잘 알고 있었다. 그중 일부는 양성을 띠고, 어떤 것은 음성을 띠었으며, 어떤 것은 아무 성질이 없었다. 그들은 단백질에서 일어나는 특정 치환은 단백질의 활동에 거의 영향을 미치지 않는다고 추론했다. 기능적으로 '중성'이거나 '거의 중성'인 것이다.

이러한 개념은 분자 기능의 보존과 함께 분자 변화의 일정한 속도를 설명하는 데 매우 중요하게 작용했다. 만약 단백질의 특정 부위가 기능적 영향력이 거의 없고, 그래서 아무 문제없이 단백질 속에서 변화가 가능하다면 마치 오랜 세월에 걸쳐 단백질 서열이 꾸준히 변화하는 것처럼 DNA 속 돌연변이 역시 꾸준하게 일어날 것이 명백했다.

그러나 이러한 생각은 그 자체만으로도 당시 유기 생물학자들에게 거의 이단이나 다름없었다. 모든 진화적 변화는 자연선택이나 적응의 결과로 일어난다고 믿었기 때문이다. 분자시계라는 가설에 대해 가장 크게 반대했던 조지 게일로드 심슨은 다음과 같이 썼다. "완전히 중성적인 유전자나 대립유전자는 설령 존재한다고 하더라도 매우 드물다는 것이 학계의 공통적

의견이다. 그러므로 나 같은 진화 생물학자에겐 단백질이 일정한 속도로 변화한다는 가설은 매우 가능성이 적어 보인다."[213]

주커캔들과 폴링은 두 유기체 '겉모습'의 유사성이나 차이점은 단백질 수준에서 반영될 이유가 없다고 주장했다. 눈에 보이는 겉모습의 변화와 분자 차원의 변화가 서로 연관돼 있지 않다는 뜻이다. 생화학자의 관점에서 볼 때 두 사람은 이 두 가지가 서로 연관돼야 할 이유를 전혀 떠올릴 수 없었다. 조그만 변화는 큰 변화로 이어질 수 있겠지만 기능적으로 큰 변화를 야기하지 않고도 여전히 많은 변화가 일어날 수 있는 것이다. 그들은 "비교적 정기적으로 일어나는 변화는 곧 분자의 기능적 특성을 거의 변화시키지 않는 변화다. 그러므로 진화의 분자시계가 존재할 수 있다."[214]고 주장했다.

주커캔들과 폴링은 고생물학자와 분류학자의 눈에는 안 보이는 새로운 진화의 그림을 선보였다. 한 유기체의 모습과 행동 패턴, 혹은 기능에 영향을 미치지 않으면서도 세월의 흐름에 따라 진화를 일으키는 분자의 그림 말이다.

1966년이 되자 새로운 세대의 분자생물학자들은 진화의 역사를 기록하는 데, 그리고 종 사이의 관계를 규명하고 과거를 돌아보는 데 분자를 이용할 수 있다는 가능성에 전율을 느꼈다. 하지만 고생물학자와 유기생물학자들은 여전히 의심을 버리지 않았고 그들의 회의론은 곧 열띤 논쟁으로 이어졌다.

원시인류의 계통도를 뒤흔들다

주커캔들과 폴링의 아이디어에 특히 관심을 보인 과학자 중에 앨런 윌슨Allen Wilson이 있었다. 양이 사람보다 10배 이상 많은 뉴질랜드의 한 목장에서 자란 윌슨은 생화학 박사 학위를 따기 위해 미국으로 건너갔다. 그의 가족들은 그가 미국에 단 몇 년간 짧게 머물기를 바랐지만 그는 연구 생활 내내 미국에 머무르며 후에 분자진화 생물학이라는 새로운 과학 분야에서 가장 혁신적이고도 영향력 있는 인물이 됐다.

당시 버클리 대학의 조교수였던 윌슨은 인간의 기원을 포함해 분자를 통한 유인원 진화 연구에 초점을 맞췄다. 그는 언제나 새로운 기법을 찾고 이용하는 데 큰 관심을 보였으며, 특히 단백질의 연관 관계를 분석하는 매우 민감한 기법의 전문가가 됐다. 이 기법에서는 구하기 어려운 단백질 서열 대신 항체를 이용해 단백질 사이의 유사성과 차이점을 감지했다. 원리는 간단했다. 체내에 외부 물질이 들어오면 그에 대한 반응으로 생산되는 것이 바로 항체다. 이 실험에서는 인간의 혈청 알부민을 토끼에 주사하는 방식을 썼다. 토끼 체내에 들어간 혈청 알부민은 전체 단백질 중에서도 특정한 부위에서 서로 결합한다. 예를 들어 침팬지나 원숭이처럼 서로 다른 알부민 단백질을 쓴다면 둘의 차이에 비례해서 항체의 결합도가 조금 떨어지게 된다. 이 기법에서 가장 큰 장점은 결과를 빠르게 알 수 있고, 정량적 표현 및 분석이 가능하며, 미리 구조를 파악하지 않은 상태에서 그 어떤 단백질도 사용이 가능하다는 점이다.

윌슨과 인류학 대학원생이었던 빈센트 새리히는 항체 실험을 통해 다양한 유인원의 알부민을 비교했고, 기쁘게도 그 결과는 당시 유인원 사이의 관계에 대해 일반적으로 통하던 개념과 일치했다. 인간 알부민과 비교했을 때 침팬지와 고릴라 알부민이 가장 비슷했으며 그 뒤를 이어 아시아 영장류(긴팔원숭이, 오랑우탄, 큰긴팔원숭이), 구대륙 원숭이, 신대륙 원숭이, 선유인원(여우원숭이, 안경원숭이)의 순서로 점점 인간 알부민과 달라지는 결과가 나왔다.

이러한 결과는 영장류의 진화 계통도와 일치했고 새리히와 윌슨은 알부민 분자가 일정한 속도로 진화하고, 그로 인해 서로 다른 두 종의 단백질 서열이 세월이 흐르면서 일정한 비율로 점점 달라져간다는 결론을 내렸다. 만약 알부민 진화가 시간에 맞춰 이뤄지고 있다면 현대 인간이 언제 분기됐는지를 포함해 영장류 계통도의 연대를 정하는 데 이를 이용할 수 있을 것이었다. 당시 고생물학계에서는 인간이 분기된 시점을 대략 2,000~3,000만 년 전으로 보고 있었다(그림 12.3 위).

그러나 윌슨과 새리히가 분자 실험을 통해 원시인류의 진화 연대를 측정하자 놀라울 정도로 다른 결과가 나왔다. 그들은 비교 기준으로 삼기 위해 가장 먼저 화석의 계통도 중 가지 하나의 연대를 대략 측정했다. 그런 다음 단편적이긴 하지만 구할 수 있는 각종 증거에서 유인원과 구대륙 원숭이가 갈라진 시기가 대략 3,000만 년 전쯤이라는 결과를 얻었다. 그다음, 항체 실험을 통해 구대륙 원숭이 알부민과 인간 알부민 사이의 차이점이 침팬지나 고릴라 알부민과 인간 알부민의 차이보다 여섯 배 많은 것을 알아냈다. 따라서 인간과 침팬지/고릴라 계통이 서로 갈라진 것이 더 최근의 일이며, 3,000만 년의 6분의 1인 500만 년 전이 분명하다는 결론을 내렸다(그림 12.3 아래).

이것은 꽤나 단순하고 직접적인 계산이었지만 거기에서 나온 결과는 그야말로 깜짝 놀랄 만했다. 사람들이 널리 믿었던 것보다 훨씬 더 최근까지 인간과 침팬지, 고릴라가 공통 조상을 공유하고 있었다니. 만약 인간의 가지가 침팬지 가지로부터 500만 년 전에 갈라져 나왔다면 올두바이 협곡에서 발굴된 200만 년 된 화석들은 원시인류 진화 역사에 있어 리키 일가가 생각한 것보다 훨씬 더 많은 것을 보여주는 셈이었다. 또한 윌슨과 새리히의 결론은 아직도 초기에 지나지 않은 새내기 과학 분야에서 나왔다는 점에서 매우 대담했다. 하지만 아직 이러한 기법이나 분자시계 이론에 친숙한 과학자들은 거의 없었고, 이 기법이 조금 더 친숙한 기존의 화석 기록을 이용하는 방식과 어긋난다는 이유로 많은 사람들이 윌슨과 새리히의 결론을 말도 안 되는 헛소리 취급을 하려 들었다.

그중에는 루이스 리키도 있었다. 윌슨과 새리히가 다른 분자와 화석을 이용해 자신들의 결론을 입증하는 두 번째 논문을 냈을 때 리키는 신랄한

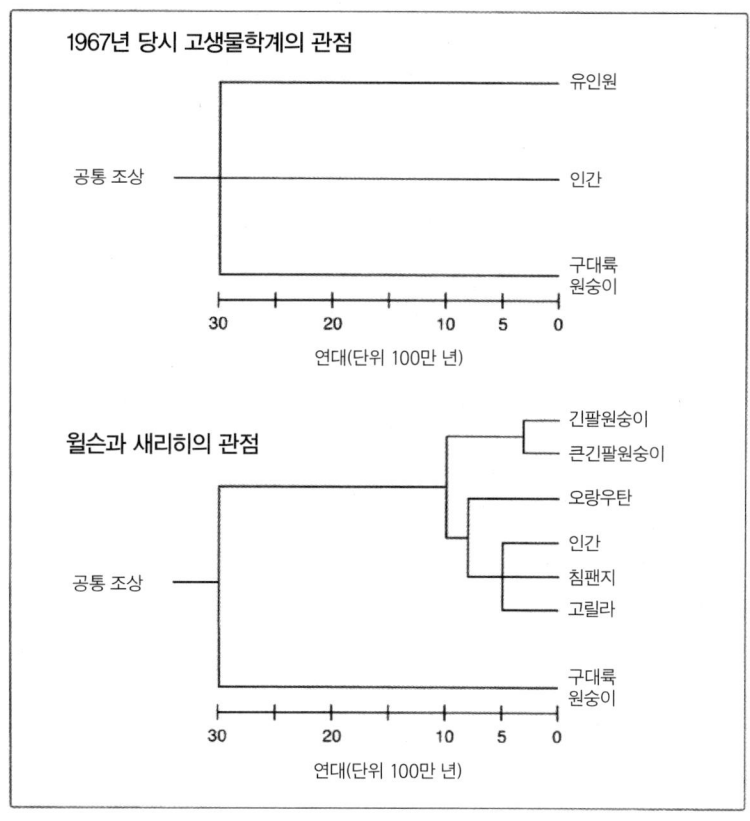

그림 12.3 원시인류 진화의 새로운 연대 척도. 위: 1967년 당시 유인원과 인간 진화에 대한 고생물학적 관점. 아래: 윌슨과 새리히의 분자시계를 통해 유인원의 기원(1,000만 년 전)과 인간이 유인원에서 분기한 시점(500만 년 전)이 기존의 생각보다 훨씬 더 최근이라는 것을 보여주고 있다. 앨런 윌슨과 빈센트 새리히의 논문(1967)「사이언스」참조. 리앤 올즈 그림

비판을 퍼부었다. 그는 윌슨과 새리히의 결론이 '가장 최근 발견된 고생물학적 증거에 전적으로 상반되고', '심각한 오류'에 기반하고 있으며, '현재 아무런 고생물학적 증거가 없는 단순한 억측'215에 지나지 않는다고 주장했다.

리키는 윌슨과 새리히의 주장에 반박할 고생물학적 증거를 다시 검토했다. 그는 케냐에서 발견된 케냐피테쿠스 위케리Kenyapithecus wickeri가 연대 1,200만~1,400만 년 전으로 추정되는 원시인류 화석이라고 하면서 이러한 화석이 같은 연대에 해당하는 다른 아시아 원시인류 라마피테쿠스 Ramapithecus 같은 화석과 '밀접하게 연관돼 있다'고 주장했다. 케냐의 같은 지역에서 유인원이 분명한 화석도 같이 발견됐기 때문에 리키는 원시인류가 '유인원과 완전히 구분되는 1,200만~1,400만 년 전의 존재'라며 "윌슨과 새리히가 주장하는 분기 시기는 오늘날 우리가 알고 있는 여러 사실과 맞지 않는다."고 했다. 그는 또한 구대륙 원숭이의 기원이 3,000만 년 전이라고 한 윌슨과 새리히의 추론도 받아들이지 않았다.

소리 높여 반대 의견을 주장하는 사람들 가운데에는 예일 대학의 저명한 고생물학자이자 라마피테쿠스의 열렬한 옹호자인 엘윈 시몬스가 있었다. 그는 윌슨과 새리히를 다음과 같이 비판했다. "인간 기원을 공부한 학생이라면 원시인류의 기원이 윌슨과 새리히가 추정한 것보다 훨씬 오래됐다는 것쯤은 잘 알고 있다. 라마피테쿠스속屬의 원시인류가 약 1,400만 년 전으로 거슬러 올라가기 때문이다."216 윌슨과 새리히는 유인원과 인류의 공통 조상이 비교적 최근인 700만~1,000만 년 전에 존재했다는 결론을 내린 바 있었다. 시몬스는 자신 있게 이러한 주장을 부정하고 나섰다. "유인원과 인간의 공통 조상이 비교적 최근에 가까운 700만 년, 1,000만 년 전까지 존재했을 리가 없다. 오히려 3,500만 년 전 정도가 더 옳다고 봐야 한다."

듀크 대학의 인류학자 존 뷰트너 자누쉬 또한 날카로운 비판을 가했다. "윌슨과 새리히가 고생물학적 연구 결과를 조금 더 자세히 들여다봤더라면 자신들의 주장이 검증되지 않았음을 알았을 것이다. 나는 면역학 데이터에서 얻은 진화 과정에 대한 불완전한 억측과 경솔한 주장 따위는 거부한다."[217] 게다가 윌슨과 새리히의 접근법은 현장 조사의 고된 노력과 까다롭고 시간이 오래 걸리는 재건 과정에 비하면 말도 안 되게 손쉬웠다. 뷰트너 자누쉬는 또한 이렇게 덧붙였다. "아무런 난리법석도, 혼란도 없고, 손도 망가지지 않는 연구라니. 단백질 조금을 실험 기구에 던져 넣고 잘 흔들어주면 짜잔, 하고 세 세대에 걸쳐 연구해왔던 해답이 나온다니! 말도 안 된다."

그렇게 전쟁이 시작됐다. 어느 한 편이 틀린 것은 분명했고, 두 편은 모두 상대편이 틀렸다고 자신했다. 이미 잘 알려지고, 오랜 세월에 걸친 연구 대상이었으며, 리키가 초기 원시인류의 '결정적인 증거'라고까지 불렀던 라마피테쿠스 같은 화석을 증거로 내세운 고인류학자들에게 분자시계라는 개념은 당연히 잘못된 것이었다. 시몬스는 이렇게 말했다. "나는 생화학자가 아니다. 하지만 화석 연구라는 불확실한 연구보다 오히려 면역학에 검증 안 된 가설이 더 많은 것 같다."[218]

윌슨과 새리히는 계속해서 데이터를 모으고 분자시계를 실험했다. 그들은 인간과 침팬지 사이에 100퍼센트 일치하는 염기 서열을 지적하면서 독자적으로 만든 포유류 글로빈 시계를 이용해 인간과 침팬지의 공통 조상이 1,500만 년보다 더 오래됐을 확률은 1,000분의 1밖에 되지 않는다고 했다. 새리히는 그들이 측정한 침팬지와 인간 알부민 사이의 얼마 되지 않는 작은 차이가 염소와 양, 개와 여우, 말과 당나귀처럼 매우 가까운 관계에 있는 두 종의 알부민 차이와 흡사하다는 사실을 증명했다. 그는 침팬지와 인간이 매우 최근에 갈라져 나왔다는 결론 말고는 "그 단백질 데이터를 달리 해석할 길이 없다."고 했다. 이 결과에 대한 새리히의 확신은 매우 확고해서 그는 대담하게 이렇게 이야기하기도 했다. "앞으로는 화석이 어떻게 생겼든 800만 년보다 오래된 것이라면 그것을 인간과科 동물로 볼 이유가 없다." ²¹⁹ 원시인류가 긴 역사를 가지고 있다고 주장하며 명성을 쌓아온 고생물학자들에게 그들이 옳을 리가 없다고 말한 셈이니 반응이 좋을 리 없었다.

이 엄청난 논쟁은 10년 이상 계속됐다. 인류학계에서 윌슨과 새리히의 연구는 대체로 무시됐다. 그러나 인간과 침팬지가 매우 흡사한 분자 구조를 보인다는 사실은 점점 더 명확해졌다. 윌슨과 그의 제자 메리 클레어 킹이 1975년에 또 하나의 획기적인 논문을 선보였다. 침팬지와 인간의 단백질 중 많은 부분이 동일하거나 최소한 매우 비슷해서 각각의 해부학적 구조와 습성의 차이를 설명하기가 힘들다는 내용이었다. 개구리와 조류, 포유류의 분자 비율과 신체적 변화를 비교 연구한 윌슨은 이 두 가지가 서로 연관돼 있지 않다는 것을 밝혀냈다. 분자 수준에서 비슷하거나 비교적 최근에 분기된 종 사이에서도 엄청난 신체적 변화가 일어날 수 있었다. 그는 생물의 겉모습은 믿을 수가 없고, 그래서 해부학적 분석은 매우 주관적이며 관찰자의 선입견이나 오류에 인해 크게 달라질 수 있으므로 신뢰할 수 없는 방법이라고 주장했다.

이것이 바로 고인류학자들이 저지른 실수이자 그들과 윌슨의 사이가 좋지 않게 된 원인이었다. 원시인류의 흔적이라는 루이스 리키의 '결정적인 증거'는 결정적으로 틀렸다는 것이 나중에 밝혀졌다. 고인류학자들은 원시인류와 유인원을 구분하는 원시인류의 특성에 대해 잘못 알고 있었다. 거기에는 작은 송곳니 같은 치아의 특징이 있었다. 라마피테쿠스의 유골 일부는 당시 사람들이 생각하는 원시인류의 특성에 부합했고 그 덕분에 가장 오래된 원시인류로 받아들여질 수 있었다. 라마피테쿠스의 친척뻘 되는 시바피테쿠스Sivapithecus의 온전한 유골이 뒤를 이어 발견되면서 턱뼈와 치아, 얼굴의 자세한 부분이 모습을 드러냈다. 얼굴을 재구성해본 결과 오랑우탄과 공통으로 나타나는 특징이 있었다. 시바피테쿠스는 치아의 법랑질이 두껍고 어금니와 아래턱뼈가 컸다. 이것은 예전부터 원시인류의 특성이라고 알려진 사항이었다. 그러나 결과적으로 시바피테쿠스는 원시인류가 아니었고 더불어 그 위대한 라마피테쿠스도 원시인류가 아니었다. 이 둘은 사실 오랑우탄과 매우 가까운 친척뻘이었으며 원시인류 계통에 있지 않았다. 치아를 보고 리키가 '인간의 매우 오래된 조상'이라고 생각했던 케냐피테쿠스 역시 마찬가지로 원시인류가 아닌 것으로 밝혀졌다.

기존의 강력한 화석 증거들이 이렇게 허물어지면서 15년이 넘는 논란 끝에 마침내 고인류학자들이 윌슨과 새리히의 주장을 받아들이기 시작했다. 침팬지와 인류의 공통 조상이 500만 년 전에 존재했다는 주장 말이다. 루이스 리키는 이미 세상을 떠난 지 한참 됐지만 그의 아들 리처드가 런던에서 있었던 한 회의에서 자신의 견해가 달라졌음을 시인했다. "지난 해 분자시계 데이터에 대해 제가 그런 발언을 했다니 믿을 수가 없습니다. 분자시계는 우리가 생각한 것보다 훨씬 더 진실에 가깝다고 생각합니다."[220]

윌슨과 새리히의 결론은 다양한 단백질 실험과 이후 개발된 새로운 DNA 분석 및 염기 나열 기법을 통해 옳다는 것이 확인됐다. DNA 검사의 시대가 도래하면서 주커캔들과 폴링이 예견한 분자 혁명이 꽃을 피웠다. 분자는 인간 분류 체계에 존재하던 선입견을 피해갈 수 있었고, 생물학자들은 각종 진화 계통도를 그리고 과거 사건의 연대를 측정하는 데 분자 정보를 이용하기 시작했다.

인간 진화에 대한 '분자론자들'의 주장을 받아들인 것이 고인류학자들에게 꼭 나쁜 것만은 아니었다. 침팬지와 인류의 공통 조상이 500만 년 전에 살았다는 수치를 통해 인간과 관련이 있는 화석을 연구할 때 연대 측정에 적용할 수 있는 기준을 얻은 것이다. 고인류학자들에게 큰 장점이 하나 더 있다. 1980년대 초, 그들은 오스트랄로피테쿠스 아파렌시스 화석이 약 350만 년 된 것이라고 결론을 내렸다. 비록 인류의 기원이 약 2,000만 년 전이라고 생각했을 당시였지만 알고 보면 100~200만 년 정도밖에 틀리지 않았다. 정답에 훨씬 가깝게 추정한 셈이었다. 그때부터 약 400~500만 년 된 지층만을 탐사 목표로 삼아 그들은 연구 조사를 할 때 인간 기원의 초기 단계에 더욱 집중해서 적중률을 높일 수 있었다.

그러나 '분자 인류학'의 혁명은 아직 끝나지 않았고 윌슨과 고인류학자들 사이의 평화는 그리 오래가지 않았다. 인간과 침팬지의 분기 시기에 대해 모든 사람들이 차츰 인정해가고 있을 무렵에 윌슨이 현대 인류의 기원, 즉 우리 호모 사피엔스 종의 기원이라는 거대 사건에 관심을 돌린 것이다. 거기에서 그는 또 하나의 폭탄선언을 한다.

생물학자들은 여러 종의 DNA와 단백질 서열을 서로 비교한다. 비교의 범위는 매우 가까운 친척 관계부터 발생 초기에 분기돼 나온 극히 다른 형태의 생명체까지 매우 다양하다. 진화에 대한 열쇠는 비교 결과에서 나온 비슷한 점이나 차이점의 의미를 이해하는 데서 나온다.

DNA와 단백질이 역사의 기록으로서 어떤 역할을 하는지 이해하려면 살아 있는 유기체의 각 부위를 만드는 데 DNA 정보가 어떻게 해독되는지 알아야 한다. 너무 어렵지 않을까 걱정할 필요는 없다. 이 장과 다음 장에 나오는 이야기를 잘 이해하기 위해서는 DNA와 단백질의 전반적 구성과 둘 사이의 관계에 대해 아주 대략적인 이해만 하면 된다. 더 자세한 설명을 듣고 싶다면 나의 책 『한 치의 의심도 없는 진화 이야기 The Making of the Fittest』를 참조하라.

단백질은 산소를 운반하고, 조직을 구성하고, 섭취한 음식을 분해하는 등 모든 유기체에 필요한 일을 하는 분자다. DNA는 이러한 단백질을 구성하는 데 필요한 특정 정보를 암호의 형태로 가지고 있다.

DNA는 네 개의 독특한 염기로 구성된 두 개의 사슬로 이뤄져 있다. 이 화학적 구성 요소들은 A, C, G, T라는 약자로 쓴다. DNA의 두 사슬은 각 사슬에 들어 있는 염기끼리 강력한 화학 결합을 함으로써 묶여 있다. 아래 그림에서 보는 것과 같이 A는 T와, C는 언제나 G와 짝을 이룬다.

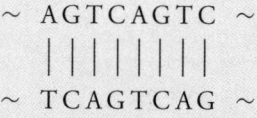

그러므로 DNA 중 한 사슬의 염기 서열을 알고 있다면 다른 한 사슬의 서열 역시 자동적으로 알 수 있다. 각각의 단백질을 구성하도록 독특한 명령을 내리는 것이 바로 DNA의 독특한 염기 서열 순서다. 돌연변이란 DNA 서열에서 발생하는 변화로 비교적 정기적이지만 다소 드물게 DNA 전체에서 임의로 일어난다. 시간이 지나면 돌연변이가 점점 축적되고 두 개체나 종이 서로 분기된 기간과 비례해서 DNA 서열이 달라진다.

단백질은 어떻게 만들어지는가? 또한 단백질이 자신의 임무가 무엇인지 어떻게 알고 있는가? 단백질 자체는 아미노산이라는 요소로 구성돼 있다. 각각의 아미노산은 트리플릿이라 불리는 세 개의 염기가 합쳐진 형태(ACT, GAA 등)로 DNA 분자 속에 암호화돼 있다. 이러한 아미노산의 화학적 성질이 단백질 각각의 독특한 움직임을 결정짓는다. 사슬의 형태로 모인 아미노산은 단위체 당 평균 400개가 들어가며, 개별 단백질의 유전 암호를 지정하고 있는 일정 길이의 DNA를 유전자라 부른다.

DNA 코드와 각 단백질의 독특한 서열 간 관계는 현재 잘 알려져 있다. 생물학자들이 이미 40년 전에 유전정보를 연구해서 파악했기 때문이다. 단백질을 합성하는 데 DNA의 분해는 두 단계에 걸쳐 이뤄진다. 첫 번째 단계에서 먼저 DNA 분자 사슬 하나에 있는 염기 서열이 mRNA(전령RNA)라는 단일 사슬의 형태로 변화한다(그림 12.4). 두 번째 단계에 이르면 mRNA가 단백질을 구성하는 아미노산으로 바뀐다. 세포 안에서 유전정보는 세 개의 염기 형태로 읽히고 하나의 아미노산은 각 염기 트리플릿에 의해 결정된다. 짧은 예가 그림에 나와 있다.

A, C, G, T로 만들 수 있는 트리플릿의 결합은 총 64가지가 있

지만 아미노산은 20개뿐이다. 여러 트리플릿이 모여 특정 아미노산의 유전 암호를 지정한다(그리고 세 개의 트리플릿은 아무런 유전 암호를 지정하지 않는다. 이것은 마치 한 문장이 끝나면 마침표를 찍듯 RNA의 유전정보 번역과 단백질 생성을 중단하는 지점을 표시하는 역할을 한다). 일부 아미노산은 매우 비슷한 특성을 지니고 있는데 폴링과 주커캔들은 단백질의 기능이 변화하지 않은 상태에서 서열만 바뀔 수 있다는 사실을 깨달았다. 특정 DNA 서열이 주어지면 그 DNA가 암호화하는 단백질 서열을 해석하기 쉬우며, 고로 어떤 종의 게놈이라도 암호를 해석할 수 있다.

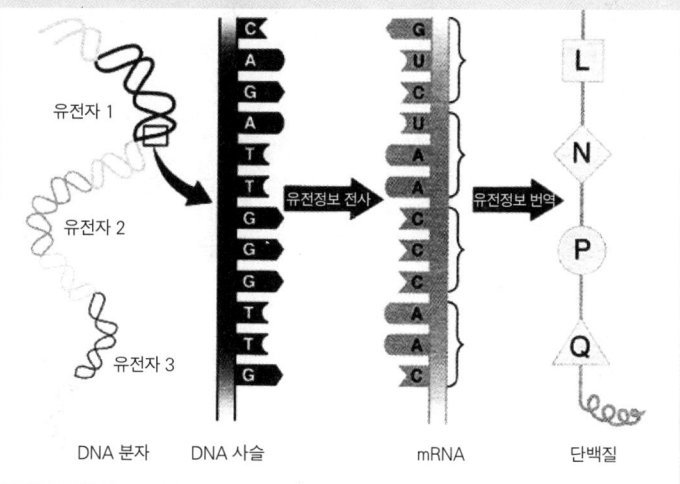

그림 12.4 DNA 정보의 표현과 해석. 이것은 DNA를 기능적 수준의 단백질로 푸는 주요 단계를 대략적으로 설명한 것이다. 왼쪽부터 긴 DNA 분자에 여러 유전자가 들어 있다. 유전자 해독이 두 단계에 걸쳐 설명돼 있다. 먼저 한 DNA 사슬의 반쪽이 mRNA로 전사된다. 그런 다음 mRNA가 단백질로 바뀌며 mRNA의 세 염기가 단백질의 아미노산 각각을 암호화한다(여기에서는 글자 L, N, P, Q로 나타나 있다). mRNA에서 염기 U는 DNA에서 T의 자리에 들어간다. 출처: 숀 캐럴(2006), 『한 치의 의심도 없는 진화 이야기』

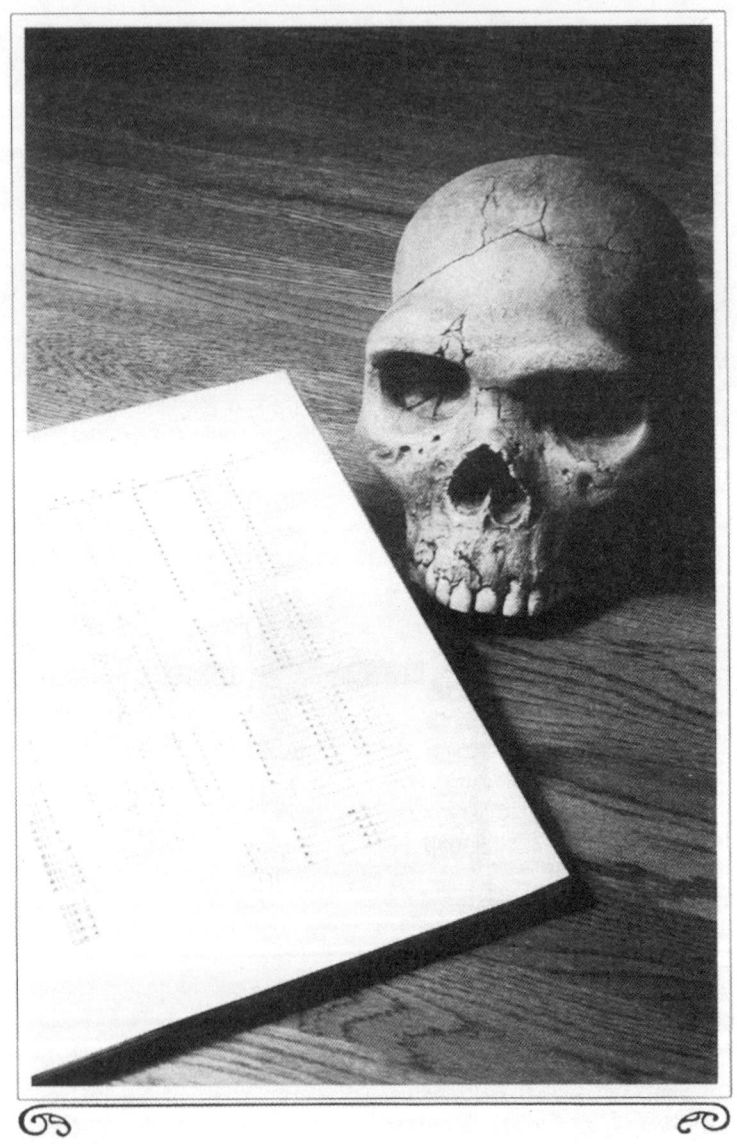

그림 13.1 네안데르탈인 과학 수사 기록. 재구성한 네안데르탈인 두개골과 원래 표본에서 얻은 DNA 일부 서열 제공: 제이미 캐롤

13장

네안더 계곡의 CSI 과학수사대

과학의 모든 위대한 진보는 대담하고 새로운 상상력에서 나온다.
— 존 듀이John Dewey, 『확신을 향한 여행The Quest for Certainty』(1929)

독일 뒤셀도르프에서 동쪽으로 약 13킬로미터 떨어진 곳에는 3억 년 전에 생긴 석회암 퇴적층 사이로 뒤셀 강이 흐른다. 17세기 시인이자 교사, 찬송가 작곡가인 요아힘 네안더의 이름을 딴 네안더 계곡에는 1800년대 중반까지 계곡 벽을 타고 각종 동굴과 선사시대 주거 흔적이 많이 남아 있었다. 그러나 프러시아의 건축 산업이 부흥하면서 대규모 채석 작업이 시작됐고 동굴 전체가 제거됐다.

1856년 8월의 어느 날, 고품질 석회석과 섞이는 것을 막기 위해 펠트호퍼라는 조그만 동굴 바닥의 진흙을 치우고 있을 때였다. 커다란 진흙 덩어리를 계곡 아래로 밀어내는 순간 수많은 뼈와 두개골 조각이 모습을 드러냈다. 채석장 소유주 중 한 명이 유골이 더 나오는지 지켜보라고 일꾼들에게 이야기했고, 총 열다섯 개의 뼈와 두개골 조각이 발견됐다. 눈썹마루가 두껍고, 넓적다리뼈가 크고 구부러진 이 유골은 맨 처음 그 지역에서 흔히 발견되는 구석기시대 동물인 동굴 곰의 것으로 여겨졌다. 그래서 이 조각들을 수집하는 데 큰 주의를 기울이지 않았고 크기가 큰 것들만 보관됐다. 그 후에 그 지역 학교 선생님이자 박물학자인 카를 풀로트가 채석장으로 초대됐는데 그는 그 뼈들을 보고는 곰이 아니라 사람의 것이라고 했다.

풀로트는 그 뼈에 무언가 특이한 점이 있는 것을 발견하고 그것을 본 대학의 D. 샤프하우젠 교수에게 보내 전문가로서 평가를 부탁했다. 샤프하우젠 교수는 그것이 전형적인 사람 뼈가 아니라는 데 동의하고 그것이 '가장 미개한 종족 중에서도' 이전에 보지 못한 생물일 것이라고 결론을 내렸다. 또한 "이 놀라운 인간의 유해는 켈트와 게르만의 시대보다 앞서며 의심의 여지없이 홍적세 최후의 동물이 살던 시대까지 거슬러 올라간다."[221]고 했다. 이는 곧 인간이 동굴 곰 같은 동물과 공생하다가 대홍수 같은 것이 일어나 멸종했을 것이란 말과 같았다.

다윈의 역작 『종의 기원』이 등장하기 바로 두 해 전인 1857년만 해도 화석에 대해 다양한 이론이 존재했으며 펠트호퍼에서 발견된 유골은 더 많은 이야기를 만들어냈다. 당대 독일의 유명한 병리학자인 루돌프 피르호는 샤프하우젠 교수의 가설에 반대하며 그것이 구루병으로 변형된 인간의 뼈라고 주장했다. 또한 해부학자인 F. 마이어는 두 사람의 의견에 모두 반대하며 구부러진 다리뼈와 손상된 팔꿈치는 나폴레옹의 군대와 전쟁 중 부상당해 동굴로 기어들어갔다가 숨을 거둔 코사크 기병의 유해라고 주장했다.

토머스 헉슬리는 이 '네안데르탈인'('탈'은 '계곡', 혹은 '골짜기'란 뜻이다)에 큰 관심을 보이며 두 회의론자의 가설에서 말이 되지 않는 부분을 공격하고 나섰다. 헉슬리는 도무지 이해할 수 없었다. 도대체 왜 부상당한 군인이 20미터 가까이 되는 절벽을 기어 올라가 옷과 무기를 모두 벗었단 말인가? 또 자신이 죽고 난 다음에 어떻게 스스로를 60센티미터 깊이의 진흙 속에 묻었단 말인가? 그럴 리 없었다. 네안데르탈인은 무언가 다른 존재가 분명했다. 또한 고대의 인간이라도 현재 우리 종과 비슷한 범위 안에 있는 존재가 틀림없었다. 아일랜드의 해부학자인 윌리엄 킹은 헉슬리보다 한 단계 더 나아가 네안데르탈인이 현대 인간과 연관돼 있지만 분명히 구분되는 존재라고 결론을 내렸다. 분리된 종, 그래서 호모 네안데르탈렌시스Homo neanderthalensis라는 이름도 붙였다.

그 후 벨기에와 프랑스에서 계속된 발견을 통해 펠트호퍼 동굴에서 발견된 유골이 기형 인간도, 코사크 기병도 아니라 남쪽으로 지브롤터, 스페인, 이탈리아, 서쪽으로 영국, 동쪽으로 오늘날의 이라크, 이란, 우즈베키스탄까지 유럽 전역에 걸쳐 널리 분포돼 있었던 독특한 인간의 한 형태라는 것이 증명됐다. 두드러진 눈썹마루, 넓은 비강, 크고 무거운 몸집 같은 그들의 독특한 특징 때문에 처음에는 네안데르탈인이 짐승 같은 존재라는 인상이 강했다. 그러니 우리의 시각에서 보면 그렇게 열등하고, 유인원처럼 동굴에서나 살고 있다는 면에서 호모 사피엔스보다 훨씬 떨어지는 존재라 생각되는 건 당연했다.

그러나 만화 속 주인공 같고 공상과학 영화에나 등장할 법한 네안데르탈인의 이미지는 지난 150년간 객관적 연구가 진행되면서 많이 바뀌게 됐다. 호모 사피엔스를 제외하면 그 어떤 종보다 완벽한 표본이 많고, 여러 곳에서 상당한 수준의 문화적 유적이 발견되고 있는 것이 바로 네안데르탈인이다.

네안데르탈인은 근대 인간 기원이라는 이야기에서 중요한 장을 차지하고 있으며 그 장이 끝난 것은 불과 2만 8,000년 전의 일이라는 것을 우리는 잘 알고 있다. 그러나 그 밖의 중요한 사항에 대해서는 아는 것이 별로 없다.

그중에서도 가장 큰 미스터리는(물론 우리 호모 사피엔스의 입장에서 봤을 때다. 만약 네안데르탈인이 아직 살아 있고 이 책을 쓰는 사람이 네안데르탈인이었다면 분명 이야기는 달라졌을 것이다) 네안데르탈인이 우리와 얼마나 관련돼 있느냐다.

화석을 통해 볼 때 호모 사피엔스와 네안데르탈인이 상당 기간 지구에서 함께 살았다는 것이 분명하다. 아마도 네안데르탈인이 사라지기 전 1만 년 정도, 유럽에서였을 것이다. 그러나 둘 사이에 무슨 일이 일어났을까 하는 문제는 수준 높은 과학이 아니라 텔레비전 드라마 〈CSI 과학수사대〉의 내용과 사뭇 비슷하다. 무엇 때문에 그들이 사라졌으며 거기에 호모 사피엔스가 어떤 역할을 했는가? 호모 사피엔스가 그들을 죽이고 없애버렸는가? 아니면 호모 사피엔스와 네안데르탈인이 프랑스나 스페인 어느 동굴에서 만나 짧은 빙하시대 로맨스를 즐겼는가? 우리에게, 아니면 우리 중 일부에게 아직 네안데르탈인의 흔적이 남아 있는가?

위 질문에 대한 답은 곧 우리가 누구이며, 어디에서 왔는가, 그리고 어떻게 우리 호모 사피엔스만 지구 전체에 퍼지게 됐는가 하는 더 큰 질문과 깊은 관계가 있다.

조상인가 사촌인가

1900년대 초 몇십 년간 네안데르탈인 표본의 수가 늘어나고 그에 대한 연구가 확장되면서 우리 호모 사피엔스와 네안데르탈인의 관계에 대한 학자들의 태도에 변화가 일어났다. 이 원시인류가 현대 유럽인이 등장하기 훨씬 전인 30만 년 전에 이미 유럽의 비교적 찬 기후에 적응한 것이 확실하다고 밝혀지자 그들의 '소멸'이 단순히 유럽인으로의 진화가 아니냐는 의견이 대두됐다. 이 주장을 처음 한 사람은 북경원인과 다른 중국의 호모 에렉투스 화석을 연구한 독일의 고생물학자 프란츠 바이덴리히였다. 이러한 네안데르탈인의 사피엔스 진화 주장은 현대 인간의 기원을 당시 호모 에렉투스 분포에 맞추려고 한 이론 중 일부였다. 호모 에렉투스의 화석은 자바(외젠 뒤부아 덕분이다)와 중국에서 나왔다. 바이덴리히는 자바원인이 호주 원주민과 그 주변 비슷한 인종으로 바뀌었고, 북경원인이 현대 중국인이 됐으며, 마지막으로 유럽에 있던 호모 에렉투스가 호모 네안데르탈렌시스라는 단계를 거쳐 현대 유럽인이 됐다고 주장했다. 이 관점에서 볼 때 현대 인간의 인종적 차이는 과거 서로 다른 호모 에렉투스 집단의 특징이 반영된 것이라고 할 수 있다.

루이스 리키가 아프리카에서 호모 에렉투스를 발견하고 연대를 추정하자 여러 지역에서 동시다발적으로 호모 에렉투스가 호모 사피엔스로 진화한 시기는 최소한 100만 년 전이라는 결론이 내려졌다. 이러한 시나리오는 현대 인간의 '다지역 기원설'이라 불린다(그림 13.2 왼쪽). 그 후 미시건 대학의 밀포드 울포프 교수가 구체화한 이 개념에서는 서로 다른 두 종류의 인간끼리 짝짓기를 하고 그로 인해 유전자가 섞였다고 주장했다. 그러나 이 주장에서 가장 독특한 점은 그것이 호모 에렉투스와 호모 사피엔스 사이에 일관된 연속성을 강조한다는 점이다. 여기에는 신체적 특징의 연속성 역시 포함된다.

그러나 다지역 기원설의 문제점은 사실 두 집단 사이, 즉 각각 네안데르탈인과 현대 유럽인, 그리고 중국의 호모 에렉투스와 현대 중국인 사이에 연속성이 부족하다는 점이었다. 4만 년 전에 나타난 크로마뇽인 같은 초기 유럽 호모 사피엔스를 자세히 연구해도 네안데르탈인과 해부학적으로 연관성을 찾을 수 없었다. 대신 일부 고생물학자들은 유럽에서 발견된 화석을 통해 네안데르탈인이 없어진 자리에 대신 호모 사피엔스가 나타난 것이 아니냐는 결론을 내렸다. 만약 그렇다면 네안데르탈인은 우리의 조상이 아니라 먼 조상으로부터 나온 일종의 사촌 정도로서 우리와 다르게 독자적으로 상당 기간 동안 진화해온 셈이다. 네안데르탈인의 분포를 고려해서 제시된 흥미로운 가설이 하나 더 있었다. 대략 수십만 년 전쯤에 사하라 사막이 계속 커지면서 인간의 조상이 둘로 나뉘었다는 것이다. 그래서 당시 북쪽에 있던 집단은 네안데르탈인으로, 남쪽에 있던 집단은 호모 사피엔스로 진화했다는 것이다.

유인원과 원시인류의 화석 발견 초기에 그랬듯, 화석이 새로 나타날 때마다, 형태학적으로 그것을 재해석할 때마다 증거의 중요성이 커졌다 작아졌다를 반복했다. 그러던 중 1987년, 앨런 윌슨이 또 다른 일을 저지른다.

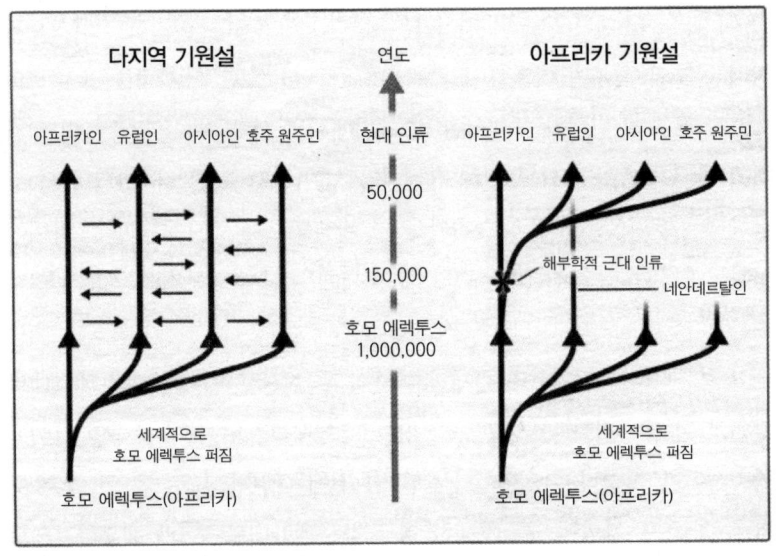

그림 13.2 인간 기원의 두 가지 가설. 왼쪽, 다지역 기원설은 현대 인류가 과거 여러 지역에 분포하고 있던 호모 에렉투스에서 유래했다고 가정한다. 이 모델에서 유럽인은 네안데르탈인의 후손이 된다. 오른쪽, 아프리카 기원설은 해부학적으로 근대 인류로 가정되는 존재가 처음 15만~20만 년 전 아프리카에서 발생해 이후 여러 지역으로 퍼져 나가면서 거의 혼혈 없이 그 당시 그 지역에 존재하던 다른 형태의 인간 집단과 교체됐다는 모델이다.

앨런과 이브

분자시계를 통한 침팬지와 인간 분기 시점 추론을 둘러싸고 학계의 엄청난 공격을 받았지만 인간 진화에 대한 윌슨과 새리히의 호기심과 열정은 전혀 사그라지지 않았다. 윌슨은 화석에 대해 조금 더 배우기 위해 안식년 중 얼마간을 케냐에서 보냈다. 윌슨은 인간 두뇌와 습성의 진화, 그리고 이와 언어의 기원 간의 관계에 큰 관심을 가지고 있었다. 서로 다른 현대 언어에 몇 가지 공통적 특징이 있다고 밝혀지자 윌슨은 이것이 곧 모든 현대 인류에게 비교적 최근인 공통의 기원이 있다는 뜻이라고 생각했다. 인간 역사 연구에 있어 형태학적 접근법만을 엄격하게 이용하는 것이 불만이었던 그는 이 문제를 해결할 새로운 방법을 찾기 시작했다.

몇 년에 걸쳐 윌슨은 여러 종 간 관계와 역사를 조사하는 데 미토콘드리아 DNA(mtDNA)를 이용하고 있었다. 인간을 비롯해 세포핵을 갖춘 유기체(진핵 생물이라 불림)의 세포 속 미토콘드리아에는 서른일곱 개의 유전자를 암호화하는 작은 염색체가 있다. mtDNA에는 진화 연구에 유용하게 쓰일 만한 몇 가지 특성이 있다. 첫째, mtDNA는 그 수가 많고 핵 DNA로부터 분리해서 정제, 분석이 가능하다. 둘째, mtDNA는 핵 DNA보다 빠른 속도로 돌연변이한다. 그러므로 과거에 주요 사건이 일어난 연대를 측정할 때 비교 기준으로 삼을 수 있는 시계 눈금의 수가 많다고 할 수 있다. 그리고 셋째, mtDNA는 모계로만 유전되므로 부모 모두로부터 유전되고 유전자 재결합으로 인해 뒤섞이기 쉬운 핵 유전자에 비해 정확한 혈통을 추적하기 좋다.

윌슨은 mtDNA를 이용해 현대 인류의 분화 시기와 패턴을 연구하기로 했다. 동료 학자 레베카 캔, 마크 스톤킹과 함께 그들은 아시아인, 아프리카인(주로 미국인), 백인(유럽, 북아프리카, 중동), 호주 원주민, 뉴기니 원주민, 이

다섯 집단을 대표하는 사람 147명의 mtDNA를 조사했다. 그들은 mtDNA에 다양한 서열이 존재하는지 알아보고, 각각 집단 사이의 유사점과 차이점을 통해 실험 대상자의 혈통을 짐작할 수 있는 진화 계통도를 만들었다. 그들이 만든 나무에는 큰 가지가 두 개 나타났다. 하나는 아프리카인이었고 다른 하나는 아프리카인의 유전자가 일부 함유된 나머지 다섯 개 집단이었다. 이 패턴으로 보아 현대 인간의 mtDNA는 아프리카에서 나와 거기에서부터 퍼져나간 것이 분명하다고 그들은 결론을 내렸다.

그다음 그들은 현대 인류의 기원이 과연 언제였는지 연대를 찾기 시작했다. 이미 이전 연구를 통해 대부분의 동물에서 mtDNA의 평균 분기 속도가 100만 년당 약 2~4퍼센트라는 것을 알고 있었다. 실험에서 공통 조상 타입으로부터 얻은 모든 mtDNA의 분기 평균은 약 0.57퍼센트였다. 이는 곧 현재 남아 있는 mtDNA 타입의 공통 조상이 약 14만 년에서 29만 년 사이에 살았다는 뜻이었다.

캔과 스톤킹, 윌슨은 이렇게 결론을 내렸다. "계통도와 관련 연대가 모두 화석 연구 결과와 일치한다. 원시인류가 호모 사피엔스로 변한 것은 약 10만 년에서 14만 년 사이 아프리카였으며, 현존하는 모든 사람은 아프리카인의 후손이다."[222]

그들은 이러한 데이터가 다지역 기원 모델과 부합하지 않음을 분명히 강조했다. 다지역 기원설이 옳다면 윌슨의 팀이 측정한 것보다 인간 집단 간 유전적 차이가 훨씬 커야 했다. 각각의 조상의 연대가 오래될수록 오랜 세월 동안 축적된 DNA 변화의 수가 많아야 한다는 말이다. 게다가 세계 각 지역에 원래부터 살고 있던 원시인류와 아프리카에서 새로 발생해서 그 지역에 당도한 호모 사피엔스 사이에 혼혈이 있었다면 아프리카인보다 아시아인에서 더 많은 종류의 mtDNA가 발견돼야 했다. 하지만 결과는 반대였다. 아프리카 집단이 다른 집단과 가장 달랐으며 이는 곧 그들이 가장 오랜 세월 진화해온, 현대의 인간 집단 중 가장 오래된 사람들이라는 뜻이었다. 그들은 또한 마지막으로 이렇게 덧붙였다. "아시아의 호모 에렉투스는 아프리카에서 온 호모 사피엔스와 그리 많이 섞이지 않고 사라졌다."[223]

후에 그들은 과학 저널에 자신들의 주장이 '큰 관심을 끌었다'고 적었지만 사실 '생난리가 났었다'라는 표현이 훨씬 적절했을 것이다. 이번에는 분자 데이터가 다시 한 번 일부 고생물학자들의 반감을 샀을 뿐만 아니라 발견 자체가 금세 대중에 알려져 큰 논란을 낳았다.

인간 mtDNA가 모계로 유전되는 것을 고려할 때 논리적으로 따지자면 우리 모두의 어머니와 마찬가지인, 태초의 여자 조상이 있는 것이 분명했다. 윌슨과 캔, 스톤킹이 '행운의 어머니'라 부른 이 여자 조상의 mtDNA 혈통이 끝까지 살아남아 오늘날 모든 현대 mtDNA 타입으로 이어진 것이다. 이내 언론에서는 이 조상에 '이브'라는 이름을 붙였다. 「뉴스위크」 표지에 mtDNA 관련 기사가 실리면서 성서에서 나온 이 '이브'라는 이름은 각계각층의 관심과 함께 많은 이의 분노를 불러왔다. 종교 집단은 말할 것도 없고 자신의 뿌리가 아프리카에 있다는 사실을 달가워하지 않는 사람들도 많았다.

과학계 역시 가만히 있지 않았다. 윌슨이 분자와 인구 집단의 역사를 재구성하는 데 사용한 통계 방식과 수학 모델은 새로울 뿐만 아니라 아직도 발전 단계에 있었다(그리고 오늘날까지도 계속해서 다듬어지고 있다). 일부 과학자들은 실험 대상이 된 사람들의 개체 수가 충분했는지, 충분한 DNA 서열 데이터를 얻었는지, 그리고 그러한 결과를 얻기까지 최적의 통계 방법이 쓰였는지 의문을 품었다.

다지역 기원설 지지자들은 두 팔 벌려 그러한 의문을 환영했다. 울포프를 비롯해 이 사람들은 '아프리카 기원설'(그림 13.2 오른쪽)에 철저히 반대하며 비슷한 의견을 지닌 동료들을 모아 회의를 조직하고 "이 말도 안 되는 '미토콘드리아 이브'의 약점을 밝혀내자."고 결의했다. 그는 아프리카에서 기원한 호모 사피엔스가 기존의 원시인류를 '대체'했다는 말의 의미는 단 하나밖에 없다고 주장했다. 호모 사피엔스가 폭력을 써서 그 자리를 물려받았다는 것이다. "마치 람보 같은 살인 기술을 지닌 아프리카 킬러들이 전 세계를 휩쓸며 만나는 사람마다 죽여버렸다는 것이나 마찬가지다."[224] 하지만 윌슨은 '오직 화석이야말로 진정한 증거'[225]라고 생각하는 일부 고생물학자들의 관점에 대해 매우 잘 알고 있었고, 울포프의 위와 같은 주장에도 크게 개의치 않았다.

 윌슨의 조사 방식이나 연구에 문제가 있을 가능성이 있는가? 이 질문에 대답할 수 있는 유일한 길은 계속해서 데이터를 모으는 것이다. 윌슨을 비롯해 이후 많은 사람들이 계속해서 데이터를 모으고 있다. 아프리카 원주민을 비롯해 더 많은 사람들을 분석하고, 더 많은 mtDNA 서열을 얻고, 서로 다른 통계 방식을 이용한 결과, 새로운 연구 역시 비슷한 결론에 도달했다. 아프리카인에게서 가장 높은 유전적 다양성이 나타났고 이는 곧 그들이 가장 오래된 호모 사피엔스 집단이라는 뜻이다. 그리고 여러 연구 방법을 이용해 인간의 공통 mtDNA 조상이 살았던 시기가 대략 20만 년 전이라는 것을 밝혀냈다.

 윌슨의 관점이 모든 고생물학자들의 반발을 사고 있는 것은 아니다. 런던 자연사박물관의 크리스토퍼 스트린저는 자신의 화석 연구 결과를 바탕으로 인간의 아프리카 기원설을 지지하고 있다. 그는 윌슨의 유전학 연구를 초기부터 지지했으며 자신의 동료들에게도 다음과 같이 충고하곤 했다. "인간 집단 관계에 대해 점점 늘어나고 있는 유전학적 데이터를 무시하는 고인류학자는 실패할 위험을 감수해야만 한다."[226]

화석이나 유전자냐. 어느 것이 더 믿을 만한 데이터냐를 두고 양극화됐던 과거의 역사가 다시 반복되고 있었다. 무엇이 이 끝나지 않는 팽팽한 논란에 종지부를 찍을 것인가? 더 많은 화석인가, 아니면 더 많은 유전자인가? 그것도 아니면 다른 무언가가 있을까? 화석 자체에서 얻은 유전자는 어떨까?

죽은 유전자를 되살리다

윌슨은 살아 있는 DNA를 이용해 과거를 들여다보는 것을 전문으로 하는 사람이었다. 그는 '살아 있는 유전자는 분명 조상이 있지만 죽은 화석은 후손이 없을 수도 있기 때문에'[227] 자신의 접근법에 결정적인 강점이 있다고 고생물학자들에게 농담처럼 말하곤 했다. 달리 말해 고생물학자들은 막다른 골목, 즉 계속해서 뻗어나가는 진화 계통도 끝에 달린 죽은 잔가지를 보고 있을 가능성이 있었다.

이브 이야기가 등장하기 몇 년 전부터 윌슨과 그의 동료들은 이 두 가지 접근 방식 사이에 다리를 놓을 수 있는 아주 흥미로운 가능성을 탐험하기 시작했다. 그것은 바로 화석에서 DNA를 직접 채취하는 것이었다.

이러한 방식이 과연 성공할 수 있을지 알아보기 위해 그는 박물관에 보존된 표본을 이용하기로 했다. 그가 처음 거둔 성공은 얼룩말의 친척으로 1883년 멸종한 바 있는 쿠아가(그림 13.3)의 조직을 뗀 것이었다. 윌슨과 그의 동료들은 독일 서부 메인즈 자연사박물관에 있던 140년 된 표본에서 얻은 두 개의 유전자로부터 mtDNA를 추출했다. 이 염기 서열은 얼룩말과 가장 흡사했으며 이를 통해 쿠아가와 얼룩말이 둘로 갈라진 것이 약 몇백만 년 전일 것이라는 결과를 얻었다. 그러나 이 실험에는 쿠아가의 계통을 알아낸 것보다 더 큰 의미가 있었다. 사상 최초로 멸종한 종으로부터 DNA 염기 서열을 얻어냈다는 사실이었다(윌슨에게 '최초'라는 말이 또 한 번 붙는 순간이었다). 이러한 도약은 '고생물학, 진화 생물학, 고고학, 수사 과학을 포함해 여러 과학 분야가 혜택을 볼 수 있는 가능성'²²⁸을 열었다.

윌슨은 모르고 있었지만 스웨덴 웁살라 대학에서 박사 과정을 밟고 있던 학생 한 명도 당시 비슷한 생각을 하고 있었다. 그는 열세 살의 나이에 이집트 여행을 한 뒤로 고대 역사에 푹 빠져버린 스반테 파보Svante Pääbo였다. 그는 이집트학을 전공하려고 웁살라 대학에 들어갔지만 기대한 것처럼 피라미드와 미라를 찾아다니는 대신 이집트어의 문법을 해석하는 데 많은 시간을 보내는 것을 보고 크게 실망했다. 그래서 의학으로 전공을 바꾸기

그림 13.3 쿠아가. 쿠아가는 얼룩말과 친척뻘 되는 멸종한 동물이다. 앨런 윌슨과 그의 동료들이 박물관에 보존돼 있던 쿠아가 표본에서 얻은 DNA는 멸종된 동물에서 얻은 최초의 것이었다.

로 마음을 먹었다가 분자면역학의 길을 택한 그는 DNA 복제에 쓰는 도구에 대해 배우던 중 이러한 기법을 미라에도 이용할 수 있을지 모른다는 생각을 했다. 이집트학 교수의 도움을 받고 프로젝트를 비밀로 하기 위해 밤에 연구를 계속하면서 그는 총 스물세 구의 미라에서 DNA를 추출하는 데 성공했다. 심지어는 2,400년 된 미라에서 짧은 DNA 조각을 분리해내기도 했다.

파보가 자신의 성공을 논문으로 쓰기 시작할 무렵 윌슨팀의 쿠아가 논문이 「네이처」에 실렸다. 고대 DNA 복제 기술에 선수를 빼앗긴 것 같아 실망하긴 했지만 윌슨의 연구에 감명을 받은 파보는 윌슨에게 자신의 미라 논문 한 부를 보냈다. 미라 논문을 보고 관심이 생긴 윌슨은 파보에게 편지를 써 자신이 안식년에 파보의 연구실로 가서 함께 일할 수 없겠느냐 물었다. 이에 파보는 자신이 연구실을 가지고 있지 않을 뿐만 아니라 아직 박사 과정도 다 마치지 못한 학생이라고 설명하며 오히려 자신이 윌슨의 연구실로 가서 함께 일할 수 없겠느냐 답장을 보냈다.

1987년, 이브 이야기가 등장한 해에 파보가 윌슨의 연구실에 합류했다. 그곳은 새로운 아이디어와 방법이 자랄 수 있는 비옥한 땅인 동시에 재능 있는 젊은 과학자들로 북적이는 곳이었다. 또한 윌슨의 연구실은 폴리메라아제 연쇄반응법(PCR)이라는 새 기법을 처음으로 사용한 곳이기도 했다. 이 기법을 이용하면 고온에서 안정화된 특수 효소를 이용해 전체 유전자를 포함하고 있는 DNA 염기 서열 조각을 복잡한 DNA 혼합물로부터 분리, '증폭'할 수 있다. 이 새로운 기법을 통해 과학자들은 어느 부위의 DNA든 많은 양을 얻을 수 있을 뿐만 아니라 개인이나 종 사이에서 일어날 수 있는 다양한 진화적 변화를 빠르게 분석할 수 있다. PCR 기법은 분자진화 생물학에 혁명을 일으켰다. 그것은 DNA가 있다고 해도 극소량만 함유돼 있거나 손상, 혹은 변질된 고대 조직으로부터 DNA를 얻는 데 이 상적인 도구였다. PCR을 이용해 파보는 7,000년 된 미라의 뇌와 태즈매니아 늑대로 알려진 멸종한 유대류 늑대에서 얻은 mtDNA를 증폭할 수 있었다. 파보와 윌슨은 공동 연구를 통해 뉴질랜드 키위새와 멸종한 모아새를 포함, 날지 못하는 다른 새 사이의 관계를 조사했다. 하지만 안타깝게도 이 연구가 채 완성되기 전 윌슨은 백혈병으로 세상을 떠났다.

고대 DNA 연구라는 과제는 이제 파보의 손으로 넘어갔다. 윌슨은 이 어린 제자에게 큰 영향을 미치며 인간 진화 연구라는 특별하고 강력한 욕구를 심어줬다. 뮌헨에 새로 생긴 자신의 연구실에서 파보는 스승의 길을 따르기 시작했다.

죽은 자의 비밀

그것은 말도 안 되는 일이었다. 파보는 독일 본에 있는 라인란트 박물관장에게 샘플을 달라고 조르고 있었다. 그가 원한 것은 미라도, 모아새도 아닌 바로 네안데르탈인 뼈였다. 그것도 여느 네안데르탈인이 아니라 1856년 채석장에서 발견된 바로 '그' 제1호 네안데르탈인의 뼈 말이다. 게다가 그 뼈를 잠시 보겠다는 것이 아니라 잘게 갈아 DNA를 추출할 수 있도록 조각을 잘라달라는 것이었다. 그렇다. 그는 국보급 유물에 칼을 대고, 그 조각을 가루로 만들겠다고 말하고 있었다. 관장이 주저하는 것은 당연했다. 그러나 파보는 끈질기게 요청을 계속했고 1996년 결국 자신이 원하던 조각을 얻어냈다. 위팔뼈에서 잘라낸 반 인치 크기의 조각을 얻은 것이다(그림 13.4).

만약 네안데르탈인이 유럽인이나 다른 호모 사피엔스에 유전적으로 기여한 바가 있다면, 그리고 파보의 연구팀이 4만 2,000년 된 DNA를 추출해

서열을 알아낼 수 있다면 여러 논란을 잠재울 수 있을 것이었다. 북극의 영구 동토층에 잘 매장돼 있던 매머드 몇 마리를 제외하고 그때까지 오래된 DNA의 결정적 서열을 추출해낸 적은 없었다. 그동안 네안데르탈인 뼈는 그 발견자나 박물관 관계자, 그 밖에도 짐작할 수 없을 만큼 수많은 사람들의 손을 거쳤기 때문에 그것이 현대 인간의 DNA로 오염됐을 가능성이 매우 높았다. PCR 기법을 쓰면 아무리 약한 DNA 흔적이라도 찾아낼 수 있었지만 이 경우 이것은 결코 바람직한 일이 아니었다. PCR와 관련된 연구 결과와 논문 등은 외부 DNA 오염으로 인한 각종 오류와 가짜 결과로 가득했다. 파보는 그러한 실수를 저지를 수 없었다. 이것은 고대 DNA를 얻기 위한 가장 야심차고 결정적인 실험이었고, 만약 첫 번째 실험에서 성공을 거두지 못한다면 두 번째 기회 같은 것은 바랄 수도 없었다. 계속해서 뼈를 잘라 갈아대기에는 화석 자체가 아주 귀중했기 때문이었다.

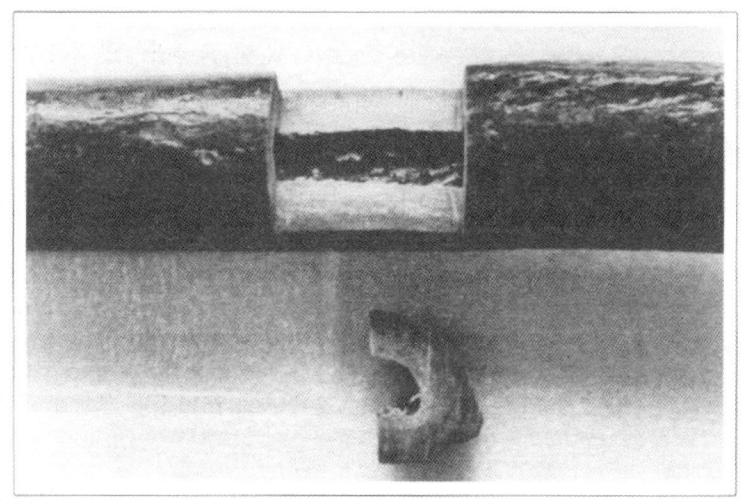

그림 13.4 네안데르탈인에게서 DNA를 얻다. 펠트호퍼 동굴에서 발굴한 네안데르탈인 표본의 위팔뼈에서 조각을 떼어 내어 DNA를 추출하고 염기 서열을 확인했다. 출처: 「셀Cell」, M. Krings 외

연구를 계속하면서 파보는 과거의 DNA를 연구할 때 현대 인간 DNA로 인한 오염이 얼마나 쉽게 일어나는지 잘 알고 있었고, 오염 가능성을 최소화하기 위해 필요한 모든 조치를 취했다. 실험실에 들어갈 때마다 보호 장비를 갖춰 입게 했고, 실험 도구들은 모두 염산으로 소독한 후 살균한 물로 헹궜고, 전기톱으로 채취한 샘플은 무균 튜브에 넣어 보관했으며, 마지막으로 모든 DNA 연구는 UV 요법을 비롯해 다른 여러 오염 방지 장치가 갖춰진 특수 고고학 표본 전문 실험실에서 수행했다.

실험팀은 잘라낸 뼛조각을 갈아 가루로 만들고 여러 용액을 이용, 극히 소량의 DNA를 추출해냈다. 그런 다음 PCR 기법을 써 mtDNA를 증폭시켰다. 그런 다음 증폭된 DNA에서 염기 배열을 확인했다. 진실의 순간이 도래한 것이었다. 파보는 이것이 '자신의 인생에서 가장 끝내주는 순간들 중 하나'[229]라고 했다. 실험 결과를 들여다본 순간 그는 네안데르탈인의 염기 서열이 현대 인간과 매우 다르다는 것을 깨달았다.

그러나 섣부른 판단은 금물이었다. 파보는 실험 과정 전체를 한 번 더 반복하고 싶었다. 자신의 실험실이 아니라 완전히 다른 실험실에서 말이다. 그는 윌슨 연구실의 팀 동료로서 아프리카 기원설에 관한 논문을 함께 작성했고 당시 펜실베이니아 주립 대학교의 인류유전학 실험실에 있던 마크 스톤킹에게 샘플을 하나 보냈다. 이내 스톤킹 역시 파보의 팀과 같은 염기 서열 결과를 얻었다.

실험 결과를 보면 네안데르탈인이 현대 인류에게 mtDNA를 기여한 증거가 전혀 없었고 이것은 다지역 기원설의 주장과 상반되는 것이었다. 또한 네안데르탈인의 서열이 다른 인종에 비해 유럽인과 유전적으로 더 밀접한 관계를 보이지도 않았다. 이는 곧 현대 인간이 여러 집단, 즉 여러 인종으로 나뉘기 훨씬 전에 네안데르탈인은 이미 현대 인간과 분리됐다는 의미였다. 네안데르탈인과 현대 인간의 염기 서열은 전체 378개 부위 중 평균 27개 부위에서 차이를 보였다. 아프리카인, 유럽인 같은 인종 집단이 서로 차이를 보인 것은 평균 8개 부위였다. 마지막으로 파보의 팀은 분자시계를 이용해 약 55만 년에서 69만 년 전 사이에 네안데르탈인과 호모 사피엔스의 mtDNA가 분기됐을 것이라고 결론을 내렸다.

연구 결과에 대한 언론의 반응은 뜨거웠다. '획기적인 발견, 논란의 여지는 있겠지만 고대 DNA 연구 분야에서 지금까지 중 최고의 업적'[230]이라는 수식어가 따라왔다. 이 연구는 고인류학 분야에서 실험과 이론 모두에 새로운 전환점이 됐다. 파보와 팀원들은 인간 화석에서도 독특한 유전정보를 추출할 수 있으며, 인간의 기원을 밝히는 데 이제 기존의 비교 해부학이나 방사성 연대 결정법 말고도 과학자들이 이용할 수 있는 완전히 새로운 기법이 생겼다는 것을 세상에 증명해 보였다. 이것은 다지역 기원설에 또 한 번의 결정타를 날리고 아프리카 기원설에 힘을 실어주는 역할을 했다.

물론 이 결과가 옳다면 말이다. 따지고 보면 펠트호퍼 표본은 하나의 샘플에 지나지 않았고 그것이 모든 네안데르탈인을 대표하지 않을 수도 있다는 가능성이 아직 남아 있었다. 그러므로 더 많은 DNA 서열과 다양한 표본을 손에 넣는 것이 무엇보다도 중요했다. 파보의 팀은 두 가지 모두에 노력을 기울였다. 그들은 펠트호퍼 표본에서 얻을 수 있는 DNA 서열의 양을 늘렸으며 다른 과학자들과 함께 크로아티아, 러시아, 벨기에, 프랑스에서 발견된 다른 네안데르탈인 표본을 구했다. 새로 얻은 샘플은 모두 비슷한 mtDNA 서열을 보였으며 다시 한 번 이것들은 현대 인간의 mtDNA에 나타나지 않았다.

하지만 이러한 결과가 네안데르탈인과 호모 사피엔스 사이의 혼혈 가능성이나 네안데르탈인이 현대 인간의 유전자에 어느 정도 기여했을 가능성을 모두 배제할 수 있는가? 물론 그렇지 않았다. 그 이유는 mtDNA의 특성과도 어느 정도 관련이 있었다. mtDNA는 모계 유전되기 때문에 네안데르탈인 여자와 현대 인간 남자 사이에 교배가 있었을 경우에만 진위 여부를 확인할 수 있다는 약점이 있었다. 게다가 하나의 종 전체가 멸종되지 않더라도 특정 mtDNA의 혈통이 사라질 가능성은 얼마든지 있었다. 그러니 실험에 이용된 일부 네안데르탈인에게 현대 인간 후손이 없다고 해도 다른 네안데르탈인에게 후손이 있을 가능성은 분명 존재했다.

네안데르탈인과 호모 사피엔스가 교배했을 가능성을 찾고 mtDNA가 멸종했을 가능성이 있는 시기의 범위를 최대한 좁혀 살펴볼 수 있는 길이 하나 있었다. 그것은 네안데르탈인이 존재했던 시기와 최대한 가까운 때에 유럽에 살았던 초기 현대 인간의 DNA를 조사하는 것이었다. 파보와 팀원들은 약 2만 3,000~2만 5,000년 전의 크로마뇽인 샘플을 포함해 체코 공화국과 프랑스에서 발견한 다섯 점의 초기 현대 인류 표본으로부터 DNA를 추출했다. 그리하여 초기 호모 사피엔스 표본에 네안데르탈인의 mtDNA 흔적이 없는 것을 확인했다.

이로써 네안데르탈인의 유전자가 현대 인간과 섞이거나 현대 인간 진화에 어떠한 기여도 하지 않았다는 추가적인 증거가 생겼지만 유전과 진화에 대해 확정적인 결론을 내리기에 mtDNA는 다소 부족한 면이 있었다. 우리의 신체 기능과 해부학적 구조를 전반적으로 통제하는 유전자는 핵 DNA에 자리 잡고 있다. 그러나 mtDNA가 세포당 100~1만 개 있는 데 반해 핵 DNA는 두 개밖에 없고, 고대 DNA는 사슬이 매우 짧게 축소돼 있기 때문에 네안데르탈인 표본에서 조금이라도 핵 DNA 서열을 얻어낼 수 있는 가망성은 매우 희박했다. 사실 파보가 mtDNA를 추출하는 데 최초로 성공을 거뒀을 때도 당시 많은 사람들이 "잃어버린 유전 정보 중 상당 부분을 다시 찾는 것은 우리 힘으로 불가능하다."[231]고 생각했다.

하지만 우리는 더 이상 무력하지 않았다. 훨씬 빠르고 저렴한 유전적 기법을 원하는 의학계의 요구에 발맞춰 DNA 연구가 눈부신 발전을 이룩했고, 그 덕분에 네안데르탈인의 핵 DNA를 살펴보는 것은 물론이고 30억 쌍에 이르는 DNA 염기, 게놈 전체를 얻을 수 있게 된 것이었다. 이제는 독일 라이프지크의 막스 플랑크 진화 인류학 연구소에 자리를 잡은 스반테 파보의 연구팀과 미국 캘리포니아 월넛 크리크의 미국 에너지국 게놈 연구소 소속의 에디 루빈이 이끄는 팀, 이렇게 두 연구팀이 네안데르탈인 게놈 프로젝트라는 새로운 모험을 시작했다.

물론 이들의 길을 막고 있는 기술적 장애물은 어마어마했다. 오랜 세월이 흐르면서 DNA가 변질되거나 화학적으로 분해돼 DNA당 서열이 50개 정도인 짧은 조각밖에 얻을 수 없었고, 이 모두를 한데 합쳐 정확한 순서대로 맞추려면 이러한 조각을 수천만 개는 찾아내야 했던 것이다. 물론 언제나 도사리고 있는 현대 인간 DNA로 인한 표본 오염의 위험 역시 간과할 수 없었다.

이 모든 어려움에도 불구하고 2006년 최초의 핵 DNA 서열이 확인됐고, 그것은 그때까지 mtDNA 분석을 통해 얻은 결과와 일치했다. 그들이 최종적으로 손에 얻은 것은 대략 6만 5,000개의 염기쌍이었다. 물론 30억 개나 되는 전체 염기쌍 수에 비하면 그야말로 티끌만큼 적은 수였지만 이전 10년 동안 진행된 mtDNA 연구와 비교해보면 거의 100배나 늘어난 양이었다. 6만 5,000쌍의 염기 서열을 분석한 결과, 그들은 네안데르탈인과 호모 사피엔스가 분기한 것이 약 수십만 년 전이라는 결론을 다시 한 번 내렸다. 그리고 네안데르탈인이 현대 인간의 유전자에 기여한 증거가 없다는 사실 역시 다시 한 번 확인됐다.

심각한 미결 사건

우리가 네안데르탈인의 후손이 아니라면 과연 우리의 역사는 무엇이며, 도대체 네안데르탈인에게 무슨 일이 일어났던 것일까?

각종 화석과 DNA, 문화적 기록을 통해 우리의 기원과 네안데르탈인의 역사에 관한 전반적인 연대표가 그려지고 있다(그림 13.5). 그 연대표를 보면 네안데르탈인과 호모 사피엔스가 공통으로 가졌던 가장 최근의 조상은 약 70만 년 전에 나타났고, 이 두 집단은 초기 호모 사피엔스의 첫 등장(에티오피아의 헤르토에서 발견된 연대 16만 년 전으로 추정되는 화석)보다 한참 앞선 30만~40만 년 사이에 둘로 갈라진 것을 알 수 있다. 네안데르탈인은 대략 30만 년 혹은 그 이상의 기간 동안 유럽에 퍼져 살고 있었으며, 이들이 아시아 서부에 도달한 것은 15만 년 전이었다. 그들의 서식지는 본래 알려진 것보다 훨씬 확장돼 시베리아 남쪽으로 알타이 산맥까지 닿고 있다. 네안데르탈인 연구 분야에서 DNA 과학을 이용한 또 하나의 대성공이라고 할 수 있다. 어느 동굴에서 발견된 화석 조각의 정체가 논란에 휩싸였을 때에도 파보와 그의 동료들이 DNA 서열 검사를 실시해 그것이 네안데르탈인의 것임을 밝혀낸 바 있다.

약 6만 년 전에 현대 인류가 아프리카에서 나와 약 4만 년 전 아시아와 호주, 그리고 유럽 일부 지역에 도달했다. 5만 년 전에 유럽과 아시아에 걸쳐 있는 넓은 띠 모양의 지역에 살고 있었던 유일한 인간은 네안데르탈인이지만 세월이 흘러 3만 년 전으로 가면 같은 지역에 살고 있는 사람 대부분은 호모 사피엔스로 바뀌었다. 그리고 멀리 남부 유럽에 그나마 마지막까지 남아 있던 네안데르탈인은 2만 8,000년 전에는 끝내 완전히 자취를 감추고 말았다(그림 13.5).

네안데르탈인이 사라진 현상을 설명하기 위해 여러 가지 가설이 제기됐

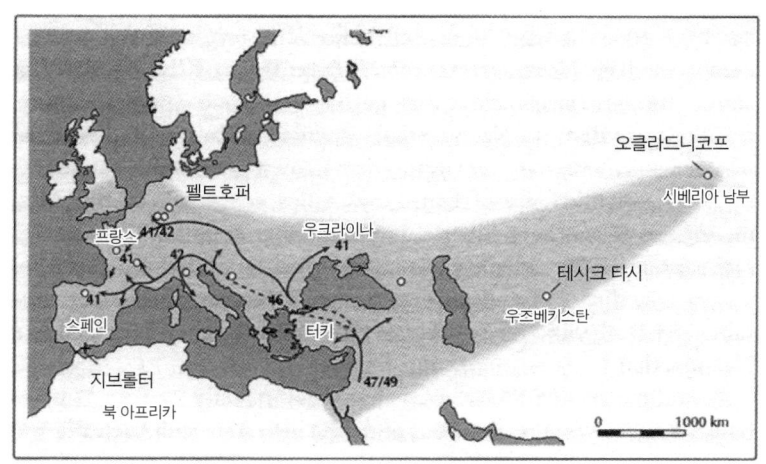

그림 13.5 네안데르탈인 분포와 호모 사피엔스의 유럽 침략. 화석과 DNA 증거를 바탕으로 추정되는 네안데르탈인의 분포 지역이 연한 회색으로 칠해져 있다. 펠트호퍼 동굴, 가장 연대가 늦은 유해가 발견된 지브롤터를 비롯해 개별 발견 지역이 동그라미로 표시돼 있다. 아프리카에서 시작해 중동을 거쳐 유럽으로 이어졌을 것이라 추정되는 호모 사피엔스의 이주 경로는 화살표로 표시돼 있으며 그 시기가 숫자로 적혀 있다. 리앤 올즈 그림. 출처: J. 크라우스 외(2007), 「네이처」, P. 멜라스(2006) 「네이처」.

다. 그중에서도 가장 극적인 것은 물론 우리 조상인 호모 사피엔스가 폭력으로 그들을 쓸어버렸다는 설이다. 그 밖에도 여러 가설이 있다. 특히 새롭게 등장한 호모 사피엔스가 어떤 질병을 가져와 네안데르탈인에게 감염시켰다는 설, 기술이나 의사소통 능력, 사회적 구조 같은 여러 면에서 호모 사피엔스보다 열등했던 네안데르탈인이 한정된 자원을 확보하는 데 있어 호모 사피엔스에게 밀렸다는 설 등이 유력하다.

네안데르탈인의 죽음을 둘러싼 미스터리는 분명 앞으로도 계속해서 다양한 추측과 논란을 불러일으키겠지만 5만 년에서 3만 년 전의 기후나 생물학적, 문화적 기록을 살펴보면 몇 가지 단서가 있는 것을 알 수 있다.

180만 년 전부터 1만 1,500년 전에 해당되는 홍적세는 자연 환경과 야생동물, 지형의 변화에서 극적인 영향을 미친 반복적 빙결 현상이 특징이다.

네안데르탈인은 홍적세 중기(78만 1,000~12만 6,000년 전)와 후기(12만 6,000~1만 1,500년 전)에 걸쳐 오랫동안 혹독하고도 변덕스러운 기후를 견뎠고 그들의 신체는 추운 기후에 맞게 적응, 변화했다. 그들은 분명 훌륭한 사냥꾼이었으며 화석을 보면 그들의 삶이 얼마나 거칠었는지 잘 알 수 있다. 신체 여러 곳에서 뼈가 부러졌다가 아문 흔적이 발견되는데 그 수가 매우 많아 거의 현대의 로데오 선수들과 비교되기도 한다.

고대 기후를 추정해보면 약 5만~3만 년 사이에 유럽에 극적인 기후 변화가 일어난 것을 알 수 있다. 매 세기마다 일어나는 급속한 기후 변화 때문에 네안데르탈인의 거주 지역은 급격히 확장됐다가 축소되기를 반복했다. 날씨가 추워지면서 숲이 줄어들고 평야와 툰드라가 늘어났을 것이다. 이 시기의 화석을 보면 발굴 지역과 포유류 개체 수가 크게 달라진 것을 관찰할 수 있는데 따뜻한 시대에 존재하던 선사시대 코끼리의 멸종이 대표적인 예다. 네안데르탈인은 분명 새로운 식사 메뉴에 적응해야 했을 것이다.

나무가 없는 맨땅이 점점 넓어지면서 잡을 수 있는 동물의 종류도 바뀌었고 그에 따라 가장 효과적으로 이용할 수 있는 사냥 기법 역시 달라져야 했을 것이다. 네안데르탈인은 주로 삼림 지역에서 사냥을 하며 가까운 나무 뒤에 숨어 있다가 풀을 뜯어먹고 있는 동물들을 공격하곤 했다. 그러나 나무가 사라지고 평야가 넓어지면서 들소나 붉은 사슴, 말 떼 등이 무리를 지어 이동을 하기 시작하자 먼 거리를 이동할 수 있고, 숲이나 동굴이 아닌 곳에서 살며, 뾰족한 칼이나 창처럼 먼 거리 공격에 적합한 도구를 갖춘 사람, 즉 새로 등장한 호모 사피엔스가 훨씬 사냥을 잘 할 수 있게 됐다.

문화적인 기록을 봐도 이 시기에 일어난 기술의 변화는 매우 놀라웠다. 약 4만 1,000년 전, 즉 네안더 계곡의 펠트호퍼 동굴에서 발견된 그 네안데르탈인이 죽었을 무렵, '오리냑' 문명(프랑스의 고고학 발굴 현장의 이름을 땀)이 유럽 중부와 서부에 도달했다. 이 문화적 침공으로부터 남겨진 유물을 살펴보면 복잡하고 섬세하게 가공된 최초의 상아, 사슴뿔, 동물 뼈로 만든 도구, 정교하게 조각된 돌이나 상아 구슬, 장신구, 먼 바다로부터 가져온 조개껍데기, 구멍 뚫린 동물 이빨, 사람과 동물 모양의 상아 조각, 동굴 벽화, 그리고 그 무엇보다도 중요한 창날과 화살촉 등이 있다. 이 모든 유물은 기존의 네안데르탈인 문명과는 다른 새로운 기술의 시작을 알리며, 이러한 증거 중 일부는 아프리카에 최소한 7만 년 전에 존재했다.

기온이 점점 내려가면서 인간이 살아남기 위해서는 생활 방식의 혁신과 함께 사회적 조직이 필수였을 것이다. 식물의 줄기를 이용해 낚시용 그물이나 작은 포유류와 새를 잡는 데 쓰는 덫 등을 만들면서 호모 사피엔스의 식단이 점차 풍성해졌고, 교역이 발달하면서 계절에 맞춰 이동하는 각종 동물을 따라 더 넓은 땅과 계절을 넘나들 수 있는 이동성도 생겼을 것이다. 3만 년 전쯤이 되자 더 많은 호모 사피엔스들이 거주 지역을 점령하기 시작했다. 두 집단 간 직접적인 갈등이 있었든 없었든, 환경적 변화와 생존 경쟁이 아마도 네안데르탈인을 본래 거주 지역의 끄트머리까지 몰아갔다가 결국 완전히 사라지게 만들었을 것이라 추정된다.

왜 우리 호모 사피엔스는 환경에 적응했지만 네안데르탈인은 그렇지 못했을까? 네안데르탈인이 의사소통, 사고 능력, 계획 능력 같은 생물학적 면에서 우리보다 열등했던 것일까? 왜 네안데르탈인이 아니라 우리의 조상인 호모 사피엔스가 특정한 기술과 문화적 전통을 개발할 수 있었을까? 한 마디로 우리와 그들의 차이는 무엇 때문이었을까?

1~2년 전만 해도 두 인간 집단의 서로 다른 운명에 대한 이유를 찾을 때마다 실질적 증거가 아니라 많은 사람의 추측과 추정에만 의존해야 했다. 하지만 이제는 다르다. 비교적 최근에 멸종한 우리의 가까운 친척 네안

데르탈인과 우리의 게놈을 비교해보면 어떤 면에서 우리가 서로 다른지, 그리고 어떤 면에서 비슷한지 곧 알 수 있을 것이다. 네안데르탈인의 생활상과 현대 인류 기원에 관해 밝은 빛을 비춰줄 창문이 이제 열리고 있다.

맺음말

다가올 것들의 모습

미스터리가 언제나 기적과 같은 것은 아니다.
— 요한 볼프강 폰 괴테(1749~1832)

지금까지 우리가 함께 살펴본 모험가들은 자신이 머물던 정글이나 사막, 황무지, 협곡, 산을 떠나 문명 세계로 돌아갈 때 그동안의 어려움에도 불구하고 하나같이 일종의 아쉬움과 슬픔을 표현했다. 나 역시 이 책을 쓰며 한동안 즐거운 시간을 함께 보냈던 이 인물들을 남겨두고 책을 마치려니 약간 쓸쓸한 기분이 드는 것을 어찌할 수가 없다. 이 책의 마지막 장에 이른 독자 여러분 역시 조금이라도 나와 같은 기분을 느꼈으면 한다. 만약 그렇다면 내가 맡은 바 소임을 다 한 것이리라.

사람이라면 하나의 여정이 끝날 때, 아니면 어떤 일의 기념일이 다가올 때 그동안 자신이 어떤 길을 걸어왔는지, 그리고 앞으로 가야 할 길에 무엇이 펼쳐질 것인지 잠시 생각해보는 것이 당연하다. 그러니 지금까지의 모험 이야기를 마치고 여러 주요 연구와 발견을 돌이켜보는 지금, 지금까지 우리가 얼마나 먼 길을 걸었는지, 그리고 미래에 무엇이 우리를 기다리고 있을 것인지 잠시 생각해보자. 실제로 걸어온 거리나 가봤던 장소를 의미하는 것이 아니다. 앞에 등장한 각종 발견과 아이디어들이 우리의 세계관에 과연 얼마나 큰 영향을 미치는지 돌아보자는 뜻이다. 여기 맺음말을 통해 나는 두 가지 질문에 답하고자 한다. 첫 번째, 다윈의 혁명적 이론이 우리를 어떤 길로 이끌었는가? 그리고 두 번째, 그 정도로 큰 중요성을 띠는 발견이 아직도 남아 있는가?

다윈이 이끈 새로운 세상

50년 전, 그러니까 다윈의 『종의 기원』 탄생 100주년이었던 해에 고생물학자이자 '근대 종합설'의 공동 창시자인 조지 게일로드 심슨이 '다윈이 이끈 새로운 세상'이라는 제목으로 「사이언스」에 훌륭한 글을 하나 선보였다. 다윈주의라는 혁명을 통해 우리가 그전까지 지니고 있던 세계관이 얼마나 완전히, 그리고 영원히 바뀌었는지에 대해 쓴 글이었다.

심슨의 이 글은 거의 대부분 오늘날까지 정설로 받아들여지고 있다. 그 책에 등장하는 몇 가지 중점 사항을 간단히 설명하고자 한다. 그는 '이해할 수도 없을 만큼 거대한 세상 중 우리가 있는 곳은 보잘것없는 티끌에 불과하다는 것을 밝혀낸'[232] 초기 천문학자들에 의해 시작된 사고의 변모가 다윈주의 혁명을 통해 더욱 확장됐다고 했다. 그 후 이번에는 지질학자들이 나서서 지구의 나이가 수백만 년에 이른다고 추정함으로써 이 거대한 세상을 시간적으로도 훨씬 넓혀놓았다(물론 지금은 지구의 나이가 45억 년 정도라고 밝혀져 있다). 심슨은 "6,000년 전만 해도 세상은 매우 다르게 여겨졌다."[233]고 했다.

다윈주의가 일으킨 혁명은 여기에서 멈추지 않았다. 세상에 대한 우리의 인식과 자연 속 인간의 위치와 존재 목적에 대한 사람들의 일반적인 생각에 세 번의 결정타를 날린 것이다.

첫째, 다윈은 세상과 우주가 훔볼트와 같이 이전 세대 학자들이 믿었던 것처럼 평화롭고 질서 잡힌 곳이 아니라 다소 적대적인 곳이라는 사실을 밝혔다.

둘째, 조상과 혈통에 대한 다윈의 새 이론을 통해 인간 역시 동물 중 하나의 종에 지나지 않으며 특별한 지위를 갖추고 있는 것이 아니라는 것을 보여줬다. 아메바나 촌충, 벼룩, 혹은 원숭이와 우리의 관계를 살펴본 심슨은 "우리와 이들의 관계는 작가와 신학자들의 상상을 뛰어넘는, 동반자나 형제와 같으면서도 한 편으로 매우 적대적인 것."[234]이라고 했다.

그리고 세 번째, 어떤 생명체든 생존을 위해 힘들게 투쟁하는 것을 고려할 때 지구 상 그 어떤 존재도 특별히 우리를 돕기 위해, 혹은 해하기 위해 존재하는 것이 아니라는 점이다. 심슨은 이에 대해 이렇게 표현했다. "예를 들어 인간이 호랑이를 위해 진화한 것이 아니듯 과일도 인간을 위해 진화한 것이 아니다."[235]

심슨은 이미 50년 전 이러한 철학 혁명의 요점을 모두 꿰뚫고 있었지만 다윈이 시작한 과학 혁명은 1959년에 끝난 것이 아니었다. 그 후 수십 년간 계속된 각종 발견은 심슨이 가지고 있던 다소 냉정한 세계관을 뛰어넘었다. 예를 들어 우주와 이 세상은 심슨이 생각한 것보다도 훨씬 더 적대적이고 냉정하다. 심슨은 각종 생명체가 시시각각 멸종하고 있는 것을 잘 알면서도 지질학이나 화석상의 기록을 통해 변화가 일정한 속도로, 지속적이면서도 질서 있게 일어난다고 믿었다. 하지만 현재 우리는 지구의 겉모습이 완전히 리모델링돼서 획기적으로 변화한 적이 있으며, 지구상에 살고 있던 여러 동식물이 K/T 소행성 충돌(8장 참조) 같은 대재앙으로 인해 사라졌다는 것을 잘 알고 있다. 오랜 세월 지질학자들은 구식이고 비과학적이라는 이유로 대재앙으로 인한 생물 멸종 시나리오를 경멸했다. 치크줄룹에서 실제 충돌 흔적이 발견될 때까지 말이다. 심슨이 이러한 발견을 알았더라면 분명 깜짝 놀랐겠지만 생물이 어떠한 목표를 향해 진화하는 것이 아니라는 그의 이론은 한층 더 강화됐을 것이다.

한편에서 생명체가 점차 진화하는 반면 다른 한편에서는 다른 종들이 꾸준히 멸종하는 현상이 일어나는 모순에 대해 심슨은 이렇게 이야기했다. "만약 그것이 신이 미리 정해놓은 계획이라면 기이하게도 비효율적인 계획이라고 하겠다."[236]

지난 50년간 인간 기원과 진화의 메커니즘에 대한 우리의 시각은 계속해서 변화했다. 리키가 최초로 원시인류 화석을 발견한 것이 바로 50년 전인 1959년이었다(11장 참조). 이를 통해 원시인류 고생물학에 혁명이 일어났으며 우리의 기원을 연구하는 무대는 뒤부아가 아시아에서 자바원인을 발견한 이후 다윈이 앞서 말한 대로 아프리카로 다시 옮겨졌다.

그 후 얼마 지나지 않아 이루어진 유전자 정보 해독은(12장, 13장 참조) 인간 역사를 밝혀내고 해석하는 완전히 새로운 방식이었다. DNA를 통해 우리는 이전에 생각한 것보다 훨씬 더 최근까지 침팬지와 같은 조상을 공유하고 있었으며 유전적으로 그들과 매우 가깝다는 사실을 알게 됐다. DNA는 또한 우리가 모두 아프리카에서 기원했으며 네안데르탈인의 후손이 아니라는 사실을 결정적으로 밝혀냈다.

DNA 혁명은 분자와 유기체의 진화에 대한 우리의 이해를 바꿔놓았다. 분자시계가 발명되면서 심슨의 생각과 달리 분자적 변화와 신체적 변화는 서로 관계가 없다는 것이 밝혀졌다. 그리고 DNA 해독 기술의 발달로 생물학자들은 자연선택 현상이 가장 기본적인 단계부터 어떻게 일어나는지 알아볼 수 있게 됐다.

그러므로 다윈과 월레스가 '미스터리 중의 미스터리', 즉 종의 기원이라는 문제를 푸는 첫 걸음을 내딛은 것은 150년 전이었지만 '인류에 대한 의문 중의 의문', 즉 우리의 기원이라는 난제를 푸는 데 큰 도약을 한 사람들은 지난 50년 사이에 비로소 등장했다고 할 수 있다.

자, 그러면 앞으로 다가올 50년은 어떨까? 지난 50년을 바탕으로 진화 연구가 마침내 완료됐다고 주장한다면 바보 같은 짓일까? 앞으로도 더 많은 화석과 DNA에서 밝혀진 더 많은 정보가 우리를 놀라게 하고 우리의 학문을 풍요롭게 할 것이다. 이제 진화와 우리의 기원에 대해 비교적 정확한 이해를 확보하고 있는 지금, 지난 150년 동안 많은 사람들을 괴롭혔던 여러 문제와 비슷한 의미를 갖는 다른 미제는 없을까?

아직 해결하지 못하고 남아 있는 문제, 아마도 가장 큰 미스터리 중 미스터리요, 가장 어려운 의문 중 의문은 아마도 이것일 것이다. 궁극의 기원, 우주와 지구에 생명체가 생겨난 기원 말이다.

10억조 분의 일?

생명체가 존재할 수 있는 다른 세상이 과연 있는가?
지구 말고 다른 곳에 생명체가 존재하는가?
만약 그렇다면 어떤 종류의 생명체인가?
이것은 전혀 새로운 질문이 아니다. 수천 년 동안 인류는 별들을 올려다보며 '저기 바깥에' 무엇이 있는지 궁금해했다. 1543년 코페르니쿠스가 지구가 태양 주위를 돈다고 주장한 이후 천문학자들은 우주 속 우리의 위치에 대한 개념을 계속해서 조금씩 바꾸고 있다.

1584년, 지오다노 브루노라는 가톨릭 수도승이 우주에는 "셀 수 없이 많은 태양과 그 태양 주위를 도는 셀 수 없이 많은 지구가 있다."[237]고 주장한 바 있었다. 그는 이단이라는 판결을 받고 1600년 화형을 당해 죽었다(요즘 동료 학자들의 평가가 무섭다고 생각했더니 과거에는 훨씬 더했던 모양이다).

하지만 브루노의 이야기에도 해피엔딩이 있다. 정확히 400년 후인 2000년에 브루노의 화형에 대해 교황청에서 공식적으로 '깊은 애도'[238]를 표했던 것이다. 무엇 때문에 공식 사과가 그리 늦어졌는지는 잘 모르겠다. 물론 교황청이 그런 일에 대해서 입을 여는 것이 드문 일이긴 하다. 우주가 무한하다는 브루노의 주장이 교황청의 화를 산 것이 분명하지만 내 생각에는 그가 교황청을 '성스러운 바보들'이라고 부른 것이 주된 이유였던 것 같다.

이제 우리는 성스러운 바보들의 화를 돋우지 않고도 우주에 다른 태양과 행성들이 존재한다고 말할 수 있다. 이제 행성의 존재 따위는 중요한 문제가 아니다. 생명체의 존재가 바로 가장 중요한 의문이다. 지금은 1600년 당시의 구닥다리 사고방식에 대해 낄낄대며 비웃을 수 있지만 만약 지금 당장 우주 다른 곳에 존재하는 생명체에 대해 확실한 증거가 나타난다면 세상이 어떤 반응을 보이겠는가? 천문학자들이 지구가 태양계의 중심이 아니라고 했을 때, 다윈이 세상이 인간을 위해 만들어진 것이 아니라고 했을 때 사람들이 보인 반응을 한번 떠올려보라. 지구가 생명체가 존재하는 유일한 공간이 아니라는 것이 밝혀지면 사람들이 어떤 반응을 보이겠는가? 생명의 기원이 하나일 때는 기적이라 받아들여질 수 있지만 만약 하나가 아닌 여럿이라면? 아마 과학자들은 생명체가 행성이라는 화학 체계에서 공통적으로 발생하는 산물이라고 생각하게 될 것이다. 놀라운 일임에는 틀림없지만 단연코 기적은 아닌 현상으로 말이다.

그러한 발견이 얼마나 다양한 분야에 큰 충격을 가져다줄 것인지 과학계도 잘 알고 있다. 2001년 최고 과학자들의 자문 집단인 국립 과학연구

협의회NRC에서 다음과 같이 성명을 발표한 바 있다.

"다른 행성에 존재하는 생명체를 발견하는 것이 아마도 21세기에 일어날 가장 중요한 과학적 진보가 될 것이다. 그리고 그것은 철학적으로 매우 큰 의미를 갖게 될 것이다."[239]

이러한 과학계의 시각은 150년 전 학계를 지배하고 있던 세상과 우주에 대한 관점과 완전히 다른 것이다.

훔볼트는 자신의 책 『코스모스Kosmos』(1845)에서 외계 생명체에 대해 잠시 언급했지만 그 존재 가능성을 인정하지는 않았다.

> 수많은 별이 빛나는 저 둥근 천장과 넓은 하늘은 우주라는 그림에 포함돼 있다. 우주라는 거대한 공간, 수많은 태양과 희미하게 반짝이는 성운은 비록 우리를 감탄케 하고 놀라게 하지만 그것은 고립된 하나의 존재가 분명하며, 그곳 어딘가에 유기적인 생명체가 존재할 수 있다는 증거는 전혀 없다.[240]

이미 진화 이론만으로도 사방에서 공격을 받고 있던 다윈은 이 문제에 대해 조금 더 조심스러웠다. 『종의 기원』 개정판을 내면서 그는 맨 마지막 문장에 '창조주에 의해'라는 말을 집어넣었다. "본래 창조주에 의해 생명이 불어넣어져 몇 가지 형태로 만들어진 생명체는……"[241] 그는 학계의 압력을 이기지 못하고 생명체의 기원을 논하는 데 창조주라는 말을 다시 집어넣은 것에 대해 후에 유감을 표시했다. 그리고 죽기 전 쓴 마지막 편지에서 그는 생명체가 "어떤 일반적인 법칙의 일부, 혹은 그 결과물로 나타날 것."[242]이라고 썼다.

외계 생명체가 존재할 가능성은 작가 쥘 베른(1828~1905)이나 H.G. 웰즈

(1866~1946)가 등장해 공상과학이라는 새로운 장르를 탄생시키면서 대중 사이에 인기를 얻기 시작했다. H.G. 웰즈는 토머스 헉슬리로부터 생물학을 배우며 많은 영향을 받았다. 웰즈의 『타임머신Time Machine』(1895)에 나오는 적대적인 우주는 곧 헉슬리의 관점이기도 했다. 그는 1898년 작품 『우주 전쟁War of the Worlds』에서 화성인이 영국을 침공하는 내용을 쓰기도 했다.

웰즈가 쓴 화성 침공이 실제로 일어날 가능성이 있는지는 아직 증명되지 않았다. 그렇다면 현재 우리가 외계 생명체에 관해 실제 알고 있는 것은 무엇인가?

1996년 남극에서 발견된 유성에 화성 미생물의 증거가 있다는 주장이 제기되면서 큰 관심을 모은 일이 있었다. 만약 그것이 사실이었다면 얼마나 운이 좋은 일인가? 우리가 직접 찾아나서 알아내려고 애쓸 필요 없이 화성인이 제 발로 우리를 찾아오다니. 그러나 자세히 검사해본 결과 유성에 남아 있는 조그만 흔적은 생물과 관련 없는 현상에 의해 만들어진 것이라는 결론이 내려졌다.

아직 문제는 남아 있다. 만약 정말 외계인을 찾아낸다면 정확히 어떻게 생겼을까? 헉슬리의 표현을 빌리자면, 그것이 지구 생명체와 비슷하게 생겼을까, 아니면 지구상에 존재하는 그 어떤 것과도 닮지 않은 모습을 하고 있을까?

운 좋게 생명의 흔적이 있는 유성이 떨어지기를 기다리는 것보다 조금 더 실질적인 접근법이 있다. 직접 생명의 증거를 찾아나서는 것이다. 화성 표면을 조사하는 화성 탐사 미션이 지금까지 몇 차례 있었다. 전반적인 목표는 물의 흔적이나 과거 그 행성에 생명이 존재했음을 뒷받침할 지질학적 특징을 찾는 것이었다. 그 결과 과거 어느 시점에 화성에 물이 흘렀다는 증거는 있지만 실제 생명체가 존재했을 증거는 시간이 흐를수록 점점 더 희박해지고 있다.

　토론을 계속하는 의미에서 일단 지구와 가까운 이웃 행성은 잠시 접어두고 생각해보자. 더 먼 다른 행성들은 어떠한가? 그 질문에 답하려면 먼저 생명체가 존재하는 데 도움이 되는, 아니면 필수적인 조건을 생각해봐야 한다.

　지난 몇 년간 다양한 아이디어가 제기됐다. 모든 사람이 만장일치로 동의하는 것은 아니지만 몇 가지 공통적인 조건이 있다. 일단 생명체가 존재하려면 그 행성은 대기권이 형성될 정도의 크기가 돼야 하고, 기체 덩어리만으로 이뤄진 게 아니라 실제 생명체가 딛고 설 암석층이 있어야 하며, 화산처럼 활동을 계속하고 있는 지질학적 특징이 있거나 과거에 있었던 적이 있어야 하고, 액체 상태의 물이 필요하고, 마지막으로 기온이 따뜻할 정도로 태양에 가까워야 하지만 반대로 지나치게 방사능에 노출되거나 극단적으로 덥지 않을 만큼의 거리를 유지하고 있어야 한다.

　우주에서 이러한 조건을 갖춘 행성을 찾을 확률은 어느 정도일까? 천문학자들은 오랫동안 이 문제를 둘러싸고 연구와 토론을 계속해오고 있다. 허블 우주 망원경과 다른 기술적 발달에 힘입어 학자들은 점점 더 우주를 깊숙이 들여다볼 수 있게 됐다. 태양과 비슷한 항성 주변을 돌고 있는 또 다른 행성이 1995년에 처음 발견된 이후 약 200개 정도의 '새' 행성이 발견됐다. 비교적 오랜 기간 동안 꾸준히 지속된 관찰에 의해 발견된 것들이긴 하지만 여전히 거대한 우주에 비하면 무한히 작은 티끌에 불과하다.

　지구와 비슷한 행성이 얼마나 많을지 알아보려면 그야말로 천문학적인 범위의 계산을 해야 한다. 먼저 우주에 존재하는 은하계의 수부터 시작하자. 보수적으로 추정하더라도 1,000억 개에 이른다. 이것을 숫자로 쓰면 100,000,000,000이며 10의 11승, 10^{11}이라고도 쓸 수 있다. 자, 그러면 한 은

하계에는 얼마나 많은 항성이 있을까? 이 역시 1,000억, 10^{11} 정도로 추측할 수 있다. 이를 통해 전체 항성의 수는 10^{11}에 10^{11}을 곱한 수, 곧 10^{22}라는 것을 알 수 있다. 모든 항성 주위에 행성이 있는 것은 아니지만 NASA에 의하면 항성 중 약 7퍼센트가 거대한 행성을 하나씩 가지고 있으며, 각 항성 주변을 도는 행성의 수는 행성의 크기가 지구와 비슷하게 작아질 때마다 늘어난다고 한다. 이러한 추정을 바탕으로 지구와 비슷한 행성이 우주 전체에는 약 10^{21}개, 우리 은하계에만 10^{10}개가 있다고 계산할 수 있다. 우주에 10억조, 우리 은하계에 100억 개의 지구와 비슷한 행성이라! 그러면 생명체가 우리 지구에서만 진화했을 확률이 얼마인가? 우리는 10억조 분의 1의 확률을 지닌 집단인가?

스스로 한번 생각해보라.

힌트를 하나 준다면, 내게 같은 질문을 받은 과학자들은 하나같이 외계 생명체가 존재할 확률은 매우, 매우 높다고 했다. 사실상 확실하다는 말이다. 그러니 오늘날 많은 사람들에게 외계 생명체에 대한 질문은 "과연 존재할 것인가?"가 아니라 "어떻게 생겼을까?"라고 할 수 있다.

과연 우주에 공룡이나 원시인류, DNA를 갖춘 생명체가 존재하고 있을까?

다가올 것들의 모습

NASA의 행성학자 크리스 맥케이는 외계에 생명체가 존재한다는 확실한 증거가 없다는 것을 인정하면서도 "생명체가 흔히 존재함을 암시하는 요소가 몇 가지 있다. 탄소 기반 분자 같은 유기물질이 성간 매개물과 우리 태양계에 널리 퍼져 있다."[243]고 했다. 그는 또한 "약 38억 년 전쯤(이 추정치는 사람에 따라 35억 년에서 38억 년으로 조금씩 다르다) 지구에 미생물이 매우 빠르게 등장했다."고 하면서, 엄청나게 많은 행성의 수와 다양한 환경에서 생존할 수 있는 미생물의 능력을 고려할 때 "우리와 가까운 은하계에 미생물이 널리 퍼져 있을 것이다."라고 결론을 내렸다.

워싱턴 대학의 지질학자이자 『희귀한 지구Rare Earth』의 공동 저자인 피터 워드는 미생물이 우주에 흔하게 존재하기는 하지만 식물이나 동물처럼 복잡한 형태를 한 다세포 생물은 훨씬 더 드물다고 주장한다. 워드와 의견을 같이 하는 다른 학자들은 몸집이 크고 복잡한 구조를 지닌 생명체가 지구에 나타나는 데는 30억 년이라는 진화 기간과 함께 바다와 대기 중의 큰 변화가 필요했다는 데 중점을 두고 있다. 이러한 관점에서 보면 각종 새나 나비, 삼엽충, 각종 나무는 저절로 생겨난 것이 아니다.

이러한 생물이 저절로 생겨난 것이 아니라면 지능이 있는 생명체는 어떨까? 인간과 동물은? 책을 쓸 정도의 지능이 있는 사람은? 스스로 결론을 내려보자.

그리고 생명체의 화학적 구조는 어떠한가? 생명체가 생기려면 반드시 DNA를 기반으로 하는 구조를 갖춰야 하는가? 어떤 과학자들은 우리처럼 생명이 탄생하는 데 반드시 수분과 탄소가 필요한 것이 아니며 DNA 역시 생명 탄생에 있어 단지 선택에 불과한 조건일 수 있다고 생각한다. 오랫동안 외계 생명체 탐사를 지지해온 미국의 천문학자 프랭크 드레이크는 "우리는 다른 세상에서 생명이 탄생하는 데 화학 물질이 어떤 영향을 주는지 궁리하느라 지나치게 골머리를 앓고 있다."[244]고 했다.

외계 생명체의 모양이 어떻든, 어떤 화학적 구조를 갖추고 있든 심슨을 비롯해 많은 생물학자들이 공통적으로 하는 주장이 있다. 어디에서 생명체가 발생했든 다윈이 만든 두 가지 원칙, 즉 유전적 변이와 자연선택에 따라 진화했을 것이라는 사실이다. 생명의 연속성과 생명체 사이의 경쟁에 대한 이러한 원칙은 우주 어디에서나 통할 것이다.

하버드 대학의 고생물학자이자 『어린 행성에서의 삶Life on a Young Planet』의 저자이며 NASA의 화성 탐사 계획에 참가 중인 과학자 앤디 놀은 최근 내게 이런 말을 했다. "말은 쉽지만 탐험과 발견은 어렵다."245

자, 그럼 앞으로 다가올 탐험과 발견에는 무엇이 있을까? 미래에 어떤 새로운 모험이 우리를 기다리고 있을까?

지금까지 계속되고 있는 과학적 노력 외에도 향후 15년에 걸쳐 NASA는 새로운 세상을 찾고 그것이 무엇인지 알아내기 위한 새 미션 몇 가지를 진행할 예정이다. 예를 들어 그들이 사용하는 지구형 행성 탐사TPF 관측소는 허블 우주 망원경보다 100배는 강력하며 대기 중에 이산화탄소와 물, 오존이 함유돼 있는 행성을 아주 멀리에서도 찾아낼 수 있다. 유럽 우주기구 ESA도 지구와 비슷한 행성과 그곳에 살고 있는 생명체의 흔적을 찾기 위한 프로젝트를 2015년부터 시작할 계획을 가지고 있다. '다윈 미션'이라 이름 붙여진 이 프로그램의 중심에는 세 개의 망원경이 편대를 지어 나는 듯한 모습을 한 첨단 기기가 있다.

다음 10년이든 100년이든, 그 생명체가 어떠한 모습을 하고 무슨 화학 구조를 갖추고 있든, 외계 생명체라는 개념이 억측과 공상과학의 영역에서 벗어나는 때가 오면 외계 생명체의 발견은 곧 우리의 우주관에 있어 또 다른 강력한 전환점이 될 것이다. 그러나 그렇게 놀라운 업적이라도 인류 탐험 역사의 절정이 될 수는 없을 것이다. 그것은 웰즈가 1933년 자신의 소설 『다가올 것들의 모습The Shape of Things to Come』에서 이야기한 것처럼 새로운 시대를 여는 또 다른 서막에 불과하다.

인간에게는 휴식도 끝도 없다. 우리는 정복하고 또 정복해 계속 나아가야만 한다. 가장 먼저 이 작은 행성과 이곳을 지배하고 있는 영향력, 각종 방식을 정복하고 그다음에는 우리를 억제하고 있는 모든 정신과 물리의 법칙을 정복해야 한다. 그리고 나면 우리와 가까운 행성, 그리고 마침내 광대한 거리를 넘어 별까지 나아가야 한다. 깊은 우주 속, 시간과 공간의 미스터리를 모두 알아냈을 때, 또 하나의 새로운 시작이 우리를 기다리고 있을 것이다.

감사의 말

아내 제이미 캐럴이 옆에서 인내심을 가지고 도와주고 격려하며 비판적으로 의견을 제시해주지 않았다면 이 책은 결코 빛을 보지 못했을 것이다. 제이미는 초고부터 끝까지 각 장을 모두 읽으며 이야기를 흥미로우면서도 읽기 쉽게 만드는 데 매우 중요한 길잡이가 됐다. 아들 패트릭과 윌 역시 나의 이야기를 잘 듣고 평가해줬다.

나는 이야기하기 좋아하는 가정에 태어나 다행이라고 생각한다. 아일랜드 사람의 특징인지는 모르겠지만 우리는 많은 이야기를 듣고 서로 들려주며 자랐다. 물론 그중에는 사실이 아닌 것도 많았다. 우리는 이웃 사람들보다 훨씬 오래 저녁을 먹으면서 이야기를 나눴고 어머니는 오늘날까지도 이것을 매우 자랑스러워하신다. 많은 이야기를 들려주고 내게도 말할 기회를 나눠준 어머니, 아버지, 짐, 낸, 그리고 피트에게 고마움을 전한다.

내게 좋은 이야기를 들려준 사람들은 이 밖에도 많다. 가장 먼저 용감하게 자신의 여정을 시작하고 그것을 자세히 기록으로 남겨 생생하게 경험을 전달한 이 책의 주인공들이다. 두 번째로 수많은 역사학자와 작가들의 힘든 연구와 재능이 없었다면 마치 드라마와 같은 다윈의 삶과 여정, 월레스의 노고, 뒤부아의 결단력, 그 밖에도 이 책에 등장하는 여러 인물의 성품과 경험에 대해 알지 못했을 것이다. 이야기를 통해 내게 많은 것을 가르쳐주고 영감을 준 역사학자들과 작가들에게 감사드린다. 이 짧은 글이 그들의 작품과 그들의 주인공을 제대로 표현했기를 바란다.

  또한 자신의 모험담을 들려주고, 정확하게 이해하도록 도와줬으며, 탐험에서 찍은 사진을 빌려주고, 마지막으로 틱타알릭을 보여준 닐 슈빈에게 감사의 말씀을 전하고 싶다. 각종 창의력과 비판 능력으로 내게 큰 도움을 준 위스콘신 매디슨 대학의 여러 동료들에게도 감사의 말을 빼놓을 수 없다. 이 책에 실린 그림 대부분을 그려준 리앤 올즈, 원고 전반에 걸쳐 상세한 의견을 제시한 스티브 패독, 책에 필요한 각종 사진의 사용권을 확보해준 메건 맥글론 등. 또한 나는 위스콘신 대학 도서관에서 보유하고 있는 자료에 접근할 수 있어서 매우 운이 좋았다고 생각한다. 이 책을 준비하는 동안 수많은 희귀본들을 살펴봤는데, 특히 생물학 도서관의 여러 희귀 도서를 볼 수 있게 도와준 엘자 앨덴에게 감사드린다. 그리고 이 책에 들어간 일러스트레이션을 제공해준 여러 박물관과 개인께 감사드린다.

  마지막으로 힘들 때 날 격려하고 인내심을 발휘해줬으며, 이 책의 일부를 학생 교재로 사용하는 과정에서 발생한 여러 어려움을 해결하도록 도와준 나의 에이전트 러스 갤런, 그리고 열정적으로 도움을 주는 동시에 날카로운 비판을 서슴지 않았던 휴턴 미플린 하코트의 편집자 안드레아 슐츠에게 고마움을 전한다.

주석

1. Humboldt XXIV, The Complete Works of Ralph Waldo Emerson
2. McCullough(1992), 6~7쪽
3. Furneaux(1969), 103쪽
4. 같은 책
5. 같은 책, 102쪽
6. 같은 책
7. Schwarz(2001), 43쪽
8. de Terra(1960), 288쪽
9. Murphy, Academy of Natural Sciences website.
10. 같은 책
11. Coonen and Porter(1976), 748쪽
12. Furneaux(1969), 97쪽
13. McCullough(1992), 18쪽
14. Knobloch(2007), 6쪽
15. L. Agassiz(1859), An Essay on Classification, London: Longman, Brown, Green, Longmans, & Roberts
16. McCullough(1992), 17~18쪽
17. LL, 자서전 32쪽
18. CCD1, 37쪽
19. Zoonomia, 399쪽
20. CCD1, 110쪽
21. R. FitzRoy(1839), Narrative of the Surveying Voyage of the HMS Adventure and Beagle, London: Henry Colbourn, 18쪽
22. DH, 30쪽
23. CCD1, 132쪽
24. CCD1, 133쪽
25. CCD1, 135쪽
26. BD, 35쪽
27. DH, 55쪽
28. CCD1, 248쪽
29. BD, 99쪽

30. BD, 105쪽
31. BD, 106쪽 참고
32. BD, 131쪽
33. BD, 132쪽
34. BD, 140쪽 각주
35. DH, 63쪽
36. DH, 77~79쪽
37. VB, 406-7쪽
38. BD, 352쪽
39. BD, 353쪽
40. BD, 354쪽
41. LL1, 225쪽
42. C. Lyell(1832), Principles of Geology, vol. 2, London: John Murray, 124쪽
43. CCD1, 503쪽
44. Don, 262쪽
45. VB, 475쪽
46. Don, 277쪽
47. 노트 B, http://darwin-online.org.uk/.
48. ND, 135쪽
49. NE, 71쪽
50. P. H. Barrett(1974), 'Early writings of Charles Darwin' in Darwin on Man, H. E. Gruber, ed. London: Wildwood House, 337쪽
51. CCD2, 218~222쪽
52. CCD2: (letter 545).
53. F. Darwin(1909), The Foundations of the Origin of Species, Cambridge: Cambridge University Press, 49쪽
54. FOS, xxvi 참고.
55. LL1, 221쪽
56. My Life, 303~312쪽
57. 같은 책
58. Malay Archipelago, 18쪽
59. 같은 책, 18~19쪽
60. A. R. Wallace(1856), Letter from Macassar, Celebes, Zoologist 15: 5559~5560쪽
61. My Life, 394쪽

62. Malay Archipelago, 257~258쪽
63. Wallace(1855).
64. 같은 책
65. 같은 책
66. 같은 책
67. 같은 책
68. J. Marchant(1916), Alfred Russel Wallace: Letters and Reminiscences, vol. 1. London: Cassell and Company, Ltd.
69. Malay Archipelago, 155쪽
70. Wallace(1857).
71. 같은 책
72. 같은 책
73. Darwin Correspondence Project, http://www.darwinproject.ac.uk/ Letter2086, C. R. Darwin to A. R. Wallace, May 1857.
74. My Life, 361쪽
75. Wallace(1858).
76. Wallace letter to H. W. Bates, Dec. 1860, Wallace Collection, Natural History Museum, Online Transcription, accessed 3/12/08. http://www.nhm.ac.uk/nature-online/collections-at-the-museum/wallace-collection/item.jsp?itemID=70&theme=/.
77. My Life, 366쪽
78. NORA, 269쪽
79. 같은 책, 271쪽
80. 같은 책, 388~389쪽
81. Correspondence, Vol. 9, 74쪽
82. TLS, 510쪽
83. 같은 책, 511쪽
84. Correspondence, Vol. 10(November 20, 1862).
85. Darwin(1863), 219~224쪽
86. Correspondence, Vol. 11(April 18, 1863).
87. NORA, 353쪽
88. Huxley, 71쪽
89. 같은 책, 85쪽
90. 같은 책, 85~86쪽
91. 같은 책, 86쪽
92. Haeckel, 299쪽
93. 같은 책, 300쪽

94. Huxley, 184쪽

95. Theunissen, 40쪽

96. Shipman, 159쪽

97. Eug?ne Dubois(1894), Pithecanthropus erectus: Eine menschen-aehnliche Vebergangstorm aus Java, Batavia(Shipman, 209쪽 인용).

98. Ernst Haeckel(1898), "On our present knowledge of the Origin of Man," Annual Report of the Board of Regents of the Smithsonian Institution for the Year Ending June 30, 1898, translation of a discourse given at the Fourth International Congress of Zoology at Cambridge, England(Shipman, 306~307쪽 인용).

99. Yochelson(1998), 31쪽

100. 같은 책, 33쪽

101. 같은 책, 90쪽

102. 같은 책

103. 같은 책, 91쪽

104. 같은 책, 151쪽

105. Darwin(1869), 378쪽

106. 같은 책, 381쪽

107. Walcott(1883), 441쪽

108. 같은 책

109. 같은 책

110. Yochelson(2005), 69쪽

111. 같은 책, 213쪽

112. 같은 책, 399쪽

113. 같은 책, 463쪽

114. A Voice from the Cambrian.

115. Yochelson(2005), 69쪽

116. Knoll(2005), 193쪽

117. Yochelson(2001), 185~186쪽

118. Andrews(1943), Under a Lucky Star, 12쪽

119. 같은 책, 22쪽

120. 같은 책, 116쪽

121. C. Gallenkamp(2001), Dragon Hunter, 163쪽

122. Under a Lucky Star, 163쪽

123. 같은 책, 164쪽

124. 같은 책, 167쪽

125. Andrews(1932), New Conquest of Central Asia, 7쪽
126. Andrews(1926), On the Trail of Ancient Man, 78쪽
127. Andrews(1943), Under a Lucky Star, 191쪽
128. Andrews(1926), On the Trail of Ancient Man, 216쪽
129. Andrews(1943), Under a Lucky Star, 200쪽
130. Andrews(1926), On the Trail of Ancient Man, 216쪽
131. Andrews(1943), Under a Lucky Star, 213쪽 Andrews(1926), On the Trail of Ancient Man, 228~229쪽
132. Andrews(1943), Under a Lucky Star, 215쪽
133. 같은 책, 213쪽
134. Andrews(1926), On the Trail of Ancient Man, 232쪽
135. 같은 책, 327쪽
136. 같은 책, 328쪽
137. 같은 책
138. 같은 책, 329쪽
139. Andrews(1935), This Business of Exploring, New York: G. P. Putnam's Sons, 41.
140. Andrews(1932), New Conquest of Central Asia, 310쪽
141. 같은 책, 300쪽
142. Alvarez(1997), T. Rex and the Crater of Doom, 70쪽
143. Ostrom(1969), Discovery 5(1): 11쪽
144. Darwin(1859), On the Origin of Species, London: Murray, 172쪽
145. 같은 책, 280쪽
146. 같은 책, 302쪽
147. Richard Owen(1863), 46쪽
148. Falconer letter to Darwin, January 3, 1863
149. 같은 책
150. 같은 책
151. Darwin letter to J. D. Dana, January 7, 1863.
152. Owen(1842), 201쪽
153. 같은 책, 202쪽
154. Falconer letter to Darwin, January 8, 1863.
155. Huxley(1868), 304쪽
156. 같은 책, 312쪽
157. 같은 책

158. Ostrom(1969), Discovery 5(1): 4쪽
159. Shipman(1998), 42쪽
160. Zimmer(1992), 46쪽
161. Ostrom(1973), Nature 242: 136쪽
162. Zimmer(1992), 48쪽
163. Browne(1997), 1쪽
164. Wilford(2005), 27쪽
165. Browne(1997), 1쪽
166. Chiappe(2007), 17쪽
167. Musante(1997), 3쪽
168. 〈쥐라기 공원〉
169. 같은 영화
170 Interview with Neil Shubin, Chicago, October 9, 2007.
171. Embry and Klovan, 548쪽
172. Interview with Neil Shubin, Chicago, 같은 책, and phone interview, October 30, 2007.
173. Interview with Neil Shubin, Chicago.
174. L. Helmuth, Smithsonian, June 2006, interview with Neil Shubin, at http://www.smithsonianmag.com/science-nature/interview-shubin.html.
175. White African, 33쪽
176. 같은 책, 107쪽
177. 같은 책, 114쪽
178. 같은 책, 97쪽
179. Charles Darwin(1871), The Descent of Man and Selection in Relation to Sex, Penguin Classics edition(2004), 182쪽
180. White African, 1966년 판 서문
181. 같은 책, 287쪽
182. 같은 책, 296쪽
183. J. Frere(1800), Achaeologia 13: 204~205쪽
184. Disclosing the Past, 59쪽
185. 같은 책, 54~55쪽
186. Ancestral Passions, 98쪽 인용
187. Disclosing the Past, 59쪽
188. 같은 책, 63쪽
189. Richard Leakey(1983), One Life: An Autobiography, London: Michael Joseph, 23쪽

190. Ancestral Passions, 113쪽 인용.
191. By the Evidence, 159~160쪽
192. Disclosing the Past, 98쪽
193. 같은 책, 99쪽
194. L. S. B. Leakey, National Geographic, September 1960, 431쪽
195. Ancestral Passions, 183쪽
196. 같은 책, 187쪽
197. Wood(1989), 217쪽
198. Disclosing the Past, 126쪽
199. Wood(1989), 219쪽
200. Leakey's Luck, 253쪽
201. John Reader(1981), Missing Links: The Hunt for Earliest Man, Boston: Little, Brown and Company, 15쪽
202. Ava Helen and Linus Pauling Papers, Oregon State University Special Collections.
203. Hager, Force of Nature, 450쪽
204. 같은 책, 451쪽
205. The petition: Bulletin of the Atomic Scientists(1957) 13: 264~266쪽
206. Morgan(1998), 164쪽
207. Zuckerkandl and Pauling(1962), 201쪽
208. 같은 책, 202쪽
209. E. Mayr(1963), in Classification and Evolution, Sherwood Washburn, ed.(Aldine, Chicago), 344쪽
210. Morgan(1998), 168쪽
211. Telegram to Kennedy: Ava Helen and Linus Pauling Papers, Oregon State University Special Collections.
212. Hager, Force of Nature, 546쪽
213. Simpson(1964)
214. Zuckerkandl and Pauling(1965), 148쪽
215. Leakey(1970)
216. Simons(1968), 328쪽
217. Buettner-Janusch(1968), 133쪽
218. Simons(1968), 326쪽
219. Sarich(1971), 76쪽
220. Leakey and Lewin(1992), 78쪽
221. Thomas H. Huxley, Man's Place in Nature, 150쪽 인용

222. Cann et al.(1987), 35쪽
223. 같은 책, 36쪽
224. R. McKie(2000), Dawn of Man: The Story of Human Evolution, New York: Dorling Kindersley, 182쪽
225. R. Leakey and R. Lewin(1992), Origins Reconsidered: In Search of What Makes Us Human, New York: Doubleday, 222쪽
226. C. B. Stringer and P. Andrews(1988), 1268쪽
227. A. C. Wilson and R. L. Cann(1992), Scientific American 266: 68~73쪽
228. Higuchi et al.(1984), 284쪽
229. N. Zagorski(2006), 13576쪽
230. T. Lindahl(1997), 2쪽
231. 같은 책, 3쪽
232. Simpson(1960), 967쪽
233. 같은 책
234. 같은 책, 970쪽
235. 같은 책
236. 같은 책
237. Life in the Universe, 47쪽
238. Sodano(2000)
239. Jackson
240. Humboldt(1859), 65쪽
241. Darwin(1860), On the Origin of Species, 2nd ed., London: John Murray, 490쪽
242. de Beer(1959), 59쪽
243. M. Meyer(2002)
244. 같은 책
245. A. Knoll e-mail to the author, December 20, 2007

진화론 산책

펴낸날	초판 1쇄 2012년 8월 27일
	초판 3쇄 2013년 3월 10일

지은이	션 B. 캐럴
옮긴이	구세희
펴낸이	심만수
펴낸곳	(주)살림출판사
출판등록	1989년 11월 1일 제9-210호

주소	경기도 파주시 광인사길 30
전화	031-955-1350 팩스 031-624-1356
홈페이지	http://www.sallimbooks.com
이메일	book@sallimbooks.com

ISBN	978-89-522-1934-3 03470

※ 값은 뒤표지에 있습니다
※ 잘못 만들어진 책은 구입하신 서점에서 바꿔 드립니다.